最近の化学工学 66

多様化するニーズに応えて進化するミキシング

化学工学会編
粒子・流体プロセス部会、ミキシング技術分科会著

化学工学会

出版にあたって

　「ミキシングは古くて新しい基礎技術である」　　これは、「最近の化学工学４４　ミキシング」の巻頭言の冒頭の一文です。これは、今でも通用する言葉であると思っています。ミキシング技術は、化学メーカーにおける高分子重合などの反応槽だけではなく、食品や化粧品、製薬など様々な分野で利用されています。また、省エネルギー化や環境対策から新たなミキシング技術が検討されることもあり、今でも新しい考え方やモデルに基づいた論文や報告が発表されています。

　本書は、化学工学会関東支部主催、化学工学会粒子・流体プロセス部会ミキシング技術分科会共催の「最近の化学工学講習会 66 多様化するニーズに応えて進化するミキシング」のテキストとして編集されました。前回の「最近の化学工学講習会」でミキシングが取り上げられたのは 1992 年でした。この時代は、日本の攪拌機メーカーが新型攪拌翼を次々と開発・上市していた時期でもあり、多数のミキシング関連書籍が出版されております。今回の講習会は、ほぼ四半世紀が経って企画された講習会であり、その間の全てを網羅することには難しいものがありました。また、化学工学会東海支部が 2008 年に開催した「第 42 回化学工学の進歩講習会」に際し、「ミキシング技術の基礎と応用」（三恵社）をテキストとして発刊していることに鑑み、主にそれ以降の進展に焦点を当てました。

　このような観点から本書の内容は、古典的な攪拌の理論から非線形動力学に基づく新たな流体混合機構の考え方などの理論面の進展、様々な分野における応用事例等とともに、攪拌現象解明のために必須な計測技術も網羅しました。また、流体解析（Computational Fluid Dynamics: CFD）技術を援用した装置、プロセス設計が企業で実用化されつつあることから、CFD に関する内容も取りあげました。本書が講習会のテキストとして使用されるだけでなく、化学工学分野、特にミキシング技術に関わる技術者、研究者に広く役立てていただければ幸いです。

　最後に、本書の刊行に際して、ご多忙にもかかわらず快くご協力いただいた執筆者の方々に心から御礼申し上げます。

2016 年 12 月

公益社団法人化学工学会関東支部
支部長　朝隈純俊
公益社団法人化学工学会粒子・流体プロセス部会
ミキシング技術分科会会長　庄野　厚

iv

多様化するニーズに応えて進化するミキシング
目次

出版にあたって・・・・・・・・・・・・・・・・・・・・・・・・・・・・・・・iii

基礎
第1章　総論・・・・・・・・・・・・・・・・・・・・・・・・・・・・・・・・2
第2章　基礎(撹拌所要動力の推算)・・・・・・・・・・・・・・・・・・・・13
第3章　固液撹拌槽内の諸現象の定量化・・・・・・・・・・・・・・・・・・24
第4章　スタティックミキサーの混合原理とその応用・・・・・・・・・・・・38
第5章　流れ場のフルボリューム計測と撹拌乱流への適用・・・・・・・・・・48
第6章　撹拌翼の起動トルクと完全邪魔板条件における動力数・・・・・・・・58
第7章　CFD と乱流モデルの基礎・・・・・・・・・・・・・・・・・・・・・67
第8章　流体混合機構の新しい考え方・・・・・・・・・・・・・・・・・・・76

応用・実用化
第9章　用途別撹拌翼・撹拌装置の開発事例・・・・・・・・・・・・・・・・88
第10章　小型撹拌翼の開発事例・・・・・・・・・・・・・・・・・・・・・104
第11章　高速攪拌機を用いた乳化分散技術・・・・・・・・・・・・・・・・117
第12章　エムレボの挑戦　羽根のない撹拌体の導入事例と今後の展望・・・・126
第13章　CFD による攪拌解析技術・・・・・・・・・・・・・・・・・・・・135
第14章　OpenFOAM による撹拌槽解析・・・・・・・・・・・・・・・・・・146
第15章　化粧品製造プロセスにおける撹拌混合の評価について・・・・・・・156
第16章　ローター・ステーター型ミキサーの性能評価方法とスケールアップについて

　　　　　　　　　　　　　　　　　　・・・・・・・・・・・・・・・・・166
第17章　生産技術としてのミキシング技術開発と実用化・・・・・・・・・・177
第18章　攪拌機の最適選定およびトラブル事例・・・・・・・・・・・・・・196

執筆者（化学工学会　粒子・流体プロセス部会、ミキシング技術分科会）

第1章	高橋　幸司（鶴岡工業高等専門学校）
第2章	加藤　禎人（名古屋工業大学）
第3章	三角　隆太（横浜国立大学）
	上ノ山　周（横浜国立大学）
第4章	植田　利久（慶應義塾大学）
第5章	西野　耕一（横浜国立大学）
	矢野　大志（横浜国立大学）
	高橋　壱尚（横浜国大［現　株式会社 IDAJ]）
第6章	仁志　和彦（千葉工業大学）
第7章	鈴川　一己（福岡大学）
第8章	井上　義朗（元　大阪大学）
第9章	吾郷　健一（佐竹化学機械工業株式会社）
	加藤　好一（佐竹化学機械工業株式会社）
第10章	竹中　克英（住友重機械プロセス機器株式会社）
	矢嶋　崇昭（住友重機械プロセス機器株式会社）
	長友　大地（住友重機械プロセス機器株式会社）
	江崎　慶治（住友重機械プロセス機器株式会社）
第11章	春藤　晃人（プライミクス株式会社）
第12章	会田　直樹（エムレボ・ジャパン株式会社）
第13章	中嶋　進（アンシス・ジャパン株式会社）
第14章	今野　雅（株式会社 OCAEL）
第15章	横川　佳浩（株式会社資生堂）
	山田　剛史（株式会社構造計画研究所）
第16章	神谷　哲（株式会社明治）
第17章	神田　彰久（株式会社カネカ）
	鷲見　泰弘（株式会社カネカ）
第18章	寺尾　昭二（青木株式会社）

基　礎

第1章　総論

高橋　幸司
（鶴岡工業高等専門学校）

はじめに

　液体混合は我々の身近な生活の中に存在する操作である。例えばコーヒーに砂糖を溶かす、洗濯をする、風呂の湯をかき混ぜる、さらに料理をする等は特段意識はしていないものの大昔から誰でも日常行っている液体混合操作であり、その目的は一般に溶解や均一化である。中でも料理はまさに究極の液体混合操作であり、低粘度液中への固体の分散（みそ汁）、高粘度液の調整（デミグラスソース）、高粘度液中への固体の分散（カレーライス）、不均一系液液混合（中華風サラダドレッシング）、高粘度液中への微細気泡の分散混合（ホイップクリーム）等があり、さらに通常は熱が加えられる。この場合には見た目の良さ、味の調整に加えて分散状態、その結果として現れる硬さや色合いそして舌触りなど、複雑で高度な要求が数多く成される。液体混合操作の善し悪しが、いかに大切であるかがおわかりいただけるものと思う。

　また、家庭や職場にある我々の身の回りにある日用品を見てみよう。プラスチック、紙、布（繊維）、金属、ガラス、ゴム、薬等の代表的日用品に加えて、飲料や食料の大部分は、全て液体混合操作を経て作られている。まさに我々の日常生活は液体混合操作の恩恵に浴していると言っても過言ではない。ところで、液体混合の程度が不具合であるとその製品は不良となる。プラスチックでできた携帯電話やテレビのリモコンが簡単に割れてしまったり、洗濯物の汚れが落ちていなかったり、シャンプーや化粧品の色、飲み物の味、そして薬の効用が容器ごとに異なっていたり、ましてや料理の味が悪かったりしては、幻滅である。またこれらの材料から作られる部品を寄せ集めて組み立てられた自動車、家電製品、住宅などはまさに液体混合の集大成である。すなわち図1に示すように液体混合操作は化学工業や食品工業等の多くのプロセス工業、さらにはそれらによって支えられている自動車産業や住宅産業の基幹となる操作なのである。

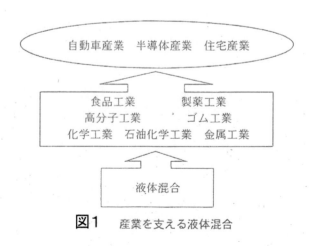

図1　産業を支える液体混合

このように日常の生活において身の周りに存在する多くのものが液体混合操作を経て製品にされており、したがってプロセス工業に従事する多くの技術者が自分の担当する製品の製造過程において最も頻繁に遭遇する操作の一つが液体混合操作である。しかしながら、大学等において液体混合は化学工学のカテゴリーに属するものの、流動・伝熱、熱力学、反応工学等の単独の科目としてはもちろんのこと、蒸留・蒸発・吸収・抽出・乾燥・膜分離等の単位操作の一つとして学ぶこともほとんどないのが実情である。したがって予備知識も無く、現場でいきなり液体混合に関わる事となり、その結果、大きな戸惑いを覚えるであろう。大学等で講義に盛り込まれない理由は、液体混合が対象とする物質が種々雑多であるため、その目的に応じた操作法も千差万別にならざるを得ず、学問としての体系化が遅れており、まとまった知識として教育できるような段階に至っていないためである。加えてユーザーサイドの企業においては単にかき混ぜればいつかは均一になる等と安易に考え、液体混合の重要性が十分に認識されておらず、一方、大学等においては液体混合に関する研究者の数が少ないためであると考える。

1.　液体混合に関する研究の流れ

　液体混合に関する研究の流れを理解するためには、過去に出版されている液体混合を対象とした代表的著書を系統的に調べることが一番である。ただし、ここでは日本の研究者によるものを中心として話を進めていく。

　日本で初めて液体混合の研究が盛んに行われたのは 1960〜1980 年である。化学工学と言う学問が日本に持ち込まれたのが 1950 年代である事を考えるなら、その初期から研究が始められていた事となり、その歴史は古い。この時代はまさに高度成長時代であり、設備投資が盛んに行われた時期である。攪拌装置の寿命はおおよそ 30 年と言われており、この時期に設置された装置を更新する時期は現在よりやや前の 2000 年前後であり、企業においては設備を出来るだけ長く使う事が望ましい事を考えるなら、時期がややずれた現在において設備投資のために液体混合が再び注目される一つの理由になっているのかもしれない。

　年代順に液体混合に関する著書を紹介すると、山本一夫らによる「改訂攪拌装置」[1]が 1970 年に出版されている。攪拌理論、攪拌機の選定、攪拌所要動力と伝熱など、教科書的要素も盛り込まれているが、さらには攪拌機の設計、検査、運転および保守についてまで書かれており、実用書としての面も含まれている。次が永田進治により英文にて執筆された名著"MIXING Principles and applications"[2]である。この著書は世界中で読まれており、引用件数も多く、やはり英語による出版が世界を相手にする場合には重要である事が良く理解出来る。この本は世界に誇る永田の研究を集大成したもので、液体混合のほとんど全ての分野を詳細なデータの裏付けにより網羅しており、これにより学問としての液体混合が一応体系化されたと考えられていた。しかしながら実プロセスにおいてはより複雑なレオロジー特性を有する流体を対象とする場合や、反応を伴う場合などがあり、これにまで目を向けたのが村上泰弘による「重合反応装置の基礎と解析」[3]である。村上が企業に在籍していたためであろう、現場のニーズを良く理解した物性値並びに液体混合特性値に関する簡便で便宜的な自らの発想による測定法や、液体混合に関する新たな知見が盛り込まれており、今読み返しても非常に参考になる。

これらの著書が相次いで出版され、一応の体系化が成され、相次ぐ出版のブームは落ち着いた感があったのであるが、1980 年代の後期から新素材の開発やバイオテクノロジーの発展等が産業界に大きな影響を与え、これらを対象とした操作において微妙で繊細な液体混合技術が要求されるようになり、再び液体混合の研究に注目が集まるようになってきた。そのような中で出版されたのが化学工学会編で化学工学会「ミキシング技術特別研究会」（現「粒子・流体プロセス部会ミキシング技術分科会」）のメンバーが中心となり執筆した「化学工学の進歩 24 撹拌・混合」[4] であり、この本は大学における講義用のテキストとして用いることができる（この改訂版が「化学工学の進歩 42 最新 ミキシング技術の基礎と応用」[5] として出版されている）。

　しかしながら、プロセス工業の一層の細分化に伴い、対象とする物質や操作が極めて多岐に渡るようになってきたため、それに応じた液体混合の体系化を短期間で行う事は困難であり、専門書の多くは企業の研究者や技術者を対象とするセミナー等を企画する会社により出版されるようになってきている。「撹拌・混合技術」[6]は小川浩平（東京工業大学）、平田雄志（大阪大学）らが大学等の教員を中心に働きかけ、論文等には公表されていない生データを読者に提供することを意識してまとめ上げられた著書であり、全体的に統一された構成とはなっていないものの、現場で遭遇する現象を理解するためのきっかけを見つけようとする場合に最適である。「新しい撹拌技術の実際」[7]は 30 名を越える研究者・技術者により分担執筆された著書であり、基礎理論、装置の選定・設計、応用事例が網羅されている。「最新撹拌・混合・混練・分散集成」[8]は村上泰弘が編集した著書であり、液体混合を体系化立てて解説しており、著書のタイトルから明らかなように対象とする範囲は極めて広く、執筆者の多くが村上の教え子達であるため、統一された構成となっている。「新素材のための液体混合技術」[9]は"Mixing in the Process Industries"[10]の液体混合部分（ただし、原著では固体混合も含まれている）の訳本「液体混合技術」[11]を基にして最新のデータを補足したものである。その他、「最新 撹拌・混合技術〔事例集〕」[12]、「〈操作事例／製品用途を踏まえた〉撹拌技術とトラブル解決」[13]など、実務に役立つ事例を考慮した専門書が出版されている。近年出版された「液体混合の最適設計と操作」[14]ではこれらの著書に書かれている内容を踏まえ、液体混合操作を対象とする液体の粘度に応じて高粘度並びに低粘度、さらに低粘度に対しては分散相を固体・液体・気体の相に応じて分類し、さらに近年研究面で注目を集めているカオス混合を取り上げ、それぞれの分野における基礎的な知見、そして実務的に有用な知見を紹介している。

2. 液体混合の果たす役割

　液体混合はプロセス工業において必要不可欠な操作であることは前述した。ところで、より積極的な意味で液体混合の果たす役割を考えると、次の3つがあげられよう。

　　　　　○ 省エネルギー・省資源
　　　　　○ 生産性の向上
　　　　　○ 新素材の開発

これらについてより具体的に以下に述べていくことにする。

2.1　省エネルギー・省資源

　ある報告 [15)] によると液体混合を不適切に使用することによる北米におけるプロセス工業に与える損失額は年間 1000 億〜1 兆円と言われている。この額は新素材や新技術の市場に匹敵する価格であり無視できない。それだけに液体混合について研究を積極的に進めていく必要性が強調されるべきである。

　例えば固体触媒を用いた化学反応や固定化酵素を活用したバイオリアクター等では化学反応並びに物質移動を促進するために、攪拌槽内に投入された全ての固体粒子の表面を液体と接触させることが望ましい。ここで、主に半径方向流を生じさせるタービン翼や平パドル翼のような攪拌翼を用いると、主に軸方向流を生じさせるプロペラ翼のような攪拌翼を用いる場合に比べて、いかに最適の形状や配置を選んだとしても固体粒子の浮遊に必要とされるエネルギーが 5 倍以上となる。同様に市販の BDF（バイオディーゼルフューエル）の精製・製造装置では通常 4 枚の傾斜パドル翼が用いられているが、翼の回転による液の自由表面からの飛散を防止するためか、傾斜角を 20 度にしている場合が多い。これを 30 度にするだけで混合時間は 3 分の 1 程度となり、心配している自由表面での波立ちも起こらない [16)]。如何に液体混合に精通していない技術者が設計しているのかが理解出来る事例であろう。また、ヘリカルリボン翼は回転方向に応じて流れ方向が逆転する。すなわち回転方向に応じて槽壁近傍を上昇して軸近傍を下降するプローパターンとその逆のプローパターンを生じさせることができる。写真の感光材料の調整や食品産業においては、高粘度の液体中にほんのわずかの分率しか占めない低粘度液を槽上部より加えて混合させる操作が頻繁に行われる。この場合、槽壁近傍を下降するプローパターンになるようにヘリカルリボン翼を操作すると、低粘度液が翼と槽壁との隙間に入り込み、あたかも潤滑油のような役割を果たし、高粘度液は翼に絡み付いて一体となって空回りするようになり、一向に混合が進行しない。さらに、マンション等の高層ビルでは屋上に貯水タンクを設置して、そこに一旦、水を貯蔵し、そこから各室へ給水する場合が通常であるが、通常、屋上は日当りが良く、タンクの内壁に藻が付着したり微生物等が発生する。そのため、年に数回、清掃を行う必要がある。近年はオゾンを噴出させて洗浄する場合があるが、通常の方法では一回の清掃に半日ほどかかる。ここに噴流混合機における最適なノズルの設置位置を考慮し、タンクの形状において最も長くなる対角線上にオゾン噴流の方向を向け、液中にある程度の深さで挿入するだけで洗浄時間が 10 分の 1 にもなる。これらの事例からも上述の損失額が決して誇張でないことが解るであろう。

2.2　生産性の向上

　生産性の向上とは少ない原料からできるだけ無駄なく多くの良好な製品を作り出すことであり、技術者に要求される最も基本的な事項である。加えて近年は環境への配慮から廃棄物そのものを出さないプロセスが望まれており、これは「グリーンケミストリー」という言葉に代表されるであろう。グリーンケミストリーとは「環境に優しい化学合成」、「汚染防止につながる新しい合成法」、「環境に優しい分子・反応の設計」と言い換えることができる。すなわち、従来のプロセス工業においては生産過程において生じた廃棄物を個別に無害化処理を施し、環境の保全に努めてきた。しかし現在では、もっと積極的に汚染物質そのものを作り出さないようにすることを

考え始めているのである。

　ある化学会社では発泡ポリスチレンの原材料を懸濁重合により生産している。望ましい粒子径は 0.8～1.2mm であるが、この範囲に入る粒子の比率は 85％程度である。これを翼の形状を改良することにより収率を向上させることができ、廃棄物を大幅に削減できる。また、操作中に翼の回転方向を時間周期的に正転・逆転させると粒子径分布を極端に狭くする事が出来ることが報告されている [17]。現場での応用は未だ成されていないが注目すべき方法であろう。同様に、晶析においては操作途中で撹拌速度を突然変化させることにより粒子径を制御することができる。また、粒子濃度を光センサーにより検知し、濃度が高い時には撹拌速度を下げ、逆に低い時にはあげるように制御するシステムが提案されており、比較的粒子径の揃った結晶が得られている [18]。加えて研究室においては反応に丸底フラスコが用いられ、撹拌子を投入してマグネチックスターラーか、せいぜい半月型やアンカー型の撹拌翼をラボ用のモーターを用いて撹拌する。ところが丸底フラスコの狭い入口から折り畳んだ状態で挿入した後に開いて固定出来る大型翼（図2）が開発されており、この翼の混合性能は従来の撹拌翼に比較して数倍も良くなる事が知られている [19]。合成においては反応収率のチャンピオンデータは液体混合を如何に行うかによって達成も可能であり、その意味においては化学合成を専門とする研究者には液体混合に一層の興味を持ってもらいたいものである。

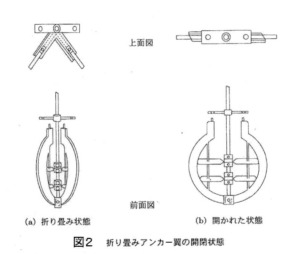

図2　折り畳みアンカー翼の開閉状態

2.3　過剰混合

　ここで、過剰混合と言う言葉を覚えてほしい。過剰混合とは操作条件の選定に当たって操作目的を満足し過ぎるような激しい混合のことを言う。過剰混合は種々の形で頻繁に見受けられるが、これはエネルギーの浪費ばかりではなく、生産性を低下させる場合もある。特に近年は微妙で繊細な操作が要求される事が多く注意が必要である。

　代表的な例としては、溶媒抽出において分散液滴をあまりにも細かくし過ぎると超安定な分散相を形成してしまい、抽出終了後に抽残液と溶剤液との分離が困難になってしまう。また、微生物の混合においては過剰な動力を加えたり、羽根先端速度を大きくし過ぎると、特に菌糸で結合

しているような組織を持つ微生物や細胞壁のない動物細胞等は損傷を受けるであろう。さらに構成分子の形態に起因した望ましいレオロジー特性を有する高分子溶液は、高剪断によりその構造が破壊され、再び構成する事が出来なくなる。晶析においては、高い撹拌速度は二次粒子の急激な増加、すなわち小さな結晶を数多く生じさせるため、しばしば非生産的になる。また、均相系の液液混合において高粘度液が低粘度液よりも体積が少なく、これらの粘度比が60倍以上ある時に撹拌速度を速くすると分散相の高粘度液が連続相の低粘度液中に比較的大きな液滴となって分散してしまい、この液液界面を通じて物質移動が行われて混合が進行するため、撹拌速度を速くするほど初期の高粘度の分散液滴の大きさが大きくなり、その分、液液界面の面積が小さくなるため混合時間が長くなってしまう[20]。

したがって余分な混合、すなわち余分に動力或いは時間をかける事はむしろ害になる場合もあり、この意味からも最適な操作条件を正確に把握しておく事が必要である。

2.4 新素材の開発

材料は製品を創り出すための原料であるが、往々にして外からはその材料がどのようなものであるのをうかがい知ることができず、注目されることが少ない。しかしながら時として新たな産業を生み出すものとしてスポットライトが当てられる時期がある。現在注目を集めている新素材としては有機EL、カーボンナノチューブ等が挙げられるが、超伝導材料、エンジニアリングセラミック、インテリジェント材料、アクチュエーター材料、光触媒といったもっと大きな集合で考えるなら数限りない。製品の輸出を最大の目的とする新興のアジアの工業国では加工や組み立てに人材や資本を投入し、素材は価格も妥当で品質の優れたものを日本から輸入した方が効率的であると判断している。そのため日本では、素材製造の分野で競争力に強さを見せており、その流れに乗って新材料の開発にしのぎを削っている。

材料は合成のメカニズム、反応速度等が解ればあらゆるものが合成可能である。液体混合により合成されている代表例としては、反応晶析によるLiイオン電池正極材の合成が挙げられる。合成過程を段階ごとに分け、その操作方法を変える事により一つの撹拌槽を用いて合成を行った例としては、液液混合によるシリカの無機マイクロカプセルの合成[21]が挙げられる。すなわち反応の段階に応じて強撹拌とOn-Off撹拌そしてエージングを時間経過と共に順次行っている。このように、より精確に現象を理解するならば、基礎的な知見に基づいて操作条件を巧みに変化させることにより所望の機能を有する新素材の開発は可能である。なお、近年、あらゆる操作条件が設定可能なラボ用の撹拌機が市販されており[22]、これを活用するなら最適な操作条件の選定も容易に行う事が出来るものと考える。すなわちパソコンで制御する事により、撹拌速度をステップ状あるいはスロープ状に変化させ、また回転方向も変化させる事が可能で、したがってあらゆる撹拌モードを容易に設定することが出来る。また、このラボ用の撹拌機は一定の動力にて撹拌させる事が出来るので、異なる形状の翼の混合性能の比較を容易に行う事が可能である。

3. 液体混合に関する今後の研究のあり方

　液体混合がプロセス工業において極めて重要な操作である事は衆目の一致する所である。それにも関わらず、研究が余り注目を集めていない。その理由は研究の進め方とテーマの選定に問題があるように考える。私なりの考えを紙面をお借りして書かせて頂く。

3.1　研究の進め方

　化学工学においては数少ないデータからできるだけ多くの有益な情報を得ることが大切である。そのためには図3に示すような順で対象とする操作を解明すべきと考える。

STEP 1	現象を説明する
STEP 2	相関式を導出する
	望ましい順位
	①解析解
	②物理モデル
	③実験式
STEP 3	最適操作条件を提示する

図3　液体混合における研究の進め方

　すなわち、まず行うべきことは実験により観察された特異な現象が何故起きたのか、理論的に説明することである。少なくとも説明が矛盾無く成されれば、データが正しいことに自信を持つことができ、他の事象に対しても同様な取り扱いができる可能性を感じることができる。その意味においては実験前に結果の予想を行い、その予想と異なる実験結果が出てきた時ほど研究者は楽しくならなければならない。

　次のステップは操作条件や特性値に関する相関式を導出することである。相関式が与えられているなら現場の技術者がプロセスを設計する、あるいは最適な操作条件を選定する上で非常に役立つ。しかしながら相関式には少なくとも3つのランクが存在する。最も上位にくるのは解析解である。しかしエンジニアリングでは対象とする系が理想的な状態に保たれている場合は少なく、実験による補正が必要となることが通例である。それでも解析解の強みは得られた相関式を実験範囲外に外挿して操作条件や特性値を求めることが可能な点にある。次にくるのが物理モデルに基づいた相関式の提案である。実際の現象を単純化し、それをモデルで表し相関式の基礎を構築し、それに実験による補正を加える。これもある程度実験範囲外への外挿が可能である。代表的な例として高橋らのヘリカルリボン翼に対する動力相関式があげられる [23]。この相関式は傾斜した平板が受ける効力に対する理論式を基礎として導入し、わずか直径130mmほどの大きさの撹拌槽について得られた実験値により補正を加えているが、メーカーが製造している数mの直径の撹拌槽に対しても有効である。通常は翼壁間のクリアランスは絶対値を保つのでクリアランスと翼直径の比は限りなく小さくなる。それにも関わらず適用可能であることには驚きを覚える。最下位が単なる実験式である。ここでも2つに区分されるが、Zweietring の完全粒子浮遊撹拌

速度 [24]のように次元解析の手法を用いて導出された実験式では両辺の次元が同じになるので単位をそろえておけば良いのであるが、近年は相関式中の変数の次元が記されており両辺の次元が異なるものも多く見受けられようになってきたので、変数の次元を間違えないように注意する必要がある。この場合、相関式は極めて単純な形になるので、企業においてはその便利さから歓迎される。すなわち相関式があるとないとでは大違いである。しかしながら実験式の場合には実験範囲外に外挿することは危険であり、したがって相関式が適用可能な翼の幾何学的形状や液体の物性等の範囲を明記しておくべきである。

最後に、最適操作条件を提示することが大切である。すなわち混合時間や物質移動係数等の特性値について最適値が相関式から求められる場合には、その時の操作条件を明示すべきである。特に仕込み条件（連続相となる液体の密度や粘度、分散相となる気体・液体・固体の物性値）に応じて最適操作条件は異なってくるので注意が必要である。

3.2　テーマの選定

大学等において研究者の数が少ないことは研究の進展において大きな障害である。その一番の原因は研究に面白みが感じられないことにあると考える。重箱の隅をつつくような研究も実工業においては必要とされる事項である事は十分に理解出来る。しかしながら、若い研究者が興味を持つような夢のあるテーマを選ぶ事も必要である。

例えば井上が提案した撹拌翼先端からの流脈線を可視化する手法 [25]は液体混合の研究を大きく進展させる可能性がある。**図4**に比較的、低レイノルズ数域で偏心撹拌において得られた流脈線を中心撹拌について得られた結果と比較して示す [26]。中心撹拌では翼の上下にドーナッツリング状の2つの未混合領域が形成されているのに対し、偏心撹拌では折り畳み、変動そして合流等が複雑に生じている。ここで、e は撹拌軸の槽中心からの距離で R は槽半径、また、N_R は撹拌開始からの翼の回転回数である。これらの流脈線から得られる情報を如何に処理して、従来から用いられている実験方法や混合指標と相関させるのかが今後の課題であろう。また、高橋が提案した撹拌槽内へ一定の大きさの固体を投入し、デッドスペースを消失させる発想 [27]も興味深い。これらの研究に関連して、近年はカオス混合について積極的に研究が行われていることは喜ばしい。カオス混合とは低レイノルズ数域で時間周期的に撹拌速度や翼の回転方向を変化させる時間的カオス混合と、空間的な非対称性を利用した空間的カオス混合に分ける事が出来る。先の偏心撹拌は代表的な空間的カオス混合に属する。カオス混合はプロセス工業において応用されている例は極めて少ない。定量的な解析手法が確立されるならば大きな進展につながる事が期待でき、今後の動向に注目する必要があろう。いずれの研究も他の研究グループにより追研究が行われており、今後の報告が期待される。

図4 観察された流脈線 (e/R=0.33, N_R=20)

　日本のメーカー各社により開発されている大型翼に関する研究も推進していく必要がある。近年、幾つかの報告がなされるようになってきている[28,29]が、未だ十分とは言えない。大型翼が有する優れた混合性能を明らかにし、世界に向けて発信する事により、海外のユーザーの認知度も高くなり、設備として採用される機会も増えてくるものと考えられる。そのためにも海外のインパクトファクターの高い学術誌への掲載が望ましい。

　また、産学での議論をより活発にし、日本の産業に取って必要不可欠なテーマを幾つか抽出し、それについて共同研究を推進して行く事も大切である。特に大学等では大型の実験装置を有している場合が少なく、企業が望むスケールアップに関する検討が貧弱である。また、伝熱は製造において極めて重要な研究テーマであるが、設備が複雑にならざるを得ず、高価となるため、ほとんど研究が行われていない事は残念である。化学工学会粒子・流体プロセス部会ミキシング技術分科会が中心となり、産学の総合力でこれらの課題を解決したいものである。

　加えて、液体混合は主に化学工業、石油化学工業、そして高分子工業において必要とされる事項について研究され、発展してきたように思える。その他の分野としては固液混合における粒子の撹拌翼への衝突が晶析、すなわち製薬工業と関連していると言えるであろう。新たな液体混合の展開を求めて、食品工業における液体混合にも積極的に取り組むべきであろう。対象となる流体はレオロジー的に複雑であり、専門家との共同研究が必須であろう。

4. 液体混合に関する国際会議

　技術並びに研究開発を進める上で必要不可欠なものは情報収集である。まず容易に手に入れられるものは学術論文誌、速報誌、総説、解説そして特許であろう。しかしながら文章にされているものは通常数年以上前のデータに基づいて書かれているし、説明が不足していて理解が難しい場合も少なくない。より新しい、理解しやすい情報源としてはセミナー、シンポジウムそして講演会等があろう。しかしながら最もお勧めしたいのは学会であり、しかも世界を牽引する研究者や技術者が参加する専門の国際会議である。

液体混合に関する最も権威のある国際会議は European Conference on Mixing である。この国際会議は３年ごとにヨーロッパ各国で開催されており、世界数 10 カ国から 100 名程の研究者や技術者が参加しており、30 件を越える研究発表が３日間に渡り１会場で行われ、最先端の液体混合に関する情報を得ることが出来る。この国際会議はフォーマルであり、厳密な査読を経た論文のみが発表され、レベルの高い研究成果が報告される。既に歴史は 45 年程である。なお、近年は、口頭発表の中で優秀な研究であるとの評価を受けたものは Chemical Engineering Research and Design の特集号として出版されている。一方、インフォーマルで最新の研究成果についての研究者間の討論を目的とした国際会議としては International Symposium on Mixing in Industrial Processes (ISMIP)があげられる。この国際会議は２年ごとに北米を中心に開催されており、午前と夜に研究講演が行われ、日中は研究者間の交流を目的としたイベントが開催される。この学会は 20 年程の歴史を持つ。研究途上の未完成なものも発表されるので、今後の液体混合の動向を探る事もできる。アジアでは 2005 年から Asian Conference on Mixing (ACOM)が３年ごとにアジア各国で開催されている。この学会でも優秀な論文は Journal of Chemical Engineering of Japan の特集号として出版されている。これらの学会に参加すると、当然の事ながら研究の進展状況について知る事が出来る。さらには最先端の材料開発で問題となっている液体混合の技術についても予測する事が出来る。すなわちこれからの経営戦略を練る事も出来るのである。是非、参加してもらいたい。

　なお、国内では化学工学会の年会並びに秋季大会で液体混合に関するセッションが設けられている。また、化学工学会のミキシング技術特別研究会では夏季セミナーを毎年開催し、さらに北海道・東北・関東ブロック、東海・関西ブロック並びに九州ブロックでミキシングサロンを毎年開催している。とっかかりとしては良い会合であろう。

おわりに

　液体混合は未だに発展途上にある。特に研究は行われて成果を上げているものの、それが現場において応用されていないものも多く存在する。研究成果を如何に実用化に結びつけるのかが大きな課題である。大切な事は現象を明らかにして、目的に応じた装置の設計並びにその最適な操作方法を選定する事である。

　多くの研究者がこの分野に興味を持ち、自分の専門分野に立脚した視点を持って参画して下さる事を切に希望する。さらに本書の出版を機に、本書をテキストとして大学等において液体混合に関する講義が行われるようになる事を希望する。

引用文献

1) 山本一夫他：「改訂攪拌装置」、化学工業社(1970)
2) Nagata,S.："MIXING Principles and applications", Kodansha, Tokyo (1975)
3) 村上泰弘：「重合反応装置の基礎と解析」、培風館(1976)
4) 化学工学会編：「化学工学の進歩 24 攪拌・混合」、槇書店(1990)
5) 化学工学会編：「化学工学の進歩 42 最新 ミキシング技術の基礎と応用」、三恵社(2008)

6) 「攪拌・混合技術」編集委員会編：「攪拌・混合技術」、アイピーシー(1988)

7) 高橋幸司他：「新しい攪拌技術の実際」、技術情報協会(1989)

8) 村上泰弘編：「最新攪拌・混合・混練・分散技術集成」、リアライズ社(1991)

9) 高橋幸司：「新素材のための液体混合技術」、アイピーシー(1994)

10) Harnby,N., M.F.Edwards and A.W.Nienow ： "Mixing in the Process Industries", Butterworths, London (1985)

11) 高橋幸司訳：「液体混合技術」、日刊工業新聞(1988)

12) 加藤禎人他：「最新 攪拌・混合技術〔事例集〕」、技術情報協会(2007)

13) 加藤禎人他：「〈操作事例／製品用途を踏まえた〉撹拌技術とトラブル解決」、情報機構(2007)

14) 高橋幸司：「液体混合の最適設計と操作」、テクノシステム(2012)

15) Tatterson,G. and R.Calabrese ed.："Industrial Mixing Research Needs", AIChE, New York (1989)

16) 高橋幸司、高畑保之、今井敏彦、志斎金一：化学工学論文集、**37(6)**, 479-482(2011)

17) Yang,B., Y.Kamidate, K.takahashi and M.Takeishi ： J.Appl.Poly.Sci., **78(7)**,1431-1438(2000)

18) Nomura,H., K.Shimizu and K.Takahashi：J.Chem.Eng.Japan, **35(11)**, 1108-1112(2002)

19) Nomura,T., Y.He and K.takahashi：J.Chem.Eng.Japan, **29(1)**, 134-138(1996)

20) Takahashi,K., Y.Takahata, T.Yokota and H.Konno ： J.Chem.Eng.Japan, **18(2)**, 159-162(1985)

21) Ono,H. and K.Takahashi：J.Chem.Eng.Japan, **31(5)**, 808-812(1998)

22) http://www.trinity-lab.com

23) Takahashi,K., K.Arai and S.Saito：J.Chem.Eng.Japan, **13(2)**, 147-150(1980)

24) Zwietering,T.N.：Chem.Eng.Sci., **8(3,4)**, 244-253(1958)

25) 井上義朗、橋本俊輔：化学工学論文集、**36(4)**, 355-365(2010)

26) 髙橋幸司：機械の研究、**68(2),** 93-100(2016)

27) Takahashi,K. and M.Motoda：Chem.Eng.Research Des., **87(4)**, 386-390(2009)

28) Takahashi,K., I.Tanimoto, H.Sekine and Y.Takahata ： J.Chem.Eng.Japan, **47(9)**, 717-722(2014)

29) Takahashi,K., N.Sugawara and Y.Takahata：J.Chem.Eng.Japan, **48(7)**, 513-517(2015)

第2章　基礎（撹拌所要動力の推算）

加藤　禎人

（名古屋工業大学）

1. なぜ撹拌所要動力の推算が必要なのか [1]

　撹拌操作の主たる目的は，「混合」，「分散」，「物質移動」，「反応」，「伝熱」である．生産現場において撹拌の難しいところは，これらの操作のうちの一つのみを行えばよいのではなく，複数の目的を同時に行わなければならないことである．特にスケールアップを行う場合には，撹拌の操作条件は，上記の5つの目的のうち，何を主目的とするかで，大きく変えなければならない．これらの目的を達成するために最も重要なことは撹拌所要動力を評価することである．撹拌所要動力は，撹拌モーターの選定に必要なだけではなく，乱流撹拌槽における吐出流量数，無次元混合時間，壁面伝熱係数および気液・液液・固液系における物質移動係数を評価するために必要な最も基礎的なパラメータである．

　撹拌所要動力は実験的には撹拌軸にかかるトルクを測定することによって求められ，この方法が最も精度が高い．トルク値は，起動時は高くなり(完全邪魔板条件)，停止時は低くなる上，定常運転時でも周期的に変動し一定値としては出力されないので，波形データとして平均値を求めたほうがよい．とくに乱流では長周期の変動も含め，不規則に大きく波形が変動するので，数値データのみから平均値を求めることは危険である．そして，撹拌所要動力はその平均トルク T を用いて $P=2\pi nT$ で求められる．そして，動力数($N_p = P/(\rho n^3 d^5)$)と撹拌レイノルズ数($Re = d^2 n\rho/\mu$)で整理される．一般的に動力数は，層流域では Re 数に反比例，乱流域の邪魔板無しでは Re 数の 1/4～1/3 乗に反比例，邪魔板有りでは Re 数によらず一定値となる．いわゆるパイプの摩擦係数に対する Moody 線図と相似な形状となる．

　撹拌所要動力は，撹拌翼や撹拌槽の幾何形状が変化すると大きく変化する．前述の関係から層流域では翼回転数の2乗に比例し，乱流域(邪魔板あり)では翼回転数の3乗に比例して増加する．とくに低粘度流体を円筒槽で撹拌する場合，槽中心に大きな渦ができ，固体的回転部が生じ迅速な混合の妨げとなるので，邪魔板を設置することが多い．邪魔板幅を槽径の 1/10，邪魔板枚数を 4 枚という標準邪魔板条件を用いると同じ回転数で操作しても邪魔板無しの時に比較して撹拌所要動力は数倍から十数倍に増加する．したがって，乱流エネルギーも大きく増加することになり，低粘度流体の迅速な混合，伝熱，物質移動の促進につながると考えられる．

　Calderbank and MooYoung(1961) [2] は，撹拌槽の伝熱特性と物質移動特性に関しその相似性を利用して伝熱係数と物質移動係数を，相似な式で非常に幅広い条件で推算できることを示している．

$$h/(C_p\rho) = 0.13(P_V\mu/\rho^2)^{1/4}Pr^{-2/3} \tag{1}$$

$$k_L = 0.13(P_V\mu/\rho^2)^{1/4} Sc^{-2/3} \tag{2}$$

これは Kolmogorov(1941) [3] の乱流理論に基づいているもので，乱流撹拌槽の代表速度は $v=(\varepsilon \cdot v)^{1/4}=(P_V\mu/\rho^2)^{1/4}$ で表される(εは単位質量当の動力)という考えである．つまり，乱流撹拌槽の物質移動係数や伝熱係数を推算するには，単位体積当たりの撹拌所要動力 P_V がわかればよいことになる．伝熱係数は，通常，Nu 数を Re 数および Pr 数等を用いて表した無次元相関式により推

13

算されているが，この方法では，槽内の幾何形状が変化（翼径の変化，邪魔板の有無や伝熱コイルの有無等）するとそれがすべて定数項に反映され，ケースバイケースでその絶対値が変化することになる．しかしながらこの Calderbank and MooYoung(1961)[2]の方法は，その影響をすべて動力に包含するため，定数項は常に一定値を持つという点が優れている[4]．一方，この物質移動と熱移動の相似性を利用して，Mizushina *et al.* (1969)[5]は，電解質の電極反応から限界電流を測定することにより，槽壁伝熱係数を見積もっている．通常，撹拌槽壁面の伝熱係数を測定するためには撹拌槽の断熱を行わねばならず，これは非常に困難である．また，壁面の局所伝熱係数の測定はさらに困難を伴う．これに対し，物質移動係数を測定する方法は，壁面に孤立電極を設けるのみでよく，装置の製作も実験も容易であり，かつ，正確な局所物質移動係数を測定することができる．この方法により，Kato *et al.* (1995,2007)[6,7]は，通常の撹拌槽だけでなく，揺動撹拌槽や，丸棒型邪魔板を設置した撹拌槽において壁面の局所物質移動係数や，邪魔板面上の物質移動係数まで測定し，平底・皿底槽底形状によらず，伝熱特性を予測可能にしている．固体粒子表面の物質移動係数や液滴表面の物質移動係数 k_L[4]も，種々の実験方法で測定され，いずれも単位体積当たりの撹拌所要動力を用いて推算する式が提案されている[8]．

$$k_L d_p / \mathcal{D} = 0.45(d_p{}^4 P_V / \rho v^3)^{0.193} Sc^{1/3} \tag{3}$$

さらに，非常に多くの研究者がこれと同様な考え方で単位質量当たりの所要動力を基準にして，固液間物質移動係数の相関式を提出している[2,9,10,11,12,13,14,15]．また，固液間だけでなく，気体吹き込み時の気液固間の物質移動係数も全く同様の考え方で相関されている[16,17]．

Kato *et al.* (2001)[18]は，粒子浮遊化限界回転数 n_{JS} 以上では，撹拌方式によらずあらゆる大型翼に対しても P_V 一定であれば，ほぼ同じ物質移動係数が与えられることを示している．また，このときの撹拌槽の槽底形状は 10%皿底槽を用いており，槽底形状には依存していない．さらにこの方法を，トルクを測定できない時の水を用いた乱流状態における撹拌所要動力を測定する手法として逆利用している．また，気液物質移動容量係数 $K_L a$ も非常に多くの研究者によって測定され，そのほとんどが P_V を用いた相関式でまとめられている．特に Sato *et al.*(1989)[19]は，水—空気系の気液撹拌において P_V を用いて，通気支配から撹拌支配にわたる広範囲の物質移動容量係数を推算する式を提案している．本式も筆者らは平底槽と皿底槽に対して適用したが，問題なく適用できた．

$$K_L a = 1.8 \times 10^{-4} \{P_{aV}(1/3\ P_{aV} + P_{gV})\}^{0.5} \tag{4}$$

さらに，古くから用いられている相関式は次式のような関数型で直接単位体積当たりの動力が用いられており，非常に多くのものが提案されている[20,21,22,23,24]．

$$K_L a = C\ P_V{}^a\ u_g{}^b \tag{5}$$

さらに，撹拌所要動力はこのような狭義の輸送現象に関することだけではなく，混合時間の推算に対しても主要なパラメータとされている．乱流撹拌槽に関しては Kamiwano *et al.*(1967)[25]の式が最も有名である．式中のパラメータには動力数と吐出流量数が含まれており，このことからも撹拌所要動力が重要であることが理解される．

$$\frac{1}{n\theta_\mathrm{M}} = 0.092\left\{\left(\frac{d}{D}\right)^3 N_\mathrm{qd} + 0.21\left(\frac{d}{D}\right)\left(\frac{N_\mathrm{P}}{N_\mathrm{qd}}\right)^{1/2}\right\}\left\{1 - e^{-13(d/D)^2}\right\} \tag{6}$$

また，Hiraoka et al. (2003)[26]は傾斜パドル翼に対して吐出流量数を動力数で相関する式を提案しており，結局は動力数が推算できれば混合時間を推算できることを示している．

$$N_\mathrm{qd} = 0.32(n_\mathrm{p}^{0.7}b/d)^{0.25}(D/d)^{0.34}N_\mathrm{P}^{0.5} \tag{7}$$

この相関は翼を用いた撹拌槽だけでなく，ジェット撹拌槽にまで幅広く適用可能である[27]．

さらに，層流域の混合時間は$N_\mathrm{P}Re$による相関[28]が有名であり，これも動力が主要なパラメータであることを示している．この相関を定式化したものを次式に示す．

$$\frac{1}{n\theta_\mathrm{M}} = (9.8\times 10^{-5})\left(\frac{d^3}{D^2 H}\right)(N_\mathrm{P}\cdot Re) \tag{8}$$

以上のように，動力を見積もることが出来れば，撹拌槽のかなりの性能を予測できることがわかる．また，撹拌槽のスケールアップの最もポピュラーな手法に「P_V 一定」という手法がある．これは上記の応用例が示すことが根拠になっているだけでなく，Ogawa(1992)[29]は乱流スペクトルの研究から限られた範囲ではあるが理論的にその手法の妥当性を示している．

さらに，Murakami(1976)[30]は，$(P_\mathrm{V}/\mu)^{0.5}$が槽内の平均せん断速度を示すことを指摘し，これと混合時間の積から，撹拌翼を用いた混合装置だけでなく，回転部を持たない静止型混合機も対象にできる撹拌装置の総合的評価指標を提案している．つまり，$t_\mathrm{m}(P_\mathrm{V}/\mu)^{0.5}$というパラメータである．$(P_\mathrm{V}/\mu)^{0.5}$は槽内平均せん断速度という物理的意味を持ち，撹拌槽の剪断特性を検討する上で用いられることがある．また，本パラメータには翼回転数を含まないためにモーションレスミキサーとの比較も定量的に行えるという利点がある．村上はこのパラメータが400〜900までの値であれば，高粘度流体を撹拌する装置として十分使える範囲にあると述べている．

2. 動力数の推算方法

最も歴史のある撹拌所要動力の推算式としては邪魔板無しパドル翼に関する永田の式[31]がある．

$$N_\mathrm{P} = \frac{A}{Re} + B\left(\frac{10^3 + 1.2Re^{0.66}}{10^3 + 3.2Re^{0.66}}\right)^p \left(\frac{H}{D}\right)^{(0.35+b/D)} \tag{9}$$

$$A = 14 + (b/D)\{670(d/D - 0.6)^2 + 185\}$$
$$B = 10^{\{1.3 - 4(b/D - 0.5)^2 - 1.14(d/D)\}}$$
$$p = 1.1 + 4(b/D) - 2.5(d/D - 0.5)^2 - 7(b/D)^4$$

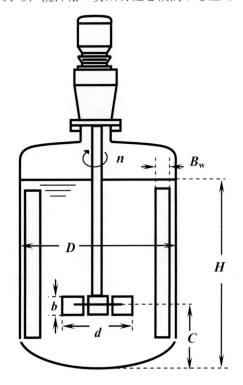

図1　撹拌槽の構成

ここで，翼の代表的な寸法の記号は**図1**に示す．羽根枚数 n_p が2以外の場合には，羽根枚数と羽根幅の積($n_p \cdot b$)が同じである2枚羽根パドル翼，すなわち羽根幅 $b' = (n_p \cdot b)/2$ の2枚羽根パドル翼として上式を用いて撹拌所要動力を求めることができる．邪魔板無し撹拌槽では翼取り付け位置 C の影響はほとんど無い．この手法は2段翼についても用いることができる．ただし，b'/H が1を越えるような大きな羽根幅で枚数が多い場合には，より正確な以下に示す推算式を用いる必要がある．

平岡らは輸送現象論的考察から撹拌所要動力を槽壁摩擦係数と一般化レイノルズ数で相関する方法を提案し，その後，種々の考察から幅広いレイノルズ数範囲で，また幅広い翼条件(Rushtonタービン含む[32])で，さらには球形槽にも使用可能な次式[33]を提案した．

$$N_{P0} = \{[1.2\pi^4\beta^2]/[8d^3/(D^2H)]\}f \qquad (10)$$

$$f = C_L/Re_G + C_t\{[(C_{tr}/Re_G) + Re_G]^{-1} + (f_\infty/C_t)^{1/m}\}^m$$

$$Re_d = d^2 n\rho/\mu, \quad Re_G = \{[\pi\eta\ln(D/d)]/(4d/\beta D)\}Re_d$$

$$C_L = 0.215\eta n_p(d/H)[1-(d/D)^2] + 1.83(b/H)(n_p/2)^{1/3}$$

$$C_t = [(1.96X^{1.19})^{-7.8} + (0.25)^{-7.8}]^{-1/7.8}$$

$$m = [(0.71X^{0.373})^{-7.8} + (0.333)^{-7.8}]^{-1/7.8}$$

$$C_{tr} = 23.8(d/D)^{-3.24}(b/D)^{-1.18}X^{0.74}$$

$$f_\infty = 0.0151(d/D)C_t^{0.308}$$

$$X = \gamma n_p^{0.7} b/H$$

$$\beta = 2\ln(D/d)/[(D/d)-(d/D)]$$

$$\gamma = [\eta\ln(D/d)/(\beta D/d)^5]^{1/3}$$

$$\eta = 0.711\{0.157 + [n_p \ln(D/d)]^{0.611}\}/\{n_p^{0.52}[1-(d/D)^2]\}$$

ここで，N_{P0} は邪魔板なしの場合の動力数である．（次項で邪魔板あり動力数を N_P と定義しており，区別するため．）この式は，式中に羽根枚数が含まれているので，2枚羽根パドルに換算する必要がなく，撹拌翼の寸法を直接代入することができる．**図2**は，動力数の実測値（キー）と相関値（線）で示したものである．本図に示すように，永田の式では発散してしまう相関値(2枚羽根パドルに換算すると液面を超えてしまう場合)が，本式では相関が可能になっている．完全邪魔板条件の動力数 N_{Pmax} は古くは永田らの方法により，臨界レイノルズ数を計算し，

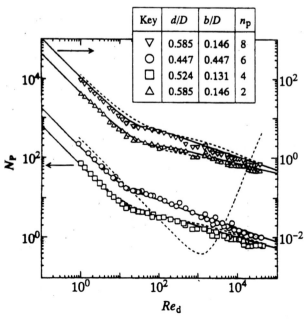

図2　永田の式と亀井・平岡の式の相関の比較
点線：永田の式，実線：亀井・平岡の式

(9)式を用いて推算されてきたが，翼条件のみから計算できる次式[34)]が便利である．

$$N_{Pmax}=\begin{cases} 10(n_p^{0.7}b/d)^{1.3} & n_p^{0.7}b/d \leq 0.54 \\ 8.3(n_p^{0.7}b/d) & 0.54 < n_p^{0.7}b/d \leq 1.6 \\ 10(n_p^{0.7}b/d)^{0.6} & 1.6 < n_p^{0.7}b/d \end{cases} \quad (11)$$

緩い邪魔板条件から完全邪魔板条件まで任意の邪魔板付き撹拌槽の所要動力は次式[34,35)]で推算できる．

$$N_P=[(1+x^{-3})^{-1/3}]N_{Pmax} \quad (12)$$
$$x=4.5(B_W/D)n_B^{0.8}(H/D)/N_{Pmax}^{0.2}+N_{P0}/N_{Pmax}$$

ここで，N_{Pmax}は(11)式の完全邪魔板条件における動力数，N_{P0}は邪魔板なしの場合の動力数である．ただし，この式で計算されたN_PがN_{P0}より小さい場合(層流域)はN_{P0}が邪魔板付き撹拌槽の動力数となる．

3. 種々の撹拌翼の動力相関

撹拌翼には多種多様な形状があり，低粘度流体用撹拌翼として，傾斜パドル翼，プロペラ翼やファウドラー翼（3枚後退翼）が代表的である．両者は(10)〜(12)式とほぼ同型で一部の係数を修正した表1および表2に示す式で計算できる．偶然ではあるが，プロペラ翼およびファウドラー翼は同一の相関式で動力計算が可能である．

表1　傾斜パドル翼の動力相関式[36)]

- 邪魔板無し

$N_{P0}=\{[1.2\pi^4\beta^2]/[8d^3/(D^2H)]\}f$,　　$f=C_L/Re_G+C_t\{[(C_{tr}/Re_G)+Re_G]^{-1}+(f_\infty/C_t)^{1/m}\}^m$
$Re_d=d^2n\rho/\mu$,　　$Re_G=\{[\pi\eta\ln(D/d)]/(4d/\beta D)\}Re_d$
$C_L=0.215\eta n_p(d/H)[1-(d/D)^2]+1.83(b\sin\theta/H)(n_p/2\sin\theta)^{1/3}$
$C_t=[(1.96X^{1.19})^{-7.8}+(0.25)^{-7.8}]^{-1/7.8}$
$m=[(0.71X^{0.373})^{-7.8}+(0.333)^{-7.8}]^{-1/7.8}$
$C_{tr}=23.8(d/D)^{-3.24}(b\sin\theta/D)^{-1.18}X^{0.74}$
$f_\infty=0.0151(d/D)\,C_t^{0.308}$
$X=\gamma n_p^{0.7}b\sin^{1.6}\theta/H$
$\beta=2\ln(D/d)/[(D/d)-(d/D)]$
$\gamma=[\eta\ln(D/d)/(\beta D/d)^5]^{1/3}$
$\eta=0.711\{0.157+[n_p\ln(D/d)]^{0.611}\}/\{n_p^{0.52}[1-(d/D)^2]\}$

- 邪魔板あり

$N_P=[(1+x^{-3})^{-1/3}]N_{Pmax}$　　　　　$x=4.5(B_W/D)n_B^{0.8}/\{(2\theta/\pi)^{0.72}N_{Pmax}^{0.2}\}+N_{P0}/N_{Pmax}$

- 完全邪魔板条件

$N_{Pmax}=\ 8.3(2\theta/\pi)^{0.9}\,(n_p^{0.7}b\sin^{1.6}\theta/d)$

表2 プロペラ翼およびファウドラー翼の動力相関式 [37]

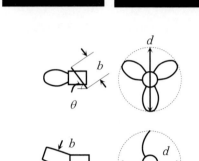

- 邪魔板無し

$N_{P0}=\{[1.2\pi^4\beta^2]/[8d^3/(D^2H)]\}f$

$f=C_L/Re_G+C_t\{[(C_{tr}/Re_G)+Re_G]^{-1}+(f_\mathscr{A}/C_t)^{1/m}\}^m$

$Re_d=d^2n\rho/\mu$

$Re_G=\{[\pi\eta\ln(D/d)]/(4d/\beta D)\}Re_d$

$C_L=0.215\eta n_p(d/H)[1-(d/D)^2]+1.83(b\sin\theta/H)(n_p/2\sin\theta)^{1/3}$

$C_t=[(3X^{1.5})^{-7.8}+(0.25)^{-7.8}]^{-1/7.8}$

$m=[(0.8X^{0.373})^{-7.8}+(0.333)^{-7.8}]^{-1/7.8}$

$C_{tr}=23.8(d/D)^{-3.24}(b\sin\theta/D)^{-1.18}X^{-0.74}$

$f_\mathscr{A}=0.0151(d/D)C_t^{0.308}$

$X=\gamma n_p^{0.7}b\sin^{1.6}\theta/H$

$\beta=2\ln(D/d)/[(D/d)-(d/D)]$

$\gamma=[\eta\ln(D/d)/(\beta D/d)^5]^{1/3}$

$\eta=0.711\{0.157+[n_p\ln(D/d)]^{0.611}\}/\{n_p^{0.52}[1-(d/D)^2]\}$

- 邪魔板あり

$N_P=[(1+x^{-3})^{-1/3}]N_{Pmax}$ $x=4.5(B_W/D)n_B^{0.8}/\{(2\theta/\pi)^{0.72}N_{Pmax}^{0.2}\}+N_{P0}/N_{Pmax}$

- 完全邪魔板条件

$N_{Pmax}=6.5(n_p^{0.7}b\sin^{1.6}\theta/d)^{1.7}$

1990年代から低粘度から高粘度まで幅広い性質を持つ流体に対して有効な大型翼（マックスブレンド，フルゾーン，スーパーミックスMR205など）が開発され各種生産プロセスにおいてすばらしい実績を上げている．これらの所要動力はほぼ共通の式が使用でき，表3に示す式で図3の精度で推算できる．

表3 大型翼(マックスブレンド，フルゾーン，スーパーミックスMR205)の動力相関式 [38,39]

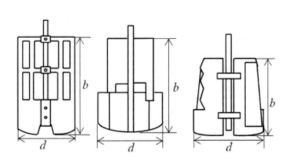

- 邪魔板無し

$N_{P0}=\{[1.2\pi^4\beta^2]/[8d^3/(D^2H)]\}f$

$f=C_L/Re_G+C_t\{[(C_{tr}/Re_G)+Re_G]^{-1}+(f_\mathscr{A}/C_t)^{1/m}\}^m$

$Re_d=d^2n\rho/\mu, \quad Re_G=\{[\pi\eta\ln(D/d)]/(4d/\beta D)\}Re_d$

$C_L=0.215\eta n_p(d/H)[1-(d/D)^2]+1.83(b/H)(n_p/2)^{1/3}$

$C_t=[(0.3X^{0.4})^{-7.8}+(0.25)^{-7.8}]^{-1/7.8}$

$m=0.333$

$C_{tr}=1000(d/D)^{-3.24}(b/D)^{-1.18}X^{-0.74}$

$f_\infty = 0.0151(d/D)\,C_t^{0.308}$

$X = \gamma n_p^{0.7} b/H$

$\beta = 2\ln(D/d)/[(D/d)-(d/D)]$

$\gamma = [\eta \ln(D/d)/(\beta D/d)^5]^{1/3}$

$\eta = 0.711\{0.157 + [n_p \ln(D/d)]^{0.611}\}/\{n_p^{0.52}[1-(d/D)^2]\}$

・邪魔板あり

$N_P = [(1+x^{-3})^{-1/3}]N_{Pmax}$ $x = 3.8(B_w/D)n_B^{0.8}(H/D)/N_{Pmax}^{0.2}$

・完全邪魔板条件

$N_{Pmax} = 5.8(b/d)^{0.75}$

・推算精度を上げるためには次式に差し替える

・平底槽　マックスブレンドおよび MR205 　：$C_t=[(0.3X^{0.4})^{-7.8}+(0.25)^{-7.8}]^{-1/7.8}$
・平底槽　フルゾーン　　　　　　　　　　　：$C_t=[(0.3X^{0.5})^{-7.8}+(0.25)^{-7.8}]^{-1/7.8}$
・皿底槽　マックスブレンドおよび MR205 　：$C_t=[(0.27X^{0.4})^{-7.8}+(0.25)^{-7.8}]^{-1/7.8}$
・皿底槽　フルゾーン　　　　　　　　　　　：$C_t=[(0.22X^{0.4})^{-7.8}+(0.25)^{-7.8}]^{-1/7.8}$

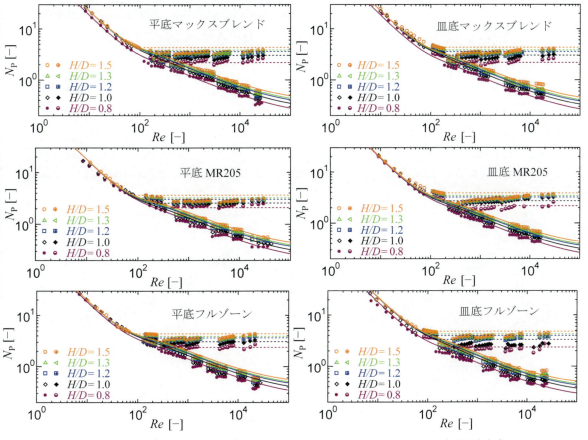

図3　マックスブレンド，フルゾーン，スーパーミックス MR205 の動力相関(液高変化)

ディスパー翼は主として塗料や化粧品などの分散処理,液液系の乳化に使用されることが多く,鋸の刃のようにディスクのエッジを交互に上下に折り曲げた円形の翼である.この翼は,高速回転(翼先端速度:10m/s～30m/s)させることにより粉体を分散,また,凝集物を局所的なせん断作用により粉砕・分散させる作用を持っている.表4に示す式で図4の精度で相関できる.

表4　ディスパー翼の動力相関式 [40)]

- 邪魔板無し

$N_{P0} = \{[1.2\pi^4\beta^2]/[8d^3/(D^2H)]\}f$, $f = C_L/Re_G + C_t\{[(C_{tr}/Re_G) + Re_G]^{-1} + (f_\infty/C_t)^{1/m}\}^m$

$Re_d = d^2n\rho/\mu$, $Re_G = \{[\pi\eta\ln(D/d)]/(4d/\beta D)\}Re_d$

$C_L = 0.215\eta n_p(d/H)[1-(d/D)^2]+1.83(b/H)(n_p/2)^{1/3}$

$C_t = [(0.79X^{1.36})^{-7.8} + (0.25)^{-7.8}]^{-1/7.8}$

$m = [(0.56X^{0.266})^{-7.8} + (0.333)^{-7.8}]^{-1/7.8}$

$C_{tr} = 0.002 (d/D)^{-3.24}(b/D)^{-1.18}X^{-0.74}$

$f_\infty = 0.0076 (d/D) C_t^{0.308}$

$X = \gamma n_p^{0.7}b/H$

$\beta = 2\ln(D/d)/[(D/d)-(d/D)]$

$\gamma = [\eta\ln(D/d)/(\beta D/d)^5]^{1/3}$

$\eta = 0.711\{0.157 + [n_p \ln(D/d)]^{0.611}\}/\{n_p^{0.52}[1-(d/D)^2]\}$

Type A　　Type B

- 邪魔板あり

$N_P = [(1+x^{-3})^{-1/3}]N_{Pmax}$, $x = 4.5(B_w/D)n_B^{0.8}/N_{Pmax}^{0.2} + N_{P0}/N_{Pmax}$

- 完全邪魔板条件

$N_{Pmax} = 0.51(n_p^{0.7}b/d)^{0.61}$

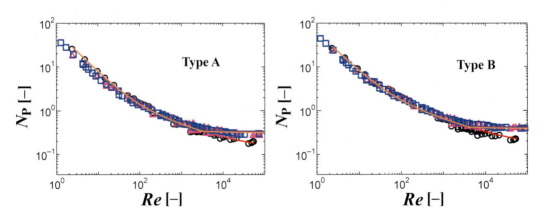

図4　ディスパー翼の動力相関 (D=185 mm, d=70 mm, b=11 mm, n_p=6)

4. 高粘度用撹拌翼の動力相関

さらに高粘度の流体に対してはヘリカルリボンやアンカーなどの翼径比の大きな翼が使用される．アンカー翼は翼径比の大きな2枚羽根パドル翼とみなし，(10)式を用いて動力の推算は可能であるが，ヘリカルリボン翼などの複雑な形状の翼の動力は正確に推算できない．その場合は，次式を用いる[41]．式中の各翼の記号は図5を参照されたい．これらの翼の使用範囲は層流域であるので，相関する値は一定値となる N_PRe である．

(1) アンカー翼の相関式

$$N_PRe=8n_p+75.9zn_p^{0.85}(h/d)/[0.157+\{n_p\ln(D/d)\}^{0.611}] \tag{13}$$
$$z=w/h+0.684[\,n_p\ln\{d/(d-2w)\}]^{0.139}$$

(2) ヘリカルリボン翼の相関式

$$N_PRe=8n_p+75.9z(n_p/\sin\alpha)^{0.85}(h/d)/[0.157+\{(n_p/\sin\alpha)\ln(D/d)\}^{0.611}] \tag{14}$$
$$z=0.759[(n_p/\sin\alpha)\ln\{d/(d-2w)\}]^{0.139}\{n_p\ln(D/d)\}^{0.182}n_p^{0.17}\quad,\quad \sin\alpha=\{1+(\pi d/s)^2\}^{-0.5}$$

なお，アンカー翼を乱流域でも使用したい場合は，(10)式を使用することができる[42]．永田の式は槽壁クリアランスが狭い場合は危険である．

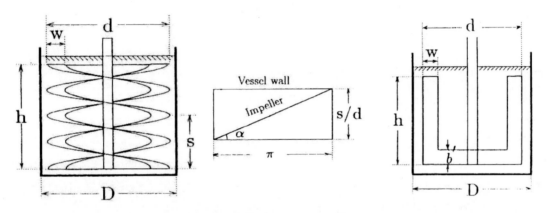

図5　ヘリカルリボン翼とアンカー翼

5. 非ニュートン流体の動力相関

流体の粘度が高くなると，粘性は非ニュートン性を示す場合が多い．この場合は，撹拌翼の回転数を変化させると槽内のせん断速度が変化し，見かけ粘度が変化するため，Re 数を決められず，前述した動力相関式が使用できない．その場合は，Metzner-Otto[43]の方法が使用される．この場合の前提条件は以下のとおり．

　　・ニュートン流体に関する N_P －Re 動力線図が既知であること．
　　・流体のレオロジー特性が既知であること．

動力推算の手順は以下のとおり．

(1) 翼回転数とせん断速度は比例関係にあるとされる．その比例定数を Metzner-Otto 定数 k_s と呼ぶ．k_s がわかっていれば，翼回転数からせん断速度が推算される．

(2) そのせん断速度を用いて，流動特性曲線より見かけ粘度 μ_a が求められる．

(3)そのμ_aを用いて Re 数を求め，動力数をニュートン流体の動力線図または各種相関式から計算する．

Metzner-Otto 定数 k_s の概算値は大型翼も含め翼形式によらず，次式[41,44]で推算できる．

$$k_s = (N_p \cdot Re)(b/d)/\pi^2 \tag{15}$$

6. 種々の幾何形状の撹拌槽の動力相関

　種々の企業の製造プロセスを観察すると撹拌槽の幾何形状は多種多様である．伝熱コイルが内壁面に設置されているもの，槽中央部にドラフトチューブが設置されているもの，直方体槽のもの，撹拌翼の軸が偏芯しているものなど非常に個性的である．これらの撹拌所要動力は「内装物や幾何形状の差がいったい邪魔板何枚分に相当するのか？」という考え方に基づき，パドル翼，傾斜パドル翼など小型の翼を使用した場合，ほぼ以下の考え方で乱流域の動力数を推算できる．

・ドラフトチューブが設置された場合：槽径の 20 分の 1 の邪魔板 1 枚分[45]

・壁面に伝熱コイルが設置された場合：コイル径の 4 分の 1 の邪魔板 1 枚分[46]

・槽中央部に伝熱コイルが設置された場合：槽径の 20 分の 1 の邪魔板 1 枚分[46]

・角型撹拌槽が使用された場合：断面に外接する円筒槽の内径の 10 分の 1 の邪魔板 1 枚分[47]

・偏芯された場合：偏芯距離を邪魔板幅と仮定した邪魔板 1 枚分[48]

いずれの場合も，標準邪魔板条件よりはるかに小さな邪魔板条件の動力数である．また，粘度の高い層流域ではこれらの幾何形状の影響は全く受けない．

　さらに，以下のケースも複雑であるが，おおむね以下の考え方で推算可能である．

・多段翼：翼間距離が翼径の 1.5 倍以上離れている場合は個々の翼の動力数の和でよい．

・翼取付位置：邪魔板無しの場合，どの翼でも動力数は変化しない．しかし，邪魔板付きの場合，パドル翼の動力数は複雑に変化するので注意が必要である．前述の相関式で得られる動力数は槽中央に位置した場合である．ディスクを持つ Rushton タービンや，プロペラ翼・傾斜翼など軸流成分を持つ翼の動力数には翼位置による大きな変化はない．

参考文献

1) 加藤，平岡，亀井，多田：化学工学論文集, **35**, 211－215 (2009)

2) Calderbank, R. H. and M. B. Moo-Young：*Chem. Eng. Sci.,* **16**, 39－54 (1961)

3) Kolmogorov, A.N.：*C.R.Acad.Sci. USSR,* **30**, 301-305(1941)

4) 平岡：化学工学会編　「撹拌・混合」, pp.23-39, 槇書店(1990)

5) Mizushina, T., R. Ito, S.Hiraoka A.Ibusuki and I Sakaguchi：*J. Chem. Eng. Japan,* **2**, 89-94 (1969)

6) 加藤，平岡，多田ら：化学工学論文集, **21**, 621－624 (1995)

7) Kato, Y., N. Kamei, Y. Tada *et al.*：*J. Chem. Eng. Japan,* **40**, 611-616 (2007)

8) Hiraoka, S., Y. Tada, H. Suzuki *et al.*：*J. Chem. Eng. Japan,* **23**, 468-474 (1990)

9) Asai, S., Y.Konishi and Y.Sasaki　：*J. Chem. Eng. Japan,* **21**, 107-112(1988).

10) Harriott, P：　*AIChE J.,* **8**, 93-101(1962)

11) Hixson,A.W. and S.J.Baum　：*Ind. Eng. Chem.*, 33, 478-485(1941)

12) Kikuchi,K., M.Niyama, T.Sugawara and H.Ohashi ： *J. Chem. Eng. Japan*, **20**, 421-423(1987a)

13) Kikuchi,K., Y.Tadakuma, T.Sugawara and H.Ohashi ： *J. Chem. Eng. Japan*, **20**, 134-140(1987b)

14) Levins, B.E. and J.R.Glastonbury ： *Trans. IChemE*, 50, 132-146(1972)

15) Miller, D. N. ： *Ind. Eng. Chem. Process Des. Develop.*, **10**, 365-375(1971)

16) Grisafi,F., A.Brucato and L.Rizzuti ： *Can. J. Chem. Eng.* , **76**, 446-455(1998)

17) Marrone,G.M. and D.J.Kirwan ： *AIChE J.*, **32**, 523-525(1986)

18) Kato, Y., S. Hiraoka, Y. Tada *et al.* ： *J. Chem. Eng. Japan* , **34**, 1532−1537 (2001)

19) 佐藤, 嶋田, 吉野 ： 化学工学論文集, **15**, 733−739 (1989)

20) Judat,H. ： *Ger. Chem. Eng*, **5**, 357-363 (1982)

21) Linek,V, V.Vacek and P.Benses ： *Chem. Eng. J.,* **34**, 11−34 (1987)

22) Smith, J.M. *et al.* ： *Proc. 2nd European Conf. on Mixing.*, F4, p.51-66, Cambridge, England(1977)

23) Van't Riet K. ： *Ind. Eng. Chem. Process Des.Dev.* , **18**, 357-364(1979)

24) Zlokarnik,M. ： *Adv. In Biochem. Eng.*, **8**, 133-151(1979)

25) 上和野, 山本, 永田 ： 化学工学, **31**, 365−372 (1967)

26) Hiraoka, S., Y.Tada, Y. Kato *et al.* ： *J. Chem. Eng. Japan*, **36**, 187-197 (2003)

27) Hiraoka, S., Y.Tada, Y. Kato *et al.* ： *J. Chem. Eng. Japan*, **34**, 1499-1505 (2001)

28) 水科, 伊藤, 平岡, 渡辺 ： 化学工学, **34**, 1205-1212 (1970)

29) Ogawa, K. ： *J. Chem. Eng. Japan*, **25**, 750-752 (1992)

30) 村上 ： 重合反応装置の基礎と解析, p.43, pp.89-93, 培風館(1976)

31) 永田, 横山, 前田 ： 化学工学, **20**, 582-592 (1956)

32) Rushton, J.H., E.W.Costich and H.J.Everett ： *Chem. Eng. Prog.*,**46**, 395-404(1950)

33) 亀井, 平岡, 加藤ら ： 化学工学論文集, **21**,41-48 (1995)

34) 亀井, 平岡, 加藤ら ： 化学工学論文集, **21**,696-702 (1995)

35) 亀井, 平岡, 加藤ら ： 化学工学論文集,**22**,249-255 (1996)

36) 平岡, 亀井, 加藤ら ： 化学工学論文集, **23**, 969-975 (1997)

37) Kato, Y., Y. Tada, T.Takeda and Y.Hirai and Y.Nagatsu ： *J. Chem. Eng. Japan*, **42,** 6-9(2009)

38) 加藤, 小畑, 加藤ら ： 化学工学論文集, **38**, 139-143 (2012)

39) 加藤, 古川, 安井ら ： 化学工学論文集, **42**, 187-191 (2016)

40) 加藤, 南雲, 古川ら ： 化学工学論文集, **40**, 1-4(2014)

41) 亀井, 平岡, 加藤ら ： 化学工学論文集, **20**,595 -603(1994)

42) 加藤, 亀井, 多田ら ： 化学工学論文集, **37**, 19-21 (2011)

43) Metzner, A.B. and R.E. Otto ： *AIChE.Journal*, **3,** 3 (1957)

44) 古川, 中村, 加藤ら ： 化学工学論文集, **42**, 92-95(2016)

45) 古川, 加藤, 多田ら ： 化学工学論文集, **39**,9-12(2013)

46) 古川, 加藤, 伊藤ら ： 化学工学論文集, **39**, 171-174(2013)

47) 古川, 加藤, 加藤ら ： 化学工学論文集, **39**, 94-97(2013)

48) 古川, 加藤, 深津ら ： 化学工学論文集, **39**, 175-177(2013)

第3章　固液撹拌槽内の諸現象の定量化

三角　隆太、上ノ山　周

（横浜国立大学）

はじめに

　固液撹拌操作は、晶析・沈殿、固体触媒反応、吸着・イオン交換、溶解やスラリーの調製など の化学工業プロセスにおいて頻繁に行われる操作であり、そのおもな目的は、液体中での固体粒 子の分散、ならびに固体粒子－液体間の物質移動を促進させることにある。通常、撹拌羽根を大 きく、または撹拌翼回転数を速くすると撹拌強度が大きくなることで、槽底近傍での粒子の堆 積・凝集を抑制し、槽全体への粒子の分散や液体と粒子との間での物質移動を促進させることが できる。一方、撹拌を過度に強くすると、粒子(結晶や固体触媒など)の摩耗や破損が引き起こさ れることも多く、適切な撹拌強度に設定することが求められる。さらに、装置のスケールアップ、 スケールダウンを検討する際には、この適切な撹拌条件を装置サイズが異なる場合にも再現する ための設計指標 (撹拌翼回転数 $n =$ 一定や羽根先端速度 $v_{tip} (= \pi n d) =$ 一定など)[1-4]は、何であ るかを明らかにすることが求められる。

　プロセスの目的に合わせた適切な撹拌強度を検討するためには、固液撹拌装置の中で起きる諸 現象、すなわち、(1) 撹拌羽根前面および背面への固体粒子の衝突挙動、(2) 撹拌羽根への結晶 粒子の衝突に伴う微結晶発生量や母結晶の摩滅量の定量化、(3) 槽底からの固体粒子の浮遊化お よび槽全体への分散挙動、(4) 複数個の固体粒子(一次粒子)どうしの凝集現象などについて、理 想的にはそれぞれオンラインに近い形で定量化することが望まれる。

　本稿では、上に例示した固液撹拌装置内の諸現象を、実験的に、または数値シミュレーション にもとづいて定量化した事例について、著者らのグループが取り組んでいる研究を中心に概説す る。

1. CFD と DEM の連成解析による撹拌羽根への固体粒子衝突現象の定量化

1.1　背景と目的

　固液撹拌操作では、撹拌羽根への粒子の衝突により固体粒子(結晶や固体触媒など)の摩耗や破 損、条件によっては羽根材料の摩耗、損傷などが引き起こされ、結晶の成長速度や触媒寿命の低 下、撹拌装置のメンテナンス費用の増大などの問題が発生することがある。一方、晶析操作にお いては、結晶の摩耗によって生成する微結晶は二次核として振る舞うため、回分操作、連続操作 それぞれに合わせた適切な発生量に制御することが望まれる。

　このような粒子衝突に起因する現象を深く理解し、予測や制御を可能とするために、撹拌羽根 への粒子衝突現象の定量化が進められてきた。高橋ら[5, 6]は、撹拌羽根の表面をクレヨンでコー ティングし、粒子の衝突痕から衝突頻度を推算する手法を提案した。また、Kee ら[7]も同様 の試みを報告している。これらの検討は、固体粒子の羽根への衝突頻度を推算するうえでは有効 であるが、回転する撹拌羽根のまわりでの粒子の運動を直接観察するものではなく、粒子と羽根 の相対速度や羽根表面への粒子の衝突エネルギーを定量化するには不向きである。

著者らは、撹拌槽の中の流れの数値流動解析(CFD: Computational Fluid Dynamics)と、固体粒子と固体壁面間の相互作用を離散要素法(DEM : Discrete Element Method)でモデル化した連成解析により、回転する撹拌羽根のまわりでの流動と固体粒子の運動を再現し、撹拌羽根前面、および背面への粒子の衝突現象の定量化を試みた。撹拌翼設置高さや羽根の形状を変化させた条件において、撹拌羽根前面と背面を区別して粒子の衝突位置、衝突エネルギーに対する諸条件の影響について検討した [8-11]。

1.2　解析方法および解析条件

　撹拌槽内の流動については連続の式と非圧縮性 Navier-Stokes 方程式を連立させて解き、乱流状態のモデル化には、解析メッシュより大きな渦は直接計算し、メッシュで捉えられない小さな渦の影響はモデルによって表現する手法である Large Eddy Simulation (LES)を用いた。槽内の粒子の運動は、個々の粒子に対して運動方程式を解くラグランジュ的手法により解析した。粒子間および粒子-固体壁面間の相互作用は DEM によってモデル化し、これらの解析は汎用熱流体解析ソフト RFLOW ((株)アールフロー製)を用いて行った[12]。

　Fig. 1 に解析領域概略を示す。4 枚邪魔板付き平底円筒槽に、6 枚垂直パドル翼を設置した撹拌槽を解析対象とした。槽径 D および液深 H を 0.1 m、翼径 d を 0.05 m、羽根幅 b を 0.01 m に設定し、翼設置高さ h は液深を基準にして $H/10, H/3$ および $H/2$ と変化させ、翼回転数 n を 6.0 s^{-1} とした。解析対象流体を水とし、対象粒子はガラス粒子を想定して粒子径を 100 μm、粒子密度を 2500 kg m^{-3} とし、粒子個数を 5 万個とした。撹拌羽根と流体が静止し、固体粒子が槽底に一様に分散した状態から撹拌を開始する非定常解析を行い、撹拌動力がおおよそ定常状態に達した撹拌開始から 8.0~10.0 s の間のデータを用いて、粒子衝突の統計処理を行った。

1.3　羽根形状および撹拌翼設置高さが羽根への粒子衝突現象に与える影響

　Fig. 2 に、翼設置高さ h/H を 1/10, 1/2 と変化させた時の、羽根の回転方向前面 ((a), (b)) および回転方向背面 ((c), (d)) への粒子の衝突位置の分布を示す。羽根前面に対して法線方向の衝突速度 $V_\mathrm{coll,f,n}$ または背面に対して法線方向の衝突速度 $V_\mathrm{coll,b,n}$ の大きさを衝突点の色であらわしている。同図より、羽根前面では翼設置高さにかかわらず類似した分布を示すことがわかる。すなわち、翼設置高さにかかわらず、羽根の縁に沿って多くの衝突が発生し、羽根の先端および縁に近づくほど衝突速度が大きくなり、羽根の先端の上下端で衝突速度が最大となる。一方、羽根背面では、$h/H = 1/2$ では、粒子は羽根の縁から離れた背面全域にわたって衝突するのに対して、$h/H = 1/10$ の場合、粒子の衝突位置は上下方向に 2 つの領域に分割され、おもに羽根下方に集中することがわかる。これについては、次項で説明する。

　Fig. 3 に、羽根形状が異なる場合の、羽根の回転方向前面での粒子衝突位置の分布を示す[13]。衝突点の色は羽根面に対して法線方向の衝突速度 $V_\mathrm{coll,f,n}$ の大きさをあらわしている。同図より、羽根の種類や羽根幅の違いにかかわらず、羽根の縁に沿って速い衝突が起こることがわかる。Fig. 4 に、$n = 6$ s^{-1} のときの各翼での $V_\mathrm{coll,f,n}$ の確率密度分布 $P(V_\mathrm{coll,f,n})$ を示す。同図より、翼回転数が同じ場合、速い衝突速度の確率密度はディスクタービン翼 $b = 1$ cm、パドル翼 $b = 1$ cm、2 cm、3 cm の順に小さくなることがわかる。Fig. 3 に示したように、羽根前面では羽根の縁に沿って速い衝突が起こるため、羽根の面積に対する縁の長さの割合が大きい翼ほど、速い衝突速度の確率

密度が大きくなったと考えられる。さらに、Fig. 3(d)より、ディスクタービン翼では、回転軸から離れた位置に羽根があるため、パドル翼で見られる軸近くでの遅い衝突が起こらないことが、速い衝突速度の確率密度を大きくする要因になったと考えられる。

1.4 撹拌羽根周りの流動状態と粒子衝突の関係

乱流条件下の撹拌翼のまわりでは、羽根背面側に羽根の上端と下端で対となった渦であるTrailing vortex と呼ばれる特徴的な流れ(Takashima ら[14]、van't Riet ら[15])が形成されることが知られ、そのような羽根周りでの流動状態が粒子の衝突に深く関連していると考えられる。Trailing vortex の定量化方法には、まだ議論[16-18]があるが、ここでは、6枚パドル翼近傍の渦度の瞬間値の等値面図[19]を Fig. 5 に示す。同図より、それぞれの撹拌羽根の回転方向背面から後方に伸びる上下1対の等渦度面が形成されていることがわかる。Trailing vortex は、棒状の障害物の背面に形成される、いわゆるカルマン渦と同質であるが、撹拌装置に特有の特徴も多い。撹拌槽の中では、撹拌軸からの距離に比例して撹拌羽根と流体との相対速度が大きくなるため、Trailing vortex は撹拌軸から槽壁方向(障害物の長手方向)に移流を伴いながららせん状に大き

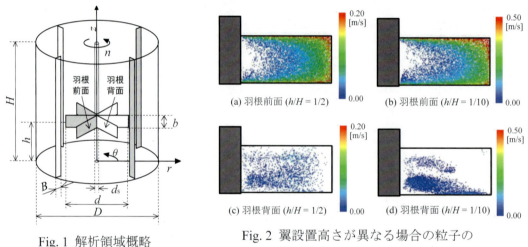

Fig. 1 解析領域概略

Fig. 2 翼設置高さが異なる場合の粒子の衝突位置の分布 (n = 6.0 s^{-1})

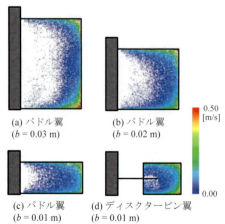

Fig. 3 羽根形状が異なる場合の粒子の衝突位置の分布 (n = 6.0 s^{-1})

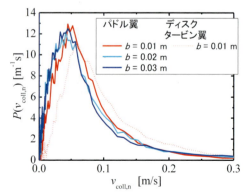

Fig. 4 羽根形状ごとの粒子の衝突速度の確率密度分布 (n = 6.0 s^{-1})

Fig. 5 撹拌翼近傍の渦度の等値面　　Fig. 6 θ-z 断面での液流速分布 (h/H = 1/10)

く発達し、羽根の先端より後方へ渦軸の向きを変えながら長く尾を引く。また、狭いハウジング内を羽根車が高速で回転するポンプなどと異なり、撹拌装置内では、流体力学的には鈍頭物体に分類される板型の羽根が毎秒数メートル程度と比較的ゆっくりと回転し、撹拌羽根近傍の流れに対する空間的な制約が少ないため、Trailing vortex は明瞭に形成されることになる。

Fig. 6 に h/H = 1/10 のときの r = 1.25 cm (羽根の半径の 1/2 の位置に相当) における、羽根面を中心として前後の $θ$-z 断面 (円筒状の曲面) での流速分布を示す。同図(a)は、羽根の回転に同期した回転座標系での $θ$ 方向の液流速($\overline{v_{f,θ}} - 2πrn$)(図中、右方向が正)の分布を示しており、羽根背面の上端付近では、羽根背面から遠ざかる負の速度となり、羽根裏の中央付近から下側の範囲では、羽根背面に向かう正の速度となることがわかる。同図(b)は z 方向の液流速 $\overline{v_{f,z}}$ を示しており、羽根背面近傍の軸方向の液流速については、羽根上方では上向きの速度をもち、羽根下方では下向きの速度をもつことがわかる。これらのことから、羽根背面では上側の渦が大きく発達した上下非対称の渦が発生していることが推察される。また同図(c)は半径方向の液流速($\overline{v_{f,r}}$)を示しており、羽根背面付近の液流速は吐出方向(槽壁へ向かう方向)に非常に大きな速度をもつことがわかる。一方 h/H = 1/2 では、羽根背面近傍の流速分布に着目すると、上下対称の流速分布となることを確認した(図省略)。翼高さが低い場合、羽根背面に発生する渦が上下非対称となって粒子衝突位置は羽根下方に集中したものと考えられる。

2. 回転同期・高速動画撮影法による固体粒子の撹拌羽根への衝突現象の定量化
2.1 背景および目的

撹拌羽根近傍での固体粒子の衝突挙動を実験的に詳細に把握し、前節で紹介した粒子衝突の解析結果の信頼性を検証するために、撹拌羽根の回転にあわせて2台の高速度ビデオカメラを同期回転させることができる特殊な撹拌装置(回転同期・高速動画撮影システム)を作製し、動画像の

解析により粒子の衝突速度を実測した事例[20-22]について紹介する。これを用いた実験により翼回転数を変化させた場合の撹拌羽根への粒子衝突現象を定量化し、これらの条件が粒子衝突現象に及ぼす影響について検討した。さらに前節で紹介したCFDと同様の手法で粒子衝突を解析した結果と、本実験の結果を比較し、CFDの信頼性について検証した。

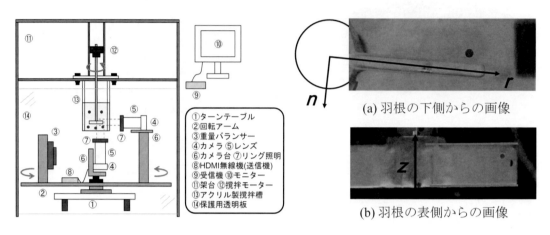

Fig. 7 回転同期・高速動画撮影システムの概略

Fig. 8 撮影した動画の一例

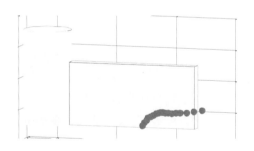

Fig. 9 算出した粒子の軌跡の一例

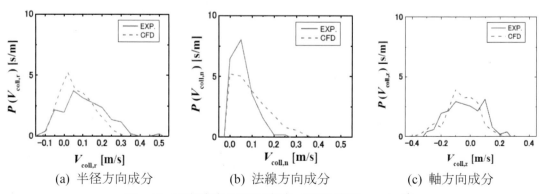

(a) 半径方向成分　　　(b) 法線方向成分　　　(c) 軸方向成分

Fig. 10 衝突速度の確率密度 (羽根前面, $n = 3\ \mathrm{s^{-1}}$)

2.2 実験方法

Fig. 7 に、回転同期・高速動画撮影システムの概略を示す。同装置はカメラの回転装置と撹拌槽を固定している架台から構成される。回転装置のアーム上に設置した 2 台のカメラにより、羽根の回転方向前面または背面側での粒子の挙動を、羽根の下方向と横方向の2方向から同時に撮影し、羽根近傍での粒子の運動を 3 次元的に撮影できる。動画像を確認しながらカメラの回転と撹拌羽根の回転を同期させることによって任意の羽根面を対象に粒子を撮影した。

撹拌槽の槽径を $D = 0.1$ m, 翼径 d を槽径の 1/2 倍, 翼設置高さを液深の 1/3 に設定し、回転数を $n = 3$ s^{-1} とした。流体には水、固体粒子には粒径 680 μm, 密度 1011 kg m^{-3} の赤色に着色したポリスチレン粒子を使用した。

2.3 画像処理による粒子の軌跡と羽根の縁の検出

MATLAB$^®$を用いた自作の画像処理プログラムにより、画像内にある粒子と羽根面を検出し、粒子の軌跡を算出した。Fig. 8 に、羽根前面側を浮遊する粒子を撮影した動画のフレームを切り出した画像の一例を示す。まずハフ変換[23]を用いて画像中の粒子(円)と羽根の縁(直線)を検出した。粒子が写っている時系列の画像に対して粒子と羽根の縁を検出し、羽根面を基準としたデカルト座標系における粒子の重心座標の経時変化を算出した。本システムでは、約 0.5 m/s の速度で回転する撹拌羽根近傍の粒径 1 mm 程度の粒子を数フレームにわたって観察することができた。

Fig. 9 に撹拌羽根近傍の粒子の軌跡の一例を示す。粒子の重心座標の経時変化から、撹拌羽根と粒子の相対速度の羽根面に対して法線方向成分を算出した。法線方向の速度の符号が反転した時刻を衝突時刻 t_{coll} [s]、その時刻の重心座標を羽根面に投影した位置を衝突位置とした。衝突時刻における粒子の法線方向速度は通常ゼロとなる。そこで、本研究では使用した高速度カメラのフレームレート(400 フレーム/秒)にもとづき衝突時刻の 1/400 s 前の粒子の速度を衝突速度 V_{coll} [m/s]と定義した。また、速度の正負の反転のない衝突に関しては、羽根面と衝突した粒子の重心座標との距離がその粒子の半径と等しくなった時刻(接触した時刻)を衝突時刻として、衝突位置、衝突速度を定義した。

2.4 粒子の衝突速度の確率密度分布

Fig. 10 に、回転数 $n = 3$ s^{-1} における羽根前面への粒子の衝突速度の確率密度分布を示す。同図より半径方向速度 $V_{coll,r}$ は$-0.1 \sim 0.3$ m/s 程度の広い範囲で多くの衝突が起こり、法線方向速度 $V_{coll,n}$ はほぼ $0 \sim 0.2$ m/s 付近の速度の遅い衝突が多く、軸方向速度 $V_{coll,z}$ は上向きと下向きの速度を持つ衝突が上下対称的に起きることがわかる。実験結果と CFD の結果を比較すると、両者で衝突速度の確率密度はおおよそ一致し、CFD により粒子の衝突現象を再現できることがわかった。

3. 撹拌羽根への結晶粒子の衝突に伴う微結晶発生量の定量化

3.1 背景および目的

冷却晶析や蒸発晶析プロセスでは、一般に結晶の析出体積は伝熱量で決まるため、目的の結晶粒径分布を達成するためには、槽内に分散する結晶粒子の個数の経時変化を予測し制御すること

が重要となる[24]。固液撹拌の観点からは、槽底への結晶粒子の堆積とそれに伴う粒子どうしの凝集を抑制するために、完全浮遊化翼回転数(n_{js})を目安に、ある程度の撹拌強度を負荷することになる。一方、撹拌強度が強すぎると、母結晶が撹拌羽根に衝突することにより母結晶の角が削れ、同時に大量の微結晶が生成される。生成された微結晶(摩耗微結晶)は、溶液の過飽和度に応じて一部は溶液中に溶解し、その他の微結晶は溶液中で溶け残り、二次核として成長を始める。そのため撹拌に伴う微結晶生成量を把握することが槽内の結晶個数の制御に有効となるが、撹拌操作中に生成される摩耗微結晶を直接測定した事例はきわめて少ない。

　Gahn と Mersmann [25, 26]は、金属製の撹拌羽根など結晶より硬い物質の平面に結晶の角が衝突して局所的な破壊が起こるケースを想定し、微粉砕現象に適用される Rittinger 理論に基づいて、微粒子の生成により新たに形成される表面積の総和は、結晶に負荷されたひずみエネルギーに比例するとして、摩耗現象モデルを提案した。同モデルは、結晶の材料特性を考慮してモデル化を試みている点で大変興味深いが、結晶の角の形状の変化を考慮することができず、実機に適用する際にはさらなる改良が必要であるといえる。また同モデルを使用する際に必要となる結晶の衝突エネルギーと撹拌操作条件の関係についても不明なところが多く、限定された装置形状についていくつかの衝突モデルが提案されている程度である[27, 28]。

　本節では、カリミョウバンをモデル結晶として、非溶媒を用いた撹拌操作中において撹拌羽根に衝突する際の母結晶の摩滅により生成される摩耗微結晶個数の経時変化を測定する方法[29-31]について概説する。同法により、摩耗微結晶の生成速度への撹拌操作条件の影響、さらに、摩滅の進行に伴う母結晶形状の変化が微結晶発生個数に及ぼす影響について検討した。

3.2　実験方法および画像処理方法

　Fig. 11 に実験装置概略を示す。モデル結晶として、あらかじめ冷却晶析(再結晶)により作製し、ふるい分けした平均粒径 375 μm のカリミョウバン(Al K (SO$_4$)$_2$・12H$_2$O)結晶を用意した。カリミョウバンに対する溶解度がほぼゼロであるシリコーンオイル(KF-96L-1cs; 信越化学工業製)を撹拌液として採用した。同溶媒中では、カリミョウバン結晶は溶解や成長、凝集による化学的な形状変化を起こさないことを、走査型電子顕微鏡(SEM, VE-8800 型, (株)キーエンス製)を用いた観察によりあらかじめ確認した。これにより、撹拌操作下における母結晶の物理的な摩滅による形状変化や摩耗微結晶の生成を明瞭に観察することができる。シリコーンオイルの動粘度と比重は、25℃でそれぞれ 1.0 mm^2/s と 0.818 であり、槽内の流れは乱流条件であった。

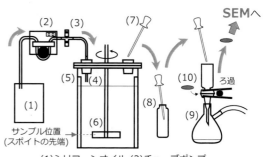

(1)シリコーンオイル (2)チューブポンプ
(3)フィルター(直径50 mm孔径0.2 μm)
(4)アクリル管
(5)アクリル製4枚邪魔板付き円筒平底槽
(6)6枚パドル翼 (7)スポイト (8)サンプル瓶
(9)分離型吸引ろ過器
(10)ポリカーボネートメンブレンフィルター
　　(直径25 mm孔径0.2 μm)

Fig. 11　摩耗微結晶の測定実験の概略

　カリミョウバン結晶 2000 個をシリコーンオイルで満たした撹拌槽に投入し、すみやかに撹拌

を開始した。槽径は $D = 0.1$ m、翼回転数は $n = 4.0 \sim 10.0$ s^{-1} (単位容積当たりの撹拌所要動力 $P_v = 0.394 \sim 1.82$ kW / m^3 に相当する)と変化させた。投入された結晶粒子は撹拌開始に伴い槽底から浮遊し、撹拌羽根との衝突を繰り返しながら摩滅され、併せて摩耗微結晶を生成する。母結晶と摩耗微結晶を含むシリコーンオイル 10 ml を 5 時間毎にピペットで採取した。サンプル液を孔径 0.2 μm のメンブレンフィルターを用いて吸引ろ過し、シリコーンオイルと結晶を分離した。ホコリなどの異物の混入を予防するため、以上の操作はすべてクリーンベンチ内で行った。

メンブレンフィルター上に残存した微結晶を、SEM を用いて倍率 1000 倍で撮影した。自作の MATLAB プログラムにより撮影した SEM 画像に平滑化と二値化処理を施し、摩耗微結晶の円相当径 d_f [m]とその粒径分布を算出し、あわせてサンプリング液量を基準にして槽内の全摩耗微結晶個数 N_f [-]を推算した。カリミョウバンの単結晶は一般に正八面体の形状を示す。そこで、SEM 画像の中の母結晶の正八面体形状の縁の長さの変化にもとづいて、母結晶から摩滅した結晶体積 V_a [m^3]を算出し、さらに母結晶体積 V_0 [m^3]に対する割合を摩滅比率 r_a (= V_a / V_0 ×100) [%]と定義し、その平均値をサンプリング時間毎に算出した。撹拌翼回転数 n [s^{-1}]を変えて実験することで、母結晶が撹拌羽根に衝突する際の、摩耗微結晶個数の生成速度に対する撹拌翼回転数の影響について整理し、さらに摩滅の進行に伴う母結晶形状の変化が微結晶生成速度に及ぼす影響について検討した。

3.3 摩耗微結晶個数および摩滅比率の経時変化

Fig. 12 に、2000 個の母結晶から生成した全摩耗微結晶個数 N_f [-] の経時変化を示す。同図より、翼回転数にかかわらず、撹拌開始直後は急激に N_f が増加し、その後は増加の程度が次第に小さくなっていくことがわかる。これは時間の経過に伴い母結晶の角が丸みを帯びていくことに関連していると考えられる。また、翼回転数を大きくした場合 N_f は増加し、翼回転数一定で装置サイズが大きい場合 N_f が約 8 倍に増加することがわかった(図は省略)。これは、装置サイズを大きくすると、母結晶の撹拌羽根への衝突速度が大きくなり衝突エネルギーも大きくなっている [21]ことに起因していると考えられる。Fig. 13 に、$n = 6.0$ s^{-1} での微結晶粒径の確率密度分布の経時変化を示す。摩耗結晶の粒径分布は、最大 3 μm 程度の範囲に分布し、時間経過に対して明確な変化は観察されないことがわかった。Fig. 14 に母結晶の摩滅体積 V_a の経時変化を示す。摩滅体積は撹拌開始直後に急激に増加し、時間の経過とともに傾きが緩やかになることが分かった。翼回転数が大きくなると摩滅の進行が速くなることがわかった。

3.4 微結晶発生速度と摩滅比率の関係

摩滅体積 V_a から、母結晶 1 個あたりの摩滅比率 r_a の経時変化算出した。N_f と r_a は、いずれも撹拌開始直後に急激に増加する類似した傾向を示したことから、Fig. 12 にもとづいて単位時間に母結晶 1 個から発生する微結晶個数 $B_{f, p}$ [s^{-1}] を算出し、r_a [%] との関係を整理したものを Fig. 15 に示す。同図より、$B_{f, p}$ [s^{-1}] は r_a [%]に対して非常に良い相関性を示し、r_a が小さい場合、すなわち結晶の角が尖っている場合は非常に多くの微結晶が発生し、結晶の角が削られて r_a が大きくなると $r_a = 1$ %で $B_{f, p}$ が数十分の一まで急激に減少することがわかった。晶析操作において結晶摩耗による二次核発生量を議論する場合には、粒径が同じでも結晶の角の丸みの程度で、核発生量が大きく変化することに注意する必要があることを示している。今後、装置サイズが異な

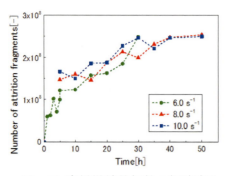

Fig. 12 摩耗微結晶個数の経時変化

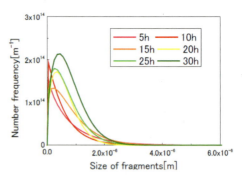

Fig. 13 摩耗微結晶の個数基準の粒径分布の経時変化 ($n = 6$ s^{-1})

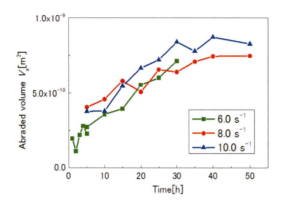

Fig. 14 摩滅体積 V_a の経時変化

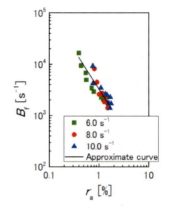

Fig. 15 摩耗微結晶生成速度 $B_{f,p}$ と摩滅比率 r_a の関係

る場合のスケールアップ因子や、種類の異なる結晶の場合についても検討を進めたい。

4. CFD と DEM の連成解析による槽底からの固体粒子の浮遊挙動の定量化

4.1 背景および目的

撹拌翼を回転させると、はじめ槽底に沈積していた粒子は流れによって巻き上げられ浮遊を開始し、浮遊した粒子は流れによって槽内に分散されていく。撹拌が弱い条件下においては、槽底に沈積したままの粒子が残るが、撹拌を強くするに従い沈積粒子の量は少なくなり、やがて全ての粒子が浮遊する状態(完全浮遊化状態)[32-34]となる。完全浮遊化状態に達する最小の撹拌速度は n_{js} とよばれ、撹拌条件と n_{js} の関係式などが報告されているが、槽底からの粒子の浮遊機構については十分にわかっていない。そこで、本項では槽底近傍での個々の固体粒子の運動を CFD と DEM の連成解析で再現し、槽底近傍での流動状態と粒子の浮遊機構の関係について整理した結果[35-37]について概説する。なお、解析方法は、1.2 項と同様である。

4.2 槽底近傍での粒子の堆積位置と流速分布の関係

撹拌翼の設置高さが $h = H / 3$ の場合において、槽内が定常状態に達した後の槽底近傍の時間平均水平流速 $V_{f, r\text{-}\theta}$ のベクトル図を Fig. 16 に、粒子堆積領域を Fig. 17 に示す。Fig. 17 は、槽底

近傍で時間的に変化する粒子の位置を経時的に重ね合わせたものである。撹拌羽根の回転により羽根から水平方向に吐出された流動は、槽壁近傍で邪魔板の前面に沿った下降流となり槽底に強く流れ込む。Fig. 16 より、槽底近傍では邪魔板前面から槽底中心方向へ集束する流れが形成され、4 枚の邪魔板からの循環流はお互いにぶつかり合い、流れのぶつかる位置では湾曲した十字状によどみ領域が生じることがわかる。Figs. 16, 17 より、槽底近傍にある粒子は流れのよどみ領域に寄せ集められ、その位置に堆積することがわかる。このときの槽底近傍での鉛直方向の時間平均流速に着目すると、水平流動のよどみ領域に対応する位置に強い上昇流が生じており(図は省略)、その上昇流に巻き込まれて粒子は浮遊し、槽全体に分散することがわかった。

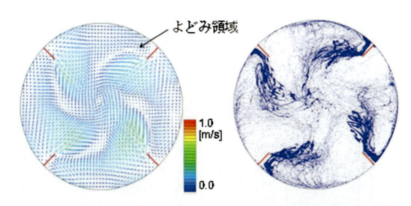

Fig. 16 水平方向の時間平均流速ベクトル $V_{f, r\text{-}\theta}$

Fig. 17 槽底での粒子の堆積位置 ($h = H / 3$)

5. 凝集結晶の粒径分布と凝集状態の画像解析による算出方法

5.1 背景および目的

　工業晶析操作において槽内の結晶個数と粒径分布を予測し制御するためには、結晶の凝集の影響を把握することが必要になる。また、最近では、固体触媒の高活性化に伴い少量の触媒粒子どうしが凝集することも反応のトラブルとなることが指摘されている。晶析現象を対象に凝集の影響を定量的に議論するためには、粒子個数のポピュレーションバランス解析[38]が有効であると期待され、Mumtaz らにより二粒子間の凝集モデル[39]が提案されているが、凝集していない一次粒子と 2 個以上の結晶が凝集した二次粒子を区別して、凝集量を実験的に計測する手法は未だ確立されておらず、モデルの検証は十分でない。本節では、晶析装置内の結晶を撮影し、画像解析によって一次粒子と二次粒子を区別して、冷却晶析に伴う凝集量の経時変化について検討した例[40, 41]について概説する。

5.2 実験装置および実験方法

　Fig. 18 に実験装置概略[40]を示す。カリミョウバンをモデル結晶として、種晶添加による冷却晶析をモデルケースとした。結晶の観察方法は、著者らが取り組んでいる吸引サンプリング法[42, 43]を改良した形で構成した。すなわち、冷却により槽内で成長した結晶粒子を含む溶液を、アスピレータを用いて吸引し、石英セル製の可視化部を通過する結晶を、画素数 1024x1024 の高速

度ビデオカメラ(FASTCAM-1024PCI型, (株)フォトロン製)を用いて撮影した。シャッター速度は1/25000 s とし、撮影速度 500 fps で 4 秒間撮影した。カメラには倍率 4 倍の同軸落射レンズ(MML4-HR65DVI 型, ショットモリテックス(株)製)と高輝度 LED ライトを取り付け、結晶の前方から光を当てて表面での反射光を撮影した。

カリミョウバン水溶液は、30℃で飽和する濃度である 7.74 wt%に調整し、あらかじめ過熱し結晶を完全に溶解させた。その後、−0.05℃/min の一定速度で冷却し、溶液温度が 29℃となった時点で種晶を添加し、結晶の成長を開始した。種晶を添加した時刻を時刻ゼロと定義した。あらかじめ冷却晶析により作製し、ふるい分けにより平均粒径が 125 μm としたものを種晶とした。内径 10 cm の 4 枚邪魔板付きの円筒平底槽を使用し、撹拌翼は 6 枚パドル翼、撹拌翼回転数は $n = 6 \mathrm{s}^{-1}$ とした。

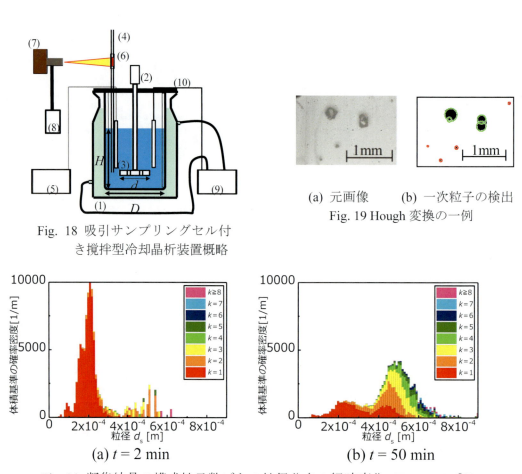

(a) 元画像　　(b) 一次粒子の検出
Fig. 19 Hough 変換の一例

Fig. 18 吸引サンプリングセル付き撹拌型冷却晶析装置概略

(a) t = 2 min　　　　(b) t = 50 min

Fig. 20 凝集結晶の構成粒子数ごとの粒径分布の経時変化 (R_c = −0.1℃)

5.3　画像処理による一次粒子と二次粒子の検出と粒径の定量化

一次粒子および二次粒子を検出するプログラムを MATLAB® を用いて作成した。可視化セルを通過する結晶を高速度ビデオカメラで撮影した画像を Fig. 19 (a)に示す。画像を二値化したのち、Hough 変換[44]によって画像内の「円に近い形状」を検出し、円で表示したものを Fig. 19 (b)に

示す。それらを一次粒子結晶と定義した。カリミョウバンの単結晶は理想的には正八面体の形状であるが、実際の晶析装置内では正八面体の角が削れて丸み帯びていることから、Hough 変換の感度係数を粒子サイズに合わせて調整することで、単独で存在する一次粒子に加えて、凝集して二次粒子を構成している一次粒子どうしを分離して検出することができた。元画像の結晶の輪郭と検出した一次粒子の円がおおよそ一致することが確認できた。検出された円の直径をその一次粒子の粒径 d_p [m]と定義し、サンプリング時刻毎に 2000 枚の撮影画像を解析することで一次粒子の粒径分布を算出した。

Fig. 19 (b)では、一次粒子に相当する円が重なり、二次粒子を形成しているものがあることがわかる。一次粒子の円の中心座標と直径から、交点を持つ円の組み合わせを抽出し、その粒子塊を二次粒子と定義した。二次粒子を構成する一次粒子の個数 k と各一次粒子の直径 $d_{p,k}$ にもとづいて、二次粒子を構成する一次粒子の体積の総和 $V_s = \pi / 6 \sum_{i=1}^{k} d_{p,i}^3$ [m³]を算出し、V_s から二次粒子の粒径 $d_s = (6V_s / \pi)^{1/3}$[m]を算出した。ここで、k は二次粒子を構成する一次粒子の個数、$d_{p,1}, d_{p,2},$ $\cdots, d_{p,k}$ は二次粒子を構成する一次粒子の粒径である。

5. 4 冷却晶析における凝集結晶の粒径分布と凝集構成粒子数の経時変化

Fig. 20 に、横軸に二次粒子径 d_s [m] をとり、縦軸に構成粒子数 k ごとに区別した体積基準の粒径分布の経時変化を示す。$t = 2$ min の粒径分布は、単独で存在する粒子($k = 1$)が多く単峰性を示していることから添加した種晶がそのまま残っていることがわかる。それに対して、$t = 50$ min では二峰性の粒径分布を示すことがわかる。$t = 50$ min では、添加した種晶が成長して大きくなるとともに粒子どうしの凝集が発生し $d_s = 400 \sim 700$ μm の範囲の分布を構成する粒子群と、新たに発生した二次核が成長した $d_s = 100 \sim 400$ μm の範囲の粒子群により二峰性の粒径分布となったものと推定される。

本手法により、一次粒子の個数もしくは二次粒子の個数などを基準にした「凝集結晶個数の割合」として凝集の程度を定量化することができ、今後 Mumtaz モデルをはじめとした凝集モデルについて実験データにもとづいて検証を進めていきたい。

むすびに

固液撹拌装置内では、撹拌操作条件や固体粒子の比重や大きさ、懸濁密度に応じて、槽底近傍での粒子の堆積やそれにともなう粒子の凝集、また撹拌羽根への固体粒子の衝突やそれにともなう粒子の破損など、様々な現象が同時に並行して起き、それらを独立して制御することは不可能と言える。そのため生産技術者には、撹拌プロセスの目的を的確に認識し、その目的を達成するための根源的な問題は何であるかを見極め、それに応じて撹拌操作条件を選定する力が要求される。著者らのグループでは、固液撹拌槽内で、流体力学的な要因で引き起こされる諸現象を、要素毎に区別して定量化する研究を進めている。これらが、生産技術開発の一助になれば幸いである。

本稿で概説した内容は、横浜国立大学の元学生 佐々木拓二氏、加藤勇人氏、飯島広成氏、戸村俊氏、加藤小夏氏、宮内翔大氏、林葉月氏の修士論文および卒業論文の一部である。また、文部科学省科学研究費補助金 (Nos. 23760147 and 25420108)、ならびに(公財)ソルト・サイエンス研

究財団研究助成 (Nos. 1419, 1525 and 1622)の支援を受けた。記して謝意を表する。

引用文献

1) 三角, 仁志, 上ノ山: 分離技術, **45**(1), 9 (2015)

2) *撹拌・混合*, 化学工学便覧 改訂七版", 6 章, p. 329, 丸善 (2011)

3) Nienow, A.W.: *Ch. 16 The suspension of solid partilces*, Mixing in the Process Industries, 2nd ed., p. 364, (1992)

4) Niesmak, G.: Chem. Ing. Tech., **55**(4), 318 (1983)

5) Takahashi, K., Y. Nakano, T. Yokota and T. Nomura: J. Chem. Eng. Jpn., **26**(1), 100 (1993)

6) Takahashi, K., Y. Gidoh, T. Yokota and T. Nomura: J. Chem. Eng. Jpn., **25**(1), 73 (1992)

7) Kee, K.C. and C.D. Rielly: Chem. Eng. Res. Des., **82**(A9), 1237 (2004)

8) Misumi, R., H. Iijima, S. Tomura, K. Nishi and M. Kaminoyama: Proc. 15th European Conference on Mixing, p. 240 (2015)

9) 飯島, 三角, 仁志, 上ノ山: 化学工学会第 46 回秋季大会講演要旨集, B316 (2014)

10) 飯島, 加藤, 三角, 仁志, 上ノ山 周: 化学工学会第 45 回秋季大会講演要旨集, XC121 (2013)

11) 加藤, 三角, 仁志, 上ノ山: 化学工学会第 44 回秋季大会講演要旨集, U116 (2012)

12) Misumi, R., R. Nakanishi, Y. Masui, K. Nishi and M. Kaminoyama: Proc. Second Asian Conference on Mixing, p. 269 (2008)

13) Misumi, R., K. H., K. Nishi and M. Kaminoyama: Proc. 4th Asian Conference on Mixing, p. 201 (2013)

14) Takashima, I. and M. Mochizuki: J. Chem. Eng. Jpn., **4**(1), 66 (1971)

15) van't Riet, K. and J.M. Smith: Chem. Eng. Sci., **28**(4), 1031 (1973)

16) Chara, Z., B. Kysela, J. Konfrst and I. Fort: Applied Mathematics and Computation, **272**, 614 (2016)

17) Derksen, J. and H.E.A. Van den Akker: AlChE J., **45**(2), 209 (1999)

18) Yianneskis, M., Z. Popiolek and J.H. Whitelaw: J. Fluid Mech., **175**, 537 (1987)

19) 三角, 仁志, 上ノ山: 混相流, **28**(4), 437 (2014)

20) Tomura, S., R. Misumi, K. Nishi and M. Kaminoyama: Proc. 15th European Conference on Mixing, p. 339 (2015)

21) 戸村, 三角, 仁志, 上ノ山: 化学工学会群馬大会講演要旨集, D119 (2015)

22) 戸村, 三角, 仁志, 上ノ山: 化学工学会第 46 回秋季大会講演要旨集, B315 (2014)

23) Duda, R.O. and P.E. Hart: Commun. ACM, **15**(1), 11 (1972)

24) Misumi, R., S. Kato, S. Ibe, K. Nishi and M. Kaminoyama: J. Chem. Eng. Jpn., **44**(4), 240 (2011)

25) Gahn, C. and A. Mersmann: Chem. Eng. Res. Des., **75**(2), 125 (1997)

26) Gahn, C. and A. Mersmann: Chem. Eng. Sci., **54**(9), 1273 (1999)

27) Bermingham, S.K., P.J.T. Verheijen and H.J.M. Kramer: Chem. Eng. Res. Des., **81**(8),

893 (2003)

28) Ploß, R. and A. Mersmann: Chem. Eng. Technol., **12**(1), 137 (1989)

29) 宮内, 三角, 上ノ山, 仁志: 化学工学会第 48 回秋季大会講演要旨集, W205 (2016)

30) Misumi, R., K. Kato, T. Higashiguchi, K. Nishi and M. Kaminoyama: Proc. International Workshop on Industrial Crystallization, p. 265 (2015)

31) 加藤, 東口, 三角, 仁志, 上ノ山: 日本海水学会若手会第 6 回学生研究発表会, O13 (2015)

32) 永田 進治, 横山 藤平 and 北村 和夫: 化学工学, **17**(3), 95 (1953)

33) Zwietering, T.N.: Chem. Eng. Sci., **8**(3–4), 244 (1958)

34) 三角: *固液混合*, 最新 ミキシング技術の基礎と応用 (化学工学の進歩 42)", 基礎編 第 6 章, p. 53, 三恵社 (2008)

35) Misumi, R., T. Sasaki, H. Kato, K. Nishi and M. Kaminoyama: Proc. 14th European Conference on Mixing, p. 299 (2012)

36) Sasaki, T., R. Misumi, K. Nishi and M. Kaminoyama: Proc. 14th Asia Pacific Confederation of Chemical Engineering Congress, p. 480 (2012)

37) 佐々木, 三角, 仁志, 上ノ山: 化学工学会第 77 年会講演要旨集, N216 (2012)

38) 東口, 三角, 仁志, 上ノ山: 化学工学会第 46 回秋季大会講演要旨集, B317 (2014)

39) Mumtaz, H.S., M.J. Hounslow, N.A. Seaton and W.R. Paterson: Chem. Eng. Res. Des., **75**(2), 152 (1997)

40) 林, 三角, 上ノ山, 仁志, ハルジョ: 化学工学会第 48 回秋季大会講演要旨集, W204 (2016)

41) 林, 三角, 仁志, 上ノ山: 日本海水学会第 67 年会, O13 (2016)

42) Misumi, R., M. Tsukada, K. Nishi and M. Kaminoyama: J. Chem. Eng. Jpn., **41**(10), 939 (2008)

43) 上ノ山, 仁志, 三角: 日本海水学会誌, **61**(1), 9 (2007)

44) Atherton, T.J. and D.J. Kerbyson: Image and Vision Computing, **17**(11), 795 (1999)

第4章　スタティックミキサーの混合原理とその応用

植田　利久

（慶應義塾大学理工学部）

はじめに

　混合技術は，化学工学だけでなく，さまざまな工学の基本的な操作として重要である．混合操作は，化学反応を伴うことも多く，化学プラントだけでなく，エンジンなどにおける燃料と酸化剤（空気）の混合，食品加工，薬品製造，医療支援など，その利用は広がっており，また高度化している．従来混合過程は，容器に混合するものをまず投入し，撹拌翼などで混合するいわゆるバッチ式の混合機器が多く用いられてきた．他方，食品製造，薬品製造などでは，安全性の観点から，外気との接触を避けるシステムが構築されることが多くなり，混合過程も，システムの流路内に組み込むことが可能な連続式混合機器を用いることを考えるようになってきた．また，プロセスインテンシフィケーションの観点から，混合機器の小型化，高性能化が求められており[1]，そのような観点から，あらたな混合機器が研究，開発されてきている．このような観点から研究，開発，実用化されてきた混合器がスタティックミキサーである．化学工学会誌には，1977年に，スタティックミキサーが1960年代にモーションレスミキサーとして登場したことが述べられており，その性能に対する期待と疑念が記されていることは興味深い[2]．スタティックミキサーはシステム流路に組み込むことができる，いわゆるインラインミキサーであり，混合はミキサー内部に設置されたエレメントと呼ばれる部品によって行われる．このエレメントはミキサー本体に固定されており，このミキサーを駆動するために動力を要しない．混合は流体がエレメントを通過することにより行われるため，混合のためにあらたな動力，駆動装置を有しない．このように，バッチ式混合機器で用いられている回転翼などの可動部を持たず，ミキサーに固定されたエレメントで混合を行い，可動部を有しない混合機器をスタティックミキサーと呼ぶようになった．本章では，このスタティックミキサーの混合原理ならびに応用例について述べる．

1.　スタティックミキサーの混合原理

　スタティックミキサーの混合原理は，1980年代にその基礎が確立した非線形力学によって確立したと考えることができる．非線形力学の適用例として混合過程は重要な事例であった．そして，1989年にオッティーノによって，液体がどのように混ざるかを非線形力学的観点から論じた論文がサイエンス誌に掲載される[3]．また，その詳細は，教科書として発行されている[4]．そこで，混合における非線形現象がカオス性を有する場合，「カオス輸送（Chaotic Advection）」[5]あるいは「カオス混合（Chaotic Mixing）」[6]と呼ばれるようになった．

　本章では，まず，1.1節に，カオス混合の基本原理とその特徴を示す．現在，スタティックミキサーとしてさまざまなスタティックミキサーが考案され，実用化されているが，ここでは，代表的な例として，1.2節にKenicsスタティックミキサーを，1.3節にSMXスタティックミキサーを紹介する．また，マイクロシステムなどを念頭に，エレメントを有しないスタティックミキサーも提案されている．このようなエレメントを有しないスタティックミキサーとして，1.4節に

マイクロシステムのスタティックミキサーを，1.5節に流体挙動に周期変動を与えて混合を促進する非定常スタティックミキサーを紹介する．

1.1　カオス混合とは

　1980年代に非線形力学の確立される段階で，非線形性を表現する言葉として，「カオス」という言葉が科学用語として定義された．カオスという言葉は，一般用語では，混沌などと訳される．すなわち，なんの規則性もなく，混乱した様子を表す言葉である．しかしながら，非線形力学におけるカオスは，現象が複雑で予測不可能であるが，現象自体は決定論的に取り扱うことができる現象と定義されている．すなわち，現象が単純な線形現象ではなく，非線形が強いことから複雑で予測不可能であるが，現象そのものは初期値が決まれば，それ以降の挙動は支配方程式に従って変化することになる．すなわち，初期値が完全に決定することができれば以降の結果は予測できることを意味するが，初期値がわずかに異なると，現象の非線形性から，以降の結果は大きく異なり，予測不可能となる．

　図1は，混合過程の概略を示している．流体AとBの混合を考える．混合過程は，大きく(a)引き延ばし・折り畳み，(b) 分散，(c) 分子拡散の3つに分類することができる．(a) 引き延ばし・折り畳みでは，初期に中心部にあった流体Bが流体の挙動にともなって引き伸ばされ，折り畳まれ，流体Aのなかに広く分布するようになる．(b) 分散では，引き伸ばされ，折り畳められた流体Bがちぎれて小さな流体塊となり，流体A中に広く分布する．(c)分子拡散では，流体

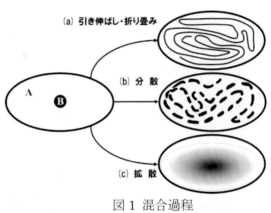

図1　混合過程

AとBはその濃度勾配を小さくするように分子レベルで混合する．流体運動により流体塊に引き延ばし・折り畳み，分散が起こると，流体AとBの境界（接触面）が広がり，分子拡散がより広い領域で起こり，全体として混合が促進される．分子拡散は，その特性が分子拡散係数という物性値で表されているように流体AとBの分布の様子などで決まってしまい，分子拡散を外部の操作で加速させることはむずかしい．他方，引き延ばし・折り畳み，あるいは分散は流れ場を制御することにより，混合を加速することが可能となる．その原理を図2に示す．流体要素を一度引き延ばし，折り畳むと，流体要素はその長さが2倍となる．もう一度引き延ばし，折り畳むと，その長さは4倍になる．すなわち，引き延ばし，折り畳みの操作回数をn回とすると，要素の長さは2^nとなる．その結果，10回の操作で流体要素の長さは1024倍になる．このような非線形的な流体要素の増加が混合を促進する[7]．

　このようなカオス混合の代表的な事例として，偏心二重円筒間流れがある[8-10]．

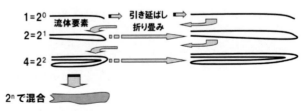

図2　引き延ばし・折り畳みの原理

図3(a)にその実験装置を示す．外円筒となる円筒容器内に偏心させて内円筒（円筒棒）を設置し，外円筒に流体で満たす．カオス混合を実現するために乱流が生じないように高粘度液体を用いる．今回の実験ではグリセリンを用いている．現象は二次元的に起こるため，その変化を可視化するために，グリセリン表面に，反応性を有する2種類の液体を図のように平行に直線的に設置した．これらの反応性を有する流体（反応物）は，それぞれ赤色，黄色であるが，反応すると青緑色の生成物（図ではグレー色）に変化する．円筒容器と円筒棒を交互に180度ずつ回転させるという単純な周期運動を流体に与える．この回転を20周期行った結果を図3(b)に示す．図3(b)では，中心部にほとんど反応しない領域があり，その周囲が青緑色になっており，反応していることがわかる．反応しているということは，分子レベルまでの混合が行われていることを意味している．この領域では，引き延ばし・折り畳みが活発に行われ，混合が進展しており，「カオス領域」と呼ばれている．他方，中心部には全く反応しない，すなわち混合が進展していない領域がみられたが，この領域では，引き延ばし・折り畳みがほとんど起こらず，混合が進展しない．このように，カオス的な特性が現れない領域を「しま領域」と呼んでいる．このような「しま領域」が形成されるのも，カオス混合の特徴のひとつである．図3(c)に，数値解析結果を示す．実験結果と数値解析結果を比較すると，青緑色の反応物が分布する領域，すなわちカオス領域，と反応が促進しない領域，しま領域，がよく再現されている．また，反応が促進しない領域のなかでの反応物の分布なども極めて良い一致を示している．このことは，偏心二重円筒間流れは複雑なパターンをしめす混合，反応場であるが，現象そのものは決定論的であり，理論的な再現が可能であることを示している．

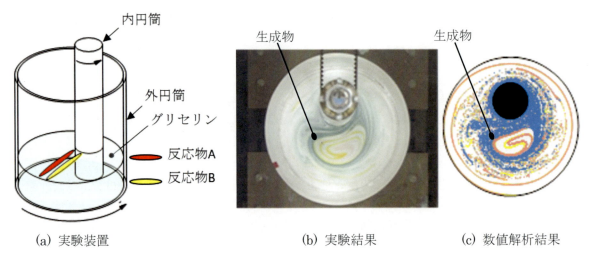

(a) 実験装置　　　　　　　　(b) 実験結果　　　　　　　　(c) 数値解析結果

図3 偏心二重円管流れ

1.2 Kenicsスタティックミキサー

1.1節で述べたカオス混合の原理を用いた代表的な混合器のひとつがKenicsスタティックミキサーである[11-14]．図4にKenicsスタティックミキサーを示す．本ミキサーには6個のエレメントを設置することができるが，図4ではエレメントと円管の関係がわかりやすいように，エレメ

ントを 4 個設置した状態を示している．図に示されるように，管内には，平板を 180°捻じったエレメントが設置されており，右捻りのエレメントと左捻りのエレメントが交互に設置されている．図 5 に Kenics スタティックミキサーの混合原理を示す．図 4 に示すように右捻りのエレメントと左捻りのエレメントの接触部では面が 90 度の角度をもって接している．したがって，上流からの流れは，それぞれのエレメントで 2 分割されることになる．この分割は 1.1 節で述べた引き延ばし・折り畳みと同様の効果を生み，図 5(a)に示すように n 個のエレメントを通過すると，2^n に分割されることになる．Kenics スタティックミキサーでは，右捻りと左捻りのエレメントが交互に配置されていることから，図 5(b)に示すように回転方向が反転する．さらに，中心付近と周辺付近では流体塊の運動がことなることから，図 5(c)に示すように転換作用が生じる．これらの作用により，混合が行われる．カオス混合では，このような混合過程が決定論的におこなわれるということが重要である．ただ，スタティックミキサーにおいても流速が速くなる，あるいは粘性の低い流体の場合，流れが不安定と

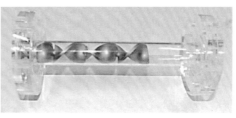

図 4 Kenics スタティックミキサー

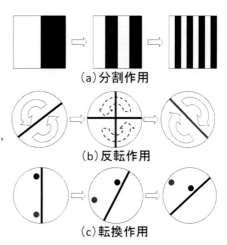

図 5 Kenics スタティックミキサーの混合原理

なり乱流に遷移することがある．この場合，図 5 に示すスタティックミキサー特有の混合過程と乱流による混合過程が重なり，混合がさらに進行する．

図 6 に，エレメント通過後の混合パターンを示す．上側には，図 4 の透明な Kenics スタティックミキサーに 6 個のエレメントを設置し，可視化した混合パターンを示す．入口部を半円状に

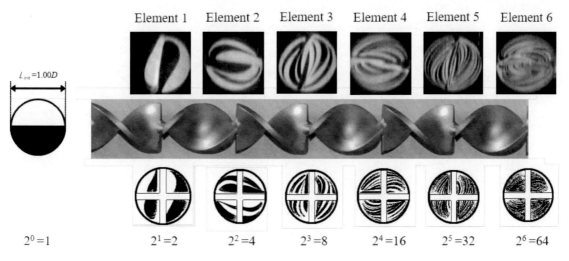

図 6 Kenics スタティックミキサーの混合特性

2 分割し，一方に可視化物質を含むグリセリンを，他方にグリセリンのみを流している．また，下部に数値計算結果を示す．両者はよく一致しており，エレメントが進むごとに分割され，混合が進行していることがわかる．数値計算結果の下に示すように，入口部では可視化物質を含む流体，含まない流体それぞれが半円として 1 箇所に集中していたものが，一つ目のエレメントを通過したあとは，それぞれは 2 分割され，二つ目のエレメントを通過したとは 4 分割，三つ目のエレメントを通過したあとは 8 分割となっており，2^n (n: 通過したエレメントの数)に分割されており，分割が非線形的に行われていることがわかる．たとえば円管直径が 20mm とすると，10 エレメント通過後は 1,024 に分割されることから，ひとつの流体領域の幅は，半径/2^n となる．すなわち，10mm/1,024=0.01mm=10μm となり，目視では確認できないほどに細くなる．数値計算の結果は，実験結果とよく対応している．また，You らは，Kenics スタティックミキサーの混合度の評価法についても考察している[15]．

1.3 SMX スタティックミキサー

Kenics スタティックミキサーと同様，その混合特性が詳しく検討されているスタティックミキサーに，図 7 に示す SMX スタティックミキサーがある[16-19]．

図 7 SMX スタティックミキサー[16]

SMX スタティックミキサーのエレメントは細い棒を組み合わせたエレメントと薄板を組み合わせたエレメントを組み合わせた構造となっている．Kenics スタティックミキサーに比べて，小さなスケールの流れが誘起され，細かいスケールでの混合に優れているといわれている．また，Fourcade ら[20]は，SMX スタティックミキサーの性能を，Kenics スタティックミキサーと比較して論じている．

1.4 マイクロシステムのスタティックミキサー

近年，使い捨て医療検査機器への応用やプロセスプロセスインテンシフィケーションの観点から化学プロセスの小型化が検討されている．その寸法は，流路の代表寸法が cm オーダーから μm オーダーのものまで考えられている．このような小さな流路の場合，内部にエレメントを設置することはむずかしい．また，代表寸法が小さいことから，流れが乱流化することはなく，層流状態での混合促進を行わなければならない．そこで，内部にエレメントを用いることなく，カオス混合原理を実現することが考えられている．この場合，1.1 節に述べた引き延ばし・折り畳みや 1.2 節に述べた，分割作用，反転作用，転換作用を流路自身の形状で実現することが考えられている．図 8 に，流路自身が 3 次元的にその形状を繰り返すマイクロミキサーの一例

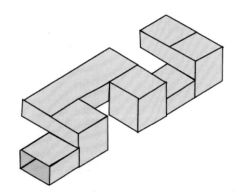

図 8 3D チャネルマイクロミキサー[21]

図 9 らせん状マイクロミキサー[22]

を示す[21]. 流路内にはエレメントは設置されていないが，流路自身がエレメントの役割を演じ，カオス混合を実現している. 図9に，らせん状の流路によりカオス混合を実現している例を示す[22]. このように，マイクロシステムでは，混合機器にエレメントを設置することが困難であることから，流路形状の周期的な繰り返しを行い，混合器自身にエレメントの役割を持たせ，カオス混合を実現している.

1.5 非定常スタティックミキサー

これまで，エレメントや流路自身の繰り返しにより，空間的な周期性を実現し，引き延ばし・折り畳みや分割などの非線形効果により混合を促進するスタティックミキサーについて説明してきた. 他方，偏心二重円管内流れで説明したように，非定常的な周期運動でも同様な効果を得ることができる. この考え方を適用した混合器が非定常スタティックミキサーである.

1.5.1 非定常マイクロミキサー

図10に交差型流路を有する非定常マイクロミキサーを示す[23]. 図10において，左端のT字流路に定常に流体が供給され，水平管内を定常に流れる. この定常流に対して，垂直に一定間隔で取り付けられた垂直管より流体を周期的に供給することにより，カオス混合を実現させようとするものである. 偏心二重円管内流れでは，バッチ式混合器内で周期操作を行うことによってカオス混合を実現したが，本装置では連続式混合器において，周期操作によりカオス混合を実現している.

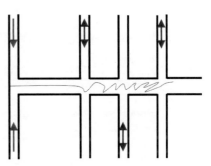

図10 交差型マイクロミキサー[23]

1.5.2 ノンエレメントミキサー

先にも述べたように，スタティックミキサーは，流路に組み込み，いわゆるインラインミキサーとして用いることができることから，外気との接触を嫌う，食品加工，薬品製造，医療支援，あるいは化粧品製造などのプロセスに

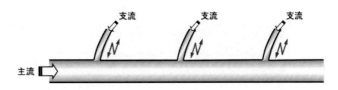

図11 ノンエレメントミキサー[25]

おいて有効に用いられている. 他方，これらのプロセスにおいては，流路を流れる流体には，粒子，高分子物質などの機能性材料，血小板などの生体物質が含まれていることが多く，定期的な洗浄は不可欠である. また，洗浄を行う際には，エレメントを取りつけたまま洗浄を行う場合には長時間，高濃度の洗浄剤を流す必要がある. または，より高度の洗浄を行うためには，洗浄のたびにエレメントをはずし，洗浄後組み立てるなどの作業工程が必要となる. したがって，スタティックミキサーを用いる際には，洗浄をできる限り簡便にすることが望ましい. そのような観点から検討されているミキサーがノンエレメントミキサーである. ノンエレメントミキサー[25]

は，図11に示すように，主たる流路（主流）とカオス混合を実現させるための複数の支流路（支流）からなる．支流は主流に垂直に一定間隔ごとに取り付けられている．支流からは，流体が周期的に供給される．この構造は，エレメントを並べることで行われてきた分割，反転，転換作用を，時間的な周期性に置き換えてカオス混合を実現しようとしていると考えることができる．図12にノンエレメントミキサーの混合特性の可視化実験例を示す．図中，(a)は支流を静止させ，単純な円管内流れとした場合，(b)～(d)は支流から周期的に流体を注入した場合の様子を時間の経過とともに示したものである．支流を制止させた単純な円管内流れでは（図12 (a)），流れは定常であることからインクは実験流路内ではほとんど広がらず直線的に下流に流れている．他方，支流から周期的に流体を注入した場合，支流の流入で主流が変形される．管内流れの特徴として，管中心部の流れは管壁面部の流れよりも流速が速いことから，中心部と周囲部の速度差で引き延ばし・折り畳みが起こり，入口断面中心から注入されたインクが管全体に広がっている様子がわかる．以上のように，エレメントを用いることなく混合を促進することが可能となる．

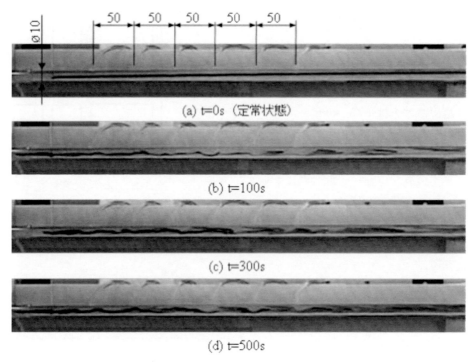

図12 ノンエレメントミキサーに実験例 [25]

2. スタティックミキサーの課題

第1章では，スタティックミキサーの混合原理を述べ，いくつかの代表的なスタティックミキサーを紹介した．ここで紹介した内容は，さまざまな単純化を行ったうえで実験などを行った結果であり，基礎的な混合原理やそれぞれのスタティックミキサーの特徴を理解することができるが，スタティックミキサーを実用的に用いようとした場合には，さまざまな課題が残されている．そのいくつかを紹介する．

2.1 混合物質の物性

第1章では，ふたつの流体の混合可視化実験を行う場合，可視化用物質を添加するかどうかは異なっていたが，流入される流体はどれも同一のものを用いている．すなわち，混合する流体は同一の物性を有する流体である．しかしながら，実際の混合過程では，異なる流体を混合する場合がほとんどである．同一流体を混合する場合であっても，温度が異なるなど，混合する流体は一般的には物性値が異なる．表1に水とグリセリンの物性値を示す．

表1 水とグリセリンの物性値（298℃, 0.1MPa）[22]

	密度（kg/m³）	粘性係数（Pa·s）	動粘性係数（m²/s）
水	996.66	0.854×10^{-3}	0.8572×10^{-6}
グリセリン	1254	974×10^{-3}	776×10^{-6}

水とグリセリンを比較すると，密度はほぼ同程度であるが，粘性係数は 10^3 程度異なる．また，表2に水の物性値の温度依存性を示す．

表2 水の物性値の温度依存性

温度（K）	密度（kg/m³）	粘性係数（Pa·s）	動粘性係数（m²/s）
273.15	999.83	1791.7×10^{-6}	1.792×10^{-6}
300	996.66	854.4	0.857
320	989.47	577.2	0.583
340	979.48	422.5	0.431
360	967.23	326.7	0.337

水の密度は温度の上昇に伴ってわずかに小さくなり，粘性係数は顕著に小さくなる．液体の場合，わずかな密度の違いであっても浮力の影響を受ける．したがって，スタティックミキサーを横置きで用い，異なった密度の液体を混合しようすると，浮力の影響により，スタティックミキサーの内部においても密度の小さい流体が上側に，密度の大きい流体が下側に移動し，第1章で述べたような混合が実現できない場合がある．また，粘性係数が異なる場合，同じ圧力でスタティックミキサーに押し込んでも，壁面からの速度分布に違いが生じ，流れが偏向し，所定の混合特性が得られない場合もある．

2.2 圧力損失

スタティックミキサーは，流体の流れによって混合を行うため，スタティックミキサーの両端には，流体を所定の流量で流すことができる圧力差が必要となる．その圧力差は，スタティックミキサー内で生じる圧力損失に対応する．圧力損失は壁面せん断応力の総和（全面積積分値）と

なるため，スタティックミキサーの場合，単純な円管内流れに比べて，エレメントが設置されていることにより流路断面が小さくなり，その結果壁面せん断応力が大きくなり，さらに壁面総面積も増加するため，単純な円管内流れに比べて，より多くの圧力差が必要となる．圧力差を大きくとるということは，スタティックミキサー上流側により高い圧力をかけることになり，液体の漏れなどの原因となる．したがって，圧力損失が小さいエレメントの開発が重要となる．

2.3　内部のよごれ

1.5 節にも述べたように，流体内に，粒子，高分子物質などの機能性材料，血小板などの生体物質が含まれている場合，それらの流体内物質がエレメント前縁部やエレメント表面に付着し，よごれとなる．とくに反応性の流体の場合，生成される物質がゲルなどの場合，流路全体を覆い，単によごれにとどまらず，流路の閉塞を起こすこともある．したがって，近年，比較的よごれの付着や流路の閉塞が起こりにくいと考えられるノンエレメントミキサーを用いて，ゲル化反応を起こす流れの様子を系統的に明らかにしようという研究も行われている[27]．

3.　スタティックミキサーの応用例

スタティックミキサーは現在，さまざまな化学プロセスで用いられている．そのなかで，いくつかの事例を紹介する．

3.1　食品加工[28],

スタティックミキサーが積極的に利用されている分野のひとつに食品加工分野がある．一例として，豆腐製造技術での利用を紹介する．質の高い豆腐を作るためには，豆乳に，にがりなどの凝固剤をすばやく均質に混ぜる必要がある．そこで，スタティックミキサーが用いられるようになり，国内，国外で多く技術が特許化されている[28]．

3.2　医療支援[29]

近年，手術などの際に，止血を行うために医療用ゲルが用いられている．このゲルは，安全性などの問題もあり，使用する場所でふたつの液体を混合して生成する．そこで，ふたつの液体を一体の装置に組み込み，スタティックミキサーに供給し，ゲルを生成し押し出す装置が開発されている．液体が外気に触れないこと，混合が急速で高い均一性が得られることから，今後の用途が期待される．

3.3　気体混合[30]

近年，エンジンの高効率化，低公害化などの実現するために，HCCI（Homogeneous Compression Charged Ignition）エンジンなどが開発されているが，その際，エンジンシリンダー内に，燃料と酸化剤（空気）が高い均一性を有する予混合気を供給する必要がある．そこで，燃料と酸化剤の気体の混合においても，スタティックミキサーが用いられることがある．

おわりに

　今回，スタティックミキサーの基本的な事項についてまとめた．化学工学分野は，一般のプラント等においては，今後，プロセスインテンシフィケーションの考え方から，高効率化，高性能化，小型化が進められてゆくものと思われる．また，生命系，医療系，薬品製造系，食品工学系，など人に直接かかわる分野へと広がってゆくものと思われる．このような分野では，衛生面，安全面への要求が高くなる．このような中で，スタティックミキサーが今後果たす役割はますます大きくなるものと思われる．今回は，スタティックミキサーを理解するうえでもっとも基本的な例を挙げたが，それぞれの目的に応じて新たなスタティックミキサーが研究，開発されている．今後，スタティックミキサーがさらに高度化し，有効に用いられることを期待している．

引用文献

1) 梶畠ら, 化学工学, 69 （2005）p.155
2) 西川正史, 化学工学, 41 （1977）p.616
3) オッティーノ J.M.,サイエンス 3 月号 （1989）p.50
4) Ottino, J.M.; The kinematics of mixing: stretching, chaos, and transport, Cambridge University Press （1989）
5) Aref,H.; Physics of Fluids, 14 （2002）p.1315
6) 船越; ながれ 15 （1996）p.261
7) 植田; 反応系の流体力学, コロナ社 （2002）
8) Giona,M., et al.; Physica D, 132 （1999）p.298.
9) Giona,M., et al.; Chemical Engineering Science, 55 （2000）p.381
10) Sato,T and Ueda,T.; International Journal of Transport Phenomena, 7 （2005）p.285
11) Hobbs,D.M. and Muzzio,F.J.; Chemical Engineering Journal, 67 （1997）p.153
12) Hobbs,D.M. and Muzzio,F.J.; AIChE Journal, 43 （1997）p.3121
13) Galaktionov,O.S., et al.; The Canadian Journal of Chemical Engineering, 80 （2002）p.604
14) van Wageningen,W.F.C., et al.; AIChE Journal 50 （2004）p.1684
15) You,S, et al.; Korean Journal of Chemical Reaction, 26 （2009）p.1497
16) URL; http://www.smxmixer.com/
17) Rauline, D., et al.; Chemical Engineering Reserch & Design 78 （2000）p.389
18) Zalc, J.M., et al.; AIChE Journal 48 （2002）p.427
19) Wünsch,O. and Bohme,G.; Archive of Applied Mechanics, 70 （2000）p.91
20) Fourcade,E., et al.; Chemical Engineering Science, 56 （2001）p.6729
21) Liu,R.H., et al.; Journal of Microelectromechanical systems, 9 (2000), 2, p.190
22) Jiang,F., et al.; AIChE Journal, 50 （2005）p.2297
23) Tabeling,P., et al.; Phil. Trans. Royal Society of London A, 362 （2004）p.987
24) Bottausci,F., et al.; Phil. Trans. Royal Society of London A, 362 （2004）p.1001
25) Okuda,K., et al.; Journal of Chemical Engineering of Japan, 40 （2007）p.905
26) 日本機械学会編, 流体の熱物性値集 (1983)
27) Yamaguchi,M., et al.; APCChE 2015 Congress, （2015）Paper no. 312398
28) Noguchi,S., et al., US6531176 B1 （2003）
29) Hozumi,T., et al.; Industrial & Engineering Chemistry Research, 54 （2015）p.2099.
30) Yamasaki,Y., et al., Journal of the Japan Institute of Energy, 93 （2014）p.135

第5章　流れ場のフルボリューム計測と攪拌乱流への適用

西野　耕一、矢野　大志、高橋　壱尚[1]

（横浜国立大学）

はじめに

　産業界が取り扱う流れは複数の乱流素過程（非等方性、2次流れ、流線曲率、回転、加速・減速、剥離・再付着、乱流・層流遷移など）が共存する複雑乱流場であることが多い。例えば、衝突噴流、攪拌乱流、エンジン吸排気ポートや筒内の流れ、各種の流体機械（ポンプ、水車、タービンなど）の内部流れなどが挙げられる。そのため、流れ場の3次元速度分布をできるだけ高い空間分解能で、そしてできるだけ高い時間分解で測定したいという要求がある。著者らは、流れ場の全場計測（フルボリューム計測）技術として PIV（Particle Image Velocimetry）の開発と実用化を進めており、その試みとして、インデックスマッチングと高速造形を融合した PIV 計測技術を開発した[1]。ステレオ PIV を用いた速度3成分計測技術を、インデックスマッチングで可視化された流れ場に適用することによって、多断面の速度3成分計測が可能であることを示した。近年、トモグラフィーに基づいたトモグラフィック PIV（Tomographic PIV）技術が考案され、複雑乱流場の計測に適用されつつある[2, 3]。この技術は、瞬時速度場の時々刻々の様子をフルボリューム計測することが可能であり、乱流計測の究極的な技術として期待されている。本稿では、筆者らが行ってきた攪拌乱流のステレオ PIV 計測を述べるとともに、最近取り組んでいるトモグラフィック PIV について紹介する。

1．PIV とフルボリューム計測

　乱流中に微小トレーサ粒子を懸濁させ、適切な時間間隔 Δt でダブルパルス照明をシート光として供給して撮影すると、第1時刻（＝前時刻）と第2時刻（＝後時刻）の粒子画像が得られる。粒子像の画面上での移動距離 $\Delta \vec{X}$ を画像解析によって計測し、それを流れ場中の物理空間中での移動距離 $\Delta \vec{x}$ に変換する。粒子が乱流に十分に追随し、粒子速度が局所の流体速度に等しいとみなせる条件において、局所流体速度 $\Delta \vec{u}$ が次式で求められる。

$$\Delta \vec{u} = \Delta \vec{x} / \Delta t \qquad\qquad (1)$$

（1）ステレオ PIV

　ステレオ PIV は、シート光で照射された2次元断面内の速度3成分を計測する手法である。2台の CCD カメラを用いたステレオ撮影を基本とする。ステレオ PIV では、粒子像の画面座標 (X_p, Y_p) と、その粒子のシート光内の物理座標 (x_p, y_p, z_p) との関係を事前に校正する必要がある。両者は次式の透視投影で結ばれる（詳細は参考文献[4]の第7章を参照されたい）。

---

[1] 現所属　株式会社 IDAJ

$$X_p = -c\frac{a_{11}(x_p-x_0)+a_{12}(y_p-y_0)+a_{13}(z_p-z_0)}{a_{31}(x_p-x_0)+a_{32}(y_p-y_0)+a_{33}(z_p-z_0)}+X_0+\delta X_p$$
$$Y_p = -c\frac{a_{21}(x_p-x_0)+a_{22}(y_p-y_0)+a_{23}(z_p-z_0)}{a_{31}(x_p-x_0)+a_{32}(y_p-y_0)+a_{33}(z_p-z_0)}+Y_0+\delta Y_p \tag{2}$$

ここで、(x_0, y_0, z_0)はカメラ座標系の原点座標、a_{ij}は物理座標系とカメラ座標系の回転変換マトリックス、cはカメラ視点から主平面まで距離、(X_0, Y_0)は主点位置のずれ、$(\delta X_p, \delta Y_p)$はレンズ収差である。式(2)に含まれるカメラパラメータを決定するため、基準点を配置したカメラ校正板を流れ場に挿入して撮影する[1]。

（2）トモグラフィック PIV

トモグラフィーは、「断層」を意味する古代ギリシャ語の tomos を語源とする撮影技術である。多方向から撮影された透過画像から物体の内部構造を再構築することを特徴とする。断層撮影技術（computed tomography：CT）として医療分野を中心に広く使われている。この撮影原理を応用して、ボリューム照明されたトレーサ粒子を複数のカメラで多方向から撮影し、トレーサ粒子の空間輝度分布を再構築することに基づく手法がトモグラフィック PIV である。図1はトモグラフィック PIV における撮影状況の一例であり、4台の CCD カメラが攪拌槽内部を同時撮影する配置を示している。

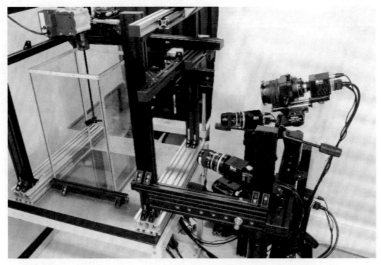

図1　トモグラフィック PIV のカメラ配置（4台）

トモグラフィック PIV は、トレーサ粒子の空間輝度分布を再構築するためのトモグラフィック再構築（tomographic reconstruction）と、再構築結果からトレーサ粒子群の移動を求めるための

相関解析（cross-correlation analysis）とで構成され、空間内の速度3成分が得られることが特徴である。どちらの解析も3次元情報を取り扱うため、必要とする計算時間とメモリ容量が大きくなる。そのため、開発初期（2006～2007年頃）には、1時刻の速度情報（3次元3成分）を得るために、トモグラフィック再構築に数時間、3次元相互相関に更に数時間を要していた[5]。近年では、解析アルゴリズムの改良や並列処理の採用によって計算時間が短縮されている。

2．攪拌乱流の計測
2．1　ステレオPIVと回転同期による計測

　市販の攪拌翼であるHR100（佐竹機械化学工業）を用いた乱流計測の結果[6]を紹介する。図2に示した攪拌翼は、翼外径90mm、軸穴径15mm、翼高さ20mmである。回転軸（径8mm）にスペーサを介して取り付けられ、回転数は150rpmである。攪拌槽の概略を図3（左側）に示す。攪拌槽は透明アクリル製で、内径300mm、円筒部深さ400mm、球面状の槽底部と4枚のじゃま板（高さ30mm）を有する。円筒壁面での光の屈折の影響を抑えるため、攪拌槽全体が水を満たしたガラス製直方体容器に設置されている。水温は約17℃であり、翼先端速度と翼外径に基づくレイノルズ数はRe=59,400である。トレーサ粒子は直径8～10μmのナイロン12球形粒子（密度1,020kg/m^3）である。

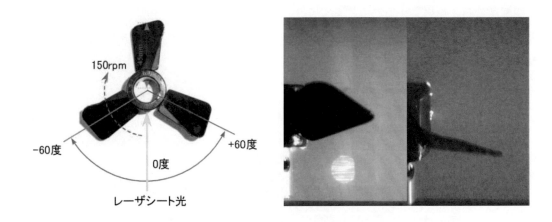

図2　攪拌翼に対する撮影断面の角度の定義と
回転同期撮影で得られたステレオ画像（角度0度）

　図3（右側）は攪拌乱流のステレオPIV計測のシステムを示したものである。ステレオPIV用の2台のCCDカメラ（1600×1200画素）を攪拌槽正面（カメラ1）と攪拌槽斜め上方（カメラ2）に設置した。照明はNd:YAGダブルパルスレーザ（出力30mJ/pulse）で行い、回転軸に平行なシート光（厚さ約2mm）を発生させた。攪拌翼の回転で発生する旋回流れはシート光に直交する方向となる。回転同期した撮影を行うため、レーザピックアップを攪拌モータの近くに設置した。150rpm＝2.5rpsなので、毎秒2.5回の同期撮影となる。遅延時間を変えることによって攪拌翼の回転角度10度毎の撮影を行い、翼間120度を12断面でカバーした。図2に撮影断面の角度の定

義とともに、角度 0 度で撮影されたステレオ画像を示す。翼間の中央が回転角 0 度であり、-60 度から+60 度が測定範囲である。

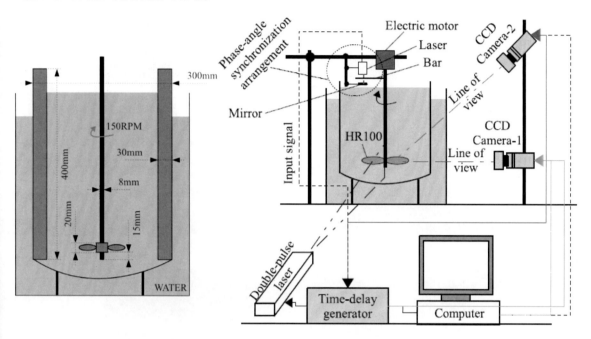

図3　攪拌槽の寸法とステレオ PIV システム

各断面において 1,400 ペアの粒子画像を撮影した。同数の瞬時速度ベクトル分布を PIV 解析で得たのち、各種の乱流統計量（2 次モーメントまで）を算出した。PIV 解析における検査窓サイズは 30×30 画素で、物理長では 1.5mm×1.5mm である。ステレオ PIV の計測結果の妥当性を確認するため、標準 PIV 計測と拡大 PIV 計測を別途行い、全ての結果が良好に一致することを確認した。

図 4 に撮影断面角度-30 度、0 度、+30 度における平均速度ベクトルと乱流エネルギー（以下、TKE）の分布を示す（攪拌軸から伸びるグレーで示した領域は翼によって視野が遮られた領域であり、そこでは結果が得られていない）。翼に近い領域では、平均速度場は下降流成分と旋回成分が合成したものとなり、流れは旋回しながら下降する。下降した流れは攪拌槽底部に達し、側壁に向かって広がり、側壁に沿って上昇する回帰流となる。TKE を見ると、角度 0 度の断面では翼先端近くに TKE の高い円形の領域が存在し、その直下にもやや弱い TKE の局所ピークが見られる。図 5 に模式的に示したように、このような TKE の局所ピークは、翼先端で形成される翼端渦に伴って生じ、平均速度場（下降流＋旋回流）載ってらせん構造を描くことが示されている（従って、攪拌槽内に 3 本存在する）[6]。

このような回転同期撮影を利用したステレオ PIV 計測によって、平均速度 3 成分の分布と乱流統計量（2 次モーメントまで）が測定され、乱流混合に重要な役割を果たすとされる翼端渦と TKE などに関する情報が得られる。

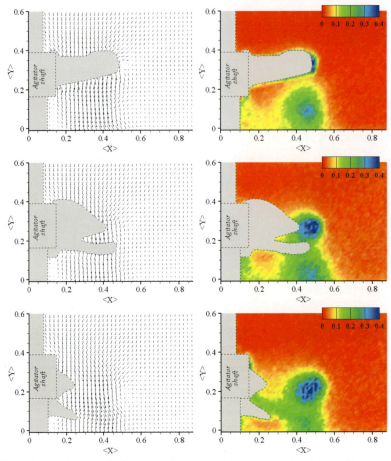

図4 平均速度ベクトルと乱流エネルギー分布(上:-30度、中:0度、下:+30度)

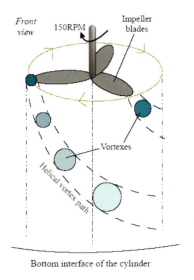

図5 翼端渦に伴う乱流エネルギーの局所ピーク領域

２．２　トモグラフィック PIV による全場計測

　図 6 に、トモグラフィック PIV システムの構成を示す。4 台の CCD カメラ（1600×1200 画素）を攪拌槽の正面に「十字型」に設置した（図中の写真）[7]。30mJ/pulse の Nd:YAG ダブルパルスレーザを照明源とし、直径 2.5mm のレーザビームを厚さ 7mm の平行ボリューム光へと拡大して、流れ場に照射した。攪拌翼は前述した通りであるが、円筒型の攪拌槽は使わず、直方体のガラス水槽を使用した。これは、円筒容器における像歪みの影響を避けるためである。

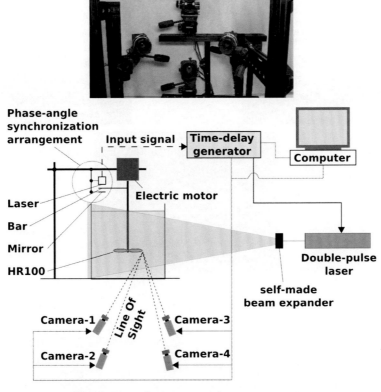

図 6　トモグラフィック PIV のシステム

　前述と同様の回転同期撮影を行った。1 回の撮影で厚さ 7mm の体積の測定が行われるため、翼間 120 度を 30 度毎の 4 つの領域に分け、それぞれ 9,000 ペアの粒子画像を撮影した。得られた粒子画像を図 7 に示す。このような粒子画像から、1600×1200×144 voxels の体積内の粒子輝度分布を MART アルゴリズム[8]を用いて再構築した。ここで、voxel とは再構築空間における体積要素であり、0.042mm を一辺とする立方体である。図 7 の白枠内の粒子画像を再構築した結果を図 8 に示す。再構築にあたり精度の高いカメラ校正が必要となる。ここでは、4 台の CCD カメラについてカメラ校正の残差（参考文献[4]の第 7 章参照）を 0.49pixel 以下に抑えた。再構築は、GPU を用いた自作の並列解析コードを用いて行い、瞬時の粒子輝度分布の再構築に要する時間は約 18 分であった。

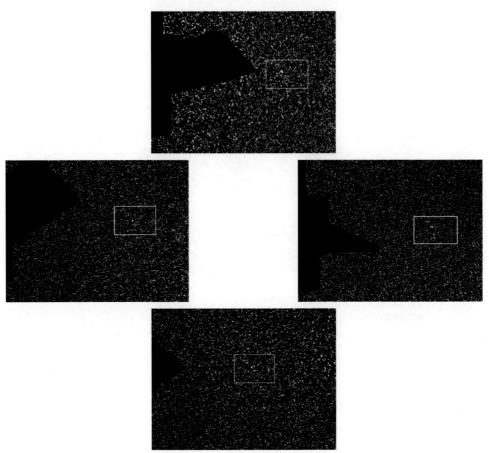

図7 トモグラフィックPIVで撮影された粒子画像
（十字型配置された4台のCCDカメラからの粒子画像）

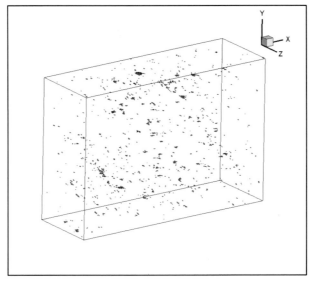

図8 トモグラフィック再構築された粒子画像（図7の白枠の領域）

再構築された粒子輝度分布に対して三次元相互相関演算を実施し、速度3成分の3次元分布を得た。相互相関を計算する検査体積は48×48×48voxelであり、約2mm×2mm×2mmの領域に対応する。得られた9,000の瞬時速度ベクトル分布から平均速度分布および乱流統計量を算出した。図9は、得られたTKEを、同条件の流れ場にステレオPIVを適用して得た結果と比較したものである（ここで、トモグラフィックPIVの結果は、厚さ2mmの領域の結果を抽出したもの）。両者が妥当に一致していることが分かる。トモグラフィックPIVは膨大な解析時間を要することが欠点であったが、近年はその改善が進められており、例えば1400×1400×200voxelについて、三次元再構築が11秒、速度計算が11秒、合計して22秒で解析可能であることが示されている[9]。

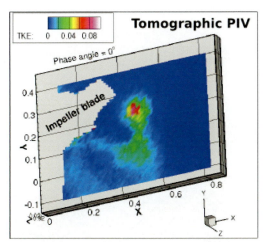 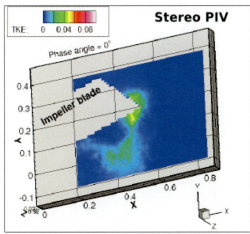

図9　トモグラフィックPIVとステレオPIVの乱流エネルギー分布の比較

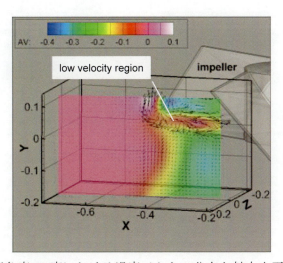

図10　断面角度40度における渦度ベクトル分布と軸方向平均速度分布

　トモグラフィックPIVを用いた計測は、3次元空間内の格子点上での速度3成分が得られるため、空間勾配量の評価が容易である。そのことを利用すると、例えば渦度3成分の評価が可能と

なる。図 10 は、断面角度 40 度における渦度ベクトルを軸方向平均速度のカラーコンターの上に描いた結果である[10]。翼下端付近の低速領域（low velocity region）が翼中心に向かって細く伸び、その上側と下側には互いに逆向きの 2 本の渦管が存在することが分かる。この結果は、翼下端で生じたはく離渦とそれによる誘起渦の間に低速領域が存在しているものと解釈される。

　3 次元速度分布（平均速度分布）から渦構造を客観的かつ妥当に抽出するため、Enhanced Swirling Strength Criterion (ESSC) を用いた解析を行った。この方法は、速度勾配テンソルの複素固有値から渦構造を定義するもので、乱流中における渦構造の検出に効果的であることが示されている[11]。図 11（左）は、検出された渦構造を、その強度に応じて輝度付けした結果である。翼の背面には高い強度を有する渦構造 1（ESSCV1）と、翼の下端にはスケールの大きな渦構造 2（ESSCV2）が存在する。より詳細な解析によって、前者は翼上端（＝前縁）のはく離で生じた渦シートが翼背面を移動しながら周方向に転向したもので、翼端渦の起源と判断される。一方、後者は、先行する翼から生じた翼端渦が、着目している翼下端をかすめたものと判断される。そのような渦度構造と渦構造の関係を模式的に示したものが図 11（右）である。ESSC で検出された渦構造と、翼端で生じる渦度シートおよび渦管との空間的関係を示している。

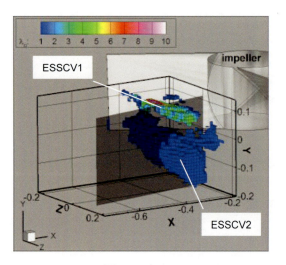
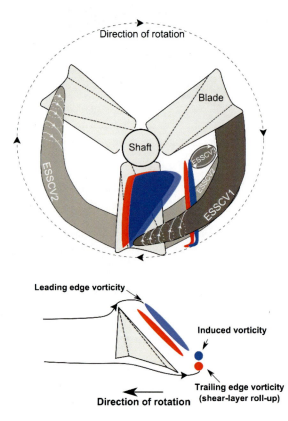

図 11　左：Enhanced Swirling Strength Criterion で検出された渦構造
　　　　右：渦度構造と渦構造の関係

まとめ

　複雑乱流場の一つである攪拌乱流のフルボリューム計測として、翼回転に同期したステレオPIV計測と、4台のCCDカメラを用いるトモグラフィックPIV計測の事例を紹介した。前者は、シート光で照射された断面の速度3成分を計測するもので、撮影の遅延時間を変化させることによって、翼に対する撮影断面の相対的角度を変化させたフルボリューム計測を行った。一方、後者は、厚さ7mmのボリューム照明された3次元領域を計測するもので、速度3成分に加えて、速度勾配テンソルの全成分が計測できることから、渦度ベクトルや速度勾配テンソルに基づく渦構造の検出を行った。このようなトモグラフィックPIVは、高速度カメラと高繰り返しダブルパルスレーザを用いたダイナミックPIV装置と組み合わせることによって、3次元領域の速度3成分を高い時間分解能で計測することが可能になることが期待されている。

参考文献

1) 西野耕一; 化学工学会編：最近の化学工学57「粒子・流体解析，数値シミュレーションの展望と実践事例」，化学工業社, (2007) 24

2) Elsinga, G. E., Scarano, F., Wieneke, B. and van Oudheusden, B. W.; Experiments in Fluids, 41 (2006) 933

3) Scarano, F.; Measurement Science and Technology, 24 (2013) 012001

4) 可視化情報学会編; PIVハンドブック，森北出版 (2002)

5) Atkinson, C. and Soria, J.; Experiments in Fluids, 47 (2009) 553

6) Shekhar, C., Nishino, K., Yaname, Y. and Huang, J.; Journal of Visualization, 15 (2012) 293

7) Shekhar, C., Takahashi, K., Matsunaga, T. and Nishino, K.; Proc. 16th Int. Symp. on Flow Visualization, Okinawa, Japan, June 24-28 (2014)

8) Herman G. T. and Lent A.; Computers in Biology and Medicine, 6 (1976) 273

9) Matsunaga, T. and Nishino, K.; Proc. 16th Int. Symp. on Flow Visualization, Okinawa, Japan, June 24-28 (2014)

10) Takahashi, K. Shekhar, C., Matsunaga, T. and Nishino, K.; Proc. 11th Int. Symp. on Particle Image Velocimetry (PIV15), Santa Barbara, California, USA, September 14-16 (2015)

11) Chakraborty P., Balachandar S. and Adrian R. J.; Journal of Fluid Mechanics, 535 (2005) 189

第6章 撹拌翼の起動トルクと完全邪魔板条件における動力数

仁志　和彦
（千葉工業大学）

はじめに

　回転翼を用いる撹拌操作の設計においては、撹拌所要動力が極めて重要となる。一般に撹拌所要動力は、撹拌翼を定常状態で回転させるために必要な軸トルクから求められ、翼から撹拌液に対して単位時間に与えられるエネルギーを意味する。すなわち撹拌所要動力は、撹拌効果のために使われるエネルギーということができ、特に乱流状態での撹拌においては、混合、伝熱、分散、物質移動現象を定量的に説明する因子である。それゆえ動力特性を理解、推算することは撹拌操作の設計において不可欠である。しかし、撹拌装置を機械的に設計する場合には、この撹拌所要動力に基づくトルク見積もりでは十分でないことがある。液中に設置した撹拌翼が回転を始めるとき（撹拌翼起動時）は、定常状態におけるトルクよりも大きなトルクが発生する[1,2]。定常状態の撹拌所要動力が熱として散逸するエネルギーを補填し、定常状態を維持するために必要なエネルギーだとすれば、起動時トルクは静止した液を、定常状態まで加速するためのエネルギーであり、一般に撹拌所要動力に比べ大きな値（場合によっては数倍も）となるのである。撹拌羽根や撹拌軸、継ぎ手の設計はこの起動時トルクを考慮して設計することが必要となる。

　本稿では、先ず、垂直パドル翼を中心に起動トルクが発生する状況を概説し、翼回転数、翼枚数、幅、撹拌液粘度の関係について示すとともに、起動トルクの発生メカニズムについて解説する。また、撹拌翼の基本性能を示す基準の一つである"完全邪魔板条件における動力数"を起動トルクの測定から得る事例について示す。

1. 撹拌開始時のトルクの発生状況

　撹拌開始時のトルクの発生状況について述べる。先ず、簡単に起動トルクの測定を行った対象と測定方法について示す。図1に実験装置の概略である。撹拌槽は槽径 $D = 0.310$ m の円筒皿底槽に幅 $B = 0.031$ m の邪魔板を4枚設置したものを用いた。撹拌翼は翼径 $d = 0.15$ m の垂直パドル翼を用い、羽根枚数 n_p、羽根幅 b を変えて測定を行った。起動トルクに及ぼす粘度の影響を調べるため撹拌液には水、グリセリン水溶液を用いた。予めモータの定常時の回転数 n（設定回転数）を設定し、主電源を入れることで翼の回転を急峻に開始させトルクの経時変化を測定した。トルクの検出は撹拌軸に設置した歪みゲージ（PCF-02-35S4-T3-44, 東洋測器(株)）により行った。この歪みゲージはトルク測定用に開発された

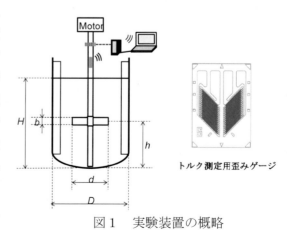

図1　実験装置の概略

ものであり、一枚のチップ内に一組の歪み
図2に起動時のトルクの経時変化の一例を
示す。設定回転数1.5s⁻¹の場合、トルクはモ
ータ起動直後に急峻に大きくなり何度か増
減したあと 0.5 秒以降ほぼ一定値となる。
さらに、4 秒以降徐々にトルクが小さくな
り、6 秒以降は一定の値を示し続ける。この
トルクが定常状態のトルクである、起動時
には最大で定常時のトルクの 2 倍の値を示
す。設定回転数 3.0s⁻¹ の場合も同様である
が、起動直後のトルクよりも、その後に続
くおよそ 2 秒までのトルクの方が大きな値
を示す。このように撹拌翼起動時のトルクは
回転数によって大小関係が逆転する 2 種類
のトルクが含まれていることが分かる。これ
らを整理するため、本稿では、起動直後の極
大値を第 1 起動トルク T_{s1}、T_{s1} 発生後から定
常状態のトルク T_{ave} に達するまでのトルク
の最大値を第 2 起動トルク T_{s2} として検討
する。図3には邪魔板を設置していない撹拌
槽で測定した撹拌開始時のトルクの経時変
化を示す。邪魔板無の撹拌槽の場合、定常状
態のトルクは邪魔板付きに比べ小さいが、起
動トルクが発生する領域でのトルクの挙動は邪
魔板槽の場合と驚くほど一致している。本稿の
内容は、邪魔板撹拌槽におけるデータに基づく
ものであるが、邪魔板無撹拌槽でも同様である
ことを付記する。

図4には回転数 n と T_{s1}、T_{s2} および T_{ave} の関係
を示す。T_{s1} および T_{s2} は、それぞれ n の 1 乗およ
び 2 乗に比例して増加する。低回転数の条件で
は T_{s1} は経時変化において最大のトルクであり、
一方、T_{s2} は T_{ave} と識別が難しいほど小さい（図
中①）。回転数が大きくなると T_{s1}、T_{s2} ともに増
加するが、T_{s2} が回転数の 2 乗に比例し増加する
ため、次第に T_{s1} を上回るようになる(図中②)。
さらに回転数が大きくなると、T_{s2} が著しく大き

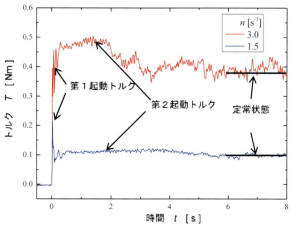

図2　撹拌翼起動時のトルクの経時変化

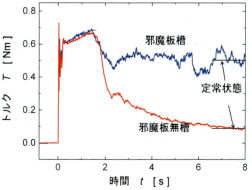

図3　起動トルクに及ぼす邪魔板の影響

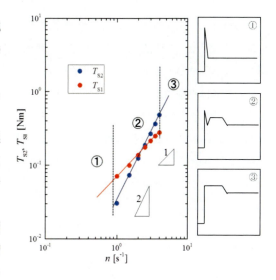

図4　第1および第2起動トルクと
　　　翼回転数

くなり T_{s1} の観測は難しくなる。このような回転数に対しての挙動に違いは、発生メカニズムの違いを示唆する。次の節では翼起動時の流れの状況から起動トルクの発生メカニズムについて考える。

2. 撹拌開始時の流動状態

撹拌開始時に翼からどのように流れが発生するか、その状況は当然のことながら起動トルクの発生メカニズムと密接に関係する。ここでは数値シミュレーションにより流れを可視化し、起動トルクの発生メカニズムについて検討する。流れの解析は汎用熱流体解析ソフト Rflow ((株)アールフロー) を用い、実験と同形状の撹拌翼、撹拌槽を対象に行った。なお、液面については液面高さ固定、自由滑り境界を採用している。撹拌翼、撹拌液が静止した状態を初期条件とし、0.0625 秒までに翼が $3s^{-1}$ に加速(加速度:96π rad./s)し、その後一定速度で回転する条件で流動解析を行った。この加速度は別途実測した翼加速度の値である。また流動状態は乱流となるので解析においては乱流モデルとして LES を用い、計算の時間刻み 1.25×10^{-3} s とした。図5には計算によって得られたトルクの経時変化と同じ条件で得られた実験値の比較を示す。第1および第2起動トルクの発生、継続時間、大きさなど、両者はよく一致しており数値シミュレーションにより撹拌開始時の流動が再現できているものと判断される。図7には図6に示すトルクの経時変化の特徴的な点および定常状態での流動状態を示す。(a)点はトルクが第1起動トルクにむかって増加する途中の点であり、撹拌翼によって液が動き出した瞬間といえる。流れは撹拌翼のそれぞれの羽根の近傍のみで生じており、羽根間の流れはまだ弱い。(b)点は、まさに第1起動トルクが発生している点であり、同時に撹拌翼の加速が終わる点でもある。撹拌羽根の背面の負圧領域で流れが発達し始めているが流れは翼近傍のみで生じており、撹拌翼の旋回体積外の液体はまだほぼ静止している。また、この点で撹拌羽根と液の相対速度が最も大きくこの状況が第1起動トルクを生むことが分かる。(c)点は第1起動トルク領域と第2起動トルク領域の間のトルクが極小値となった点である。この点では羽

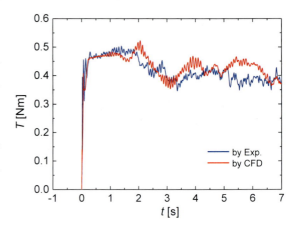

図5　起動トルクの数値解析
(n=3.0s^{-1}, n_p=4, b=0.03m, μ=0.001Pa s)

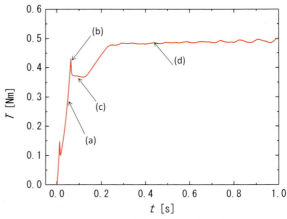

図6　翼起動直後のトルクの経時変化
(数値解析)

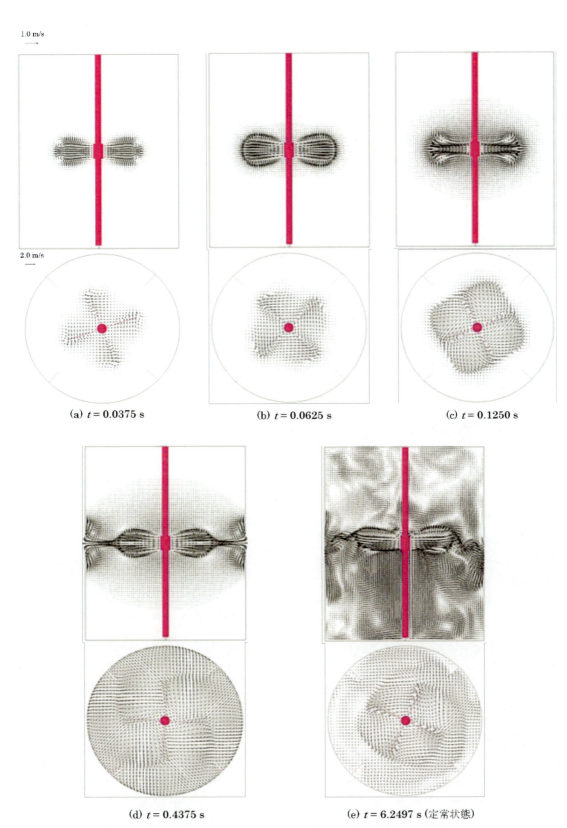

図7　図6中の(a)〜(d)点および定常状態における速度ベクトル

根間の流れがかなり発達している。これが羽根と液の相対速度の減少につながりトルクの低下となって現れる。しかし、流体は高速で回転しているので遠心力が働き、翼旋回体積から半径方向に向かう流れ、すなわち吐出流が発生し始める。(d)点はまさに第2起動トルクが発生している状況であるが、この状況では吐出流が次第に大きくなり槽壁付近まで到達し、槽壁に沿って上方、下方に流れが発達していく。撹拌槽内全体に大循環流が発生しているとはいえず、撹拌翼の近傍の上下から翼領域に吸い込まれた液体が、半径方向に高速に吐出する状況を呈する。翼水平断面における速度は、次に示す定常状態（(e)）も含め、(d)点で最も大きく、別途計算した吐出流量の値も最も大きかった。また、第2起動トルクの状態は数秒継続するが、その間、乱流的な流れの変動は全く観測されなかった。(e)は定常状態の状況の一例である。槽内に大きな循環流が発達している。乱流による変動が発生し、それにより(e)も非対称な速度分布となっている。大循環流が発生し撹拌翼に上下から撹拌液が流れ込むことによって、羽根背面の負圧が小さくなり(d)点に比べ、半径方向および周方向速度が低下したものと考えられる。起動トルクの発生から定常状態に変化する状況について、さらに詳細に検討すべき点もあるが、少なくとも、第1起動トルクと第2起動トルクの発生メカニズムが大きく異なることが推察された。次節以降では第1起動および第2起動トルクを分け、それぞれ発生メカニズムとその定量化について検討する。

3. 第1起動トルク

図8に撹拌開始直後（第1起動トルクの発生時）のトルクの詳細を示す。また同図にはトルクと同時測定した撹拌翼の角速度 ω [rad./s]も併せて示した。翼の角速度は約0.05秒間増加しており、第1起動トルクは明らかにこの加速中に発生し、翼角速度が設定した翼回転数で安定になると迅速に小さくなることが分かる。図9に第1起動トルク T_{s1} と翼の角加速度 α [rad./s^2]の関係を示す。第1起動トルクは翼加速度に比例して増加することが分かる。なお、この加速度は筆者が任意に設定したものではなく、翼回転数を設定し、モータの主電源を入れたときの成り行きで発生したものである。本研究で使ったモータでは設定翼回転数に比例して α が大きくなる傾向があった。そのため、図4で示したように第1起動トルクがあたかも翼回転数に比例するように見えたのである。さて、第1起動トルクが角加速度に比例することは、いわゆる運動方程式（$F = m\alpha$）が示すところであり、第1起動トルクが撹拌液を固体的に加速させるためのトルクと推

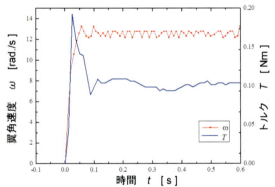

図8 第1起動トルクの発生状況

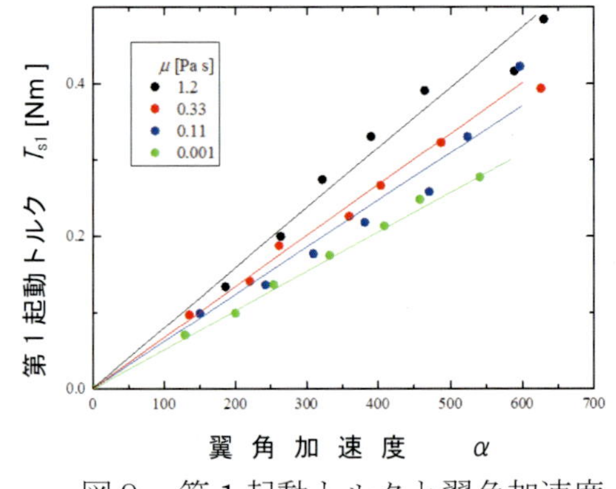

図9 第1起動トルクと翼角加速度

察された。また、同図には、粘度の異なる撹拌液で測定した結果も示してある。粘度の増加に伴い第１起動トルクは増加しているが、粘度が桁として変化しているにも関わらず、第１起動トルクはそれほど大きくは変化しない。図１０に図９における勾配 A と撹拌液密度の関係を示す。両者はほぼ直線関係で整理され、第１起動トルクは液粘度ではなく密度に比例していることが分かる。これは先述した第１起動トルクの発生メカニズムを裏付けるものである。これらのことから、第１起動トルクに関する式（1）が得られる。

$$T_{s1} = 1.09 \times 10^{-6} \rho^{0.92} \alpha \quad (1)$$

式（2）は直径 D、高さ L の円柱（固体）を角加速度 α で水平回転させる場合のトルクの理論式である。

$$T = J\alpha = \frac{\pi}{32} D^4 L \rho \alpha = 1.49 \times 10^{-6} \rho \alpha \quad (2)$$

式中の J は慣性モーメントである。式(1)の係数、指数は最小二乗法で求めたものであり、ρ の指数 0.92 を 1 とみれば、式（1）と式(2)は同じ形である。また、円柱の直径および高さに本研究の撹拌翼の翼径、翼幅を代入し求めた式（2）の係数は、式（1）のそれとほぼ等しく、推定した第１起動トルクの発生メカニズムとその相関式の妥当性が確認される。

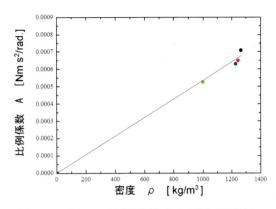

図１０　図９の比例係数Aと撹拌液密度

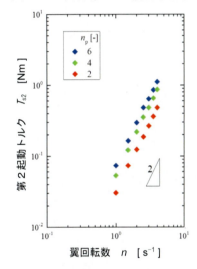

図１１　第２起動トルクと翼回転数
（b=0.03m）

4. 第２起動トルク

図１１に第２起動トルクと翼回転数の関係を示す。第２起動トルクは翼回転数の２乗に比例することが分かる。これは第２起動トルクが定常状態の乱流撹拌のトルクと同じく、撹拌羽根背面の負圧に起因する形状抗力によって発生していることを示している。第２起動トルクが発生する領域では、図で示されるように撹拌槽内の大循環流はまだ十分発達しておらず、撹拌翼と撹拌液の相対速度が大きく、定常状態に比べ大きな抗力が発生したものと考えられる。図１２および図１３に第２起動トルクに及ぼす翼幅、羽根枚数の影響をそれぞれ示す。第２

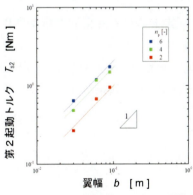

図１２　第２起動トルクと翼幅
（n=3 s^{-1}）

起動トルクは翼幅に比例して増加する。抗力は流れに対する断面積に比例するので、翼面積が翼幅の増加により比例して増加することを考えると極めて妥当な結果である。また、羽根枚数を増やした場合、第2起動トルクは枚数の0.6〜0.7乗に比例して増加する。羽根枚数が増加した場合も、翼幅を増加させたときと同様に流れに対する断面積は比例して増加するが、羽根枚数を増加させた場合には単純に1乗に比例しない。それぞれの羽根背面の負圧が隣接する羽根と干渉し小さくなるため0.6〜0.7乗に比例することになる。このことは垂直パドル翼の撹拌所要動力でも確認されている。図14に第2起動トルクに及ぼす粘度の影響について示す。同図から明らかなように粘度は第2起動トルクにほとんど影響しない。これは第2起動トルクが形状抗力によって発生していることを裏付けている。

上述したデータに基づき、第2起動トルクについては翼形状の影響を考慮した式(3)の相関式が得る。

$$T_{s2} = 0.82 b^{1.0} n_p^{0.63} n^{2.0} \tag{3}$$

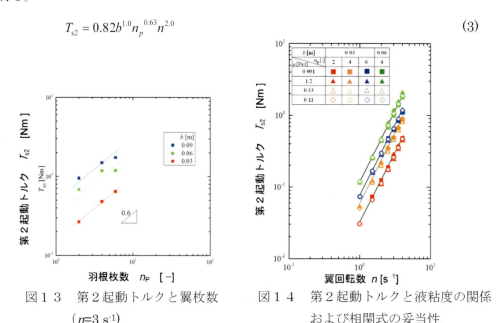

図13　第2起動トルクと翼枚数　　図14　第2起動トルクと液粘度の関係
　　（n=3 s^{-1}）　　　　　　　　　　　および相関式の妥当性

5. 起動トルクと完全邪魔板条件における動力数

簡単に完全邪魔板条件について確認する。邪魔板撹拌槽において邪魔板幅、邪魔板枚数を変えて撹拌所要動力を測定すると、過大な邪魔板幅、枚数は動力を低下させ、撹拌所要動力が最大となる邪魔板幅、枚数が存在することが知られている[3]。この条件は完全邪魔板条件と呼ばれ、翼の形状毎に条件が決まっている。また、完全邪魔板条件における動力数（ここでは完全邪魔板動力数 $N_{P,CBC}$ とよぶ）は翼毎に固有の値となり、その形状の撹拌翼が液に最大限供給できるエネルギーを意味し、撹拌翼の性能を考えるうえでの基準となる*。例えば、種々の翼の撹拌所要動力

---

* 邪魔板槽の動力線図（N_P-Re線図）において高Re域でN_Pが一定の状態を完全乱流状態という。これは必ずしも完全邪魔板の状態ではなく、邪魔板幅、枚数を変え最大となった完全乱流状態でのN_Pが完全邪魔板動力数である。

を高い精度で推算する亀井－平岡の式[4,5]や加藤の修正式[6,7]においても、邪魔板無撹拌の動力数と完全邪魔板動力数を基準として任意の邪魔板条件の撹拌所要動力を見積もっている。このように重要な特性値である完全邪魔板条件動力数であるが、その値を得るためには邪魔板条件の異なる槽で繰り返し動力測定を行う必要がある。

　永田は完全邪魔板条件における撹拌所要動力は、その翼が単位時間に液に対して与えられる最大のエネルギーであり、i)槽径が翼径に対して十分大きい撹拌槽における動力、ii) 撹拌翼回転開始時の動力（本研究の起動トルクに基づく動力）、iii)偏心撹拌において十分大きな偏心距離を取ったときの動力は等しいと推察している[1]。iii)の偏心撹拌の動力については疑義があるが、i)、ii)の場合は、いずれも撹拌翼に流れ込む液の流速が低く、翼と撹拌液の相対速度が大きい点で一致しており妥当な推論と考えられる。この推論が正しければ、起動トルク測定を完全邪魔板条件動力数の迅速測定として応用できることになる。

　図１５に数種の垂直パドルおよび4枚傾斜パドル翼について示す。図中のシンボルは第2起動トルク実測値に基づき計算した動力数 $N_{P,Ts2}$、破線は式(4)および式(5)で計算される完全邪魔板条件動力数である。$N_{P,Ts2}$ と $N_{P,CBC}$ はよく一致しており、第2起動トルク測定により、完全邪魔板条件動力数を迅速に計測できることが分かる。

垂直パドル翼[8]

$$N_{P,CBC} = 10\{n_p^{0.7}(b/d)\}^{1.3} \quad (n_p^{0.7}(b/d) \leq 0.54)$$
$$= 8.3 n_p^{0.7}(b/d) \quad (0.54 \leq n_p^{0.7}(b/d) \leq 1.6) \quad (4)$$
$$= 10\{n_p^{0.7}(b/d)\}^{0.6} \quad (1.6 \leq n_p^{0.7}(b/d))$$

傾斜パドル翼[9]

$$N_{P,CBC} = 8.3\left(\frac{2\theta}{\pi}\right)^{0.9}\left(\frac{n_p^{0.7} b \sin^{1.6}\theta}{d}\right) \quad (5)$$

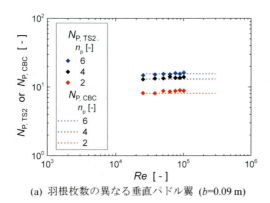
(a) 羽根枚数の異なる垂直パドル翼 (b=0.09 m)

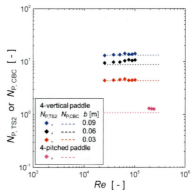
(b) 翼幅の異なる4枚垂直パドル翼および4枚傾斜翼

図１５　垂直および傾斜パドル翼における $N_{P,Ts2}$ と $N_{P,CBC}$ の比較

むすびに

　本章では撹拌装置の機械的な設計に重要となる撹拌翼回転起動時のトルクについて示した。起動トルクは、翼の加速過程に発生する第1起動トルクと、その後、撹拌翼が生起する流れが撹拌槽全体に広がるまでの数秒間継続する第2起動トルクに大別できた。このうち第1起動トルクの大きさは翼の角加速度で整理できた。また、第2起動トルクについては設定翼回転数の2乗に比例し、翼幅、羽根枚数のべき関数で整理することができた。第2起動トルクの相関式は撹拌装置の機械的な設計に有用と考えられる。

　また、第2起動トルクから算出される動力数は、完全邪魔板条件における動力数とよく一致し、起動トルクの測定が、撹拌翼の基本特性の一つである完全邪魔板条件動力数を簡便かつ迅速に測定する手法となることを示した。

引用文献

1) 永田；「攪拌機の所要動力」，新化学工学講座Ⅶ-2, p.44 (1976)

2) Bando. Y., K. Nishi, R. Misumi, M. Kaminoyama; Proc. of ISMIP8, pp.24-25 (2014)

3) Nagata. S.; Mixing –Principles and Applications, pp.39–40 (1976)

4) 亀井，平岡，加藤，多田，仕田，李，山口，高；化学工学論文集，21，41-48 (1995)

5) 亀井，平岡，加藤，多田，石塚，岩田，李，山口；化学工学論文集，21，696-702 (1995)

6) Furukawa, H., Y. Kato, Y. Inoue, T. Kato, Y. Tada and S. Hashimoto; International J. Chem. Eng., Article ID 106496, p.6 (2012)

7) 加藤，小畑，加藤，古川，多田；化学工学論文集，38，139–143 (2012)

8) 亀井，平岡，加藤，多田，岩田，村井，李，山口；化学工学論文集，22，249-255 (1996)

9) 亀井登；博士学位論文，p.135，名古屋工業大学 (1995)

第7章　CFDと乱流モデルの基礎

鈴川　一己
（福岡大学）

1. はじめに

　実用的な撹拌・混合は乱流状態で操作することが多く、撹拌装置は乱流の研究成果の恩恵を受けているといえる。一方、風洞実験とは異なり閉じた空間内の流動であること、自ら生み出した乱流を受けて撹拌することなどから、槽内は大変複雑な流れになっている。この様な現象を把握し最適な装置設計を行うためCFD (Computational Fluid Dynamics)と呼ばれる数値シミュレーション手法の利用が進んでいる。

　撹拌槽内流れの数値シミュレーション手法は1990年代に確立され[1]、ほとんどの商用CFDソフトウェアに組み込まれた。近年は燃焼・化学反応や多相流解析などの物理モデルが強化され、最も作業負荷の大きな計算格子（メッシュ）生成も自動化された。あとは現象に合わせて形状作成や条件設定をすればよいだけである。その反面、商用CFDコードには、携帯電話・スマートフォンのように、使いこなせないほどの豊富な機能が組み込まれ、フラグや設定パラメータ群の集合体になっている。この様な状況から解析結果に品質保証が求められ[2]、解析技術者の資格認定事業を学会が行うようになった[3]。

　現在はソフトウェアで扱っている式を知らなくてもなんとなく数値シミュレーション可能な時代である。だからこそCFDは"流れの基礎方程式（非線形連立偏微分方程式）の初期値・境界値問題"を数値的に解く手法（図1）であることを再認識する必要がある。そこで本章ではCFDの骨格である流れの基礎方程式の導出、乱流モデルの概要およびCFD利用時の重要キーワードを説明する。

2. 保存則と流れの基礎方程式

　物理や輸送現象で最も重要なものは保存則である。中でも質量、運動量およびエネルギー（以下、物理量と呼ぶ）に関する保存則はあらゆる分野の基礎である。この保存則から重要な微分方程式が導かれる。本節では、まず保存則（輸送現象）の一般的な議論から始め[4]、その後、具体的な流れの基礎方程式を導出したい。

（1）保存則（積分形と微分形）

　密度 ρ の流体で満たされた3次元空間内に座標系 (x_1, x_2, x_3) を取り、この中に固定された有界閉領域 Ω 内における物理量の保存を考える。一般に物理量の保存則は次式のように表される。

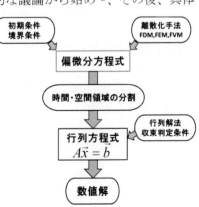

図1　偏微分方程式の数値解法

$$\frac{d}{dt}\{\Omega 内の物理量\} = \begin{Bmatrix} 単位時間に境界\partial\Omega から \\ 流出・流入する物理量 \end{Bmatrix} + \begin{Bmatrix} 単位時間に\Omega 内で \\ 生成・消滅する物理量 \end{Bmatrix} \quad \cdots(1)$$

ここで右辺第一項は、流れによって運ばれるものと各現象に対応した物理法則に従って運ばれるものの両方を含んでいる。以下、表面を物理量が単位面積あたり単位時間に通過する量をフラックス（流束）と呼ぶことにする。

(1)式を記号により表現しよう [5]。単位質量当たりの物理量を $\phi(t,x_1,x_2,x_3)$、境界 $\partial\Omega$ を単位時間・単位面積を通過する物理量の全フラックス（流束）ベクトルを $\vec{F}(t,x_1,x_2,x_3)=(F_1,F_2,F_3)$、領域 Ω 内部で単位時間・単位体積当たりに生成・消滅量する物理量を $S(t,x_1,x_2,x_3)$、境界 $\partial\Omega$ 上の外向き単位法線ベクトルを $\hat{n}$、Ω 内の微小体積を dv、$\partial\Omega$ 上の微小面積を ds で表す。さらに、流速 $\vec{u}=(u_1,u_2,u_3)$ によって運ばれるフラックスは $\rho\phi\vec{u}$ であり、それ以外のフラックスを $\vec{q}$ で表すと、全フラックスは $\vec{F}=\rho\phi\vec{u}+\vec{q}$ となる。物理量の保存則（積分形）は次の積分式で表される（図2）。

$$\frac{d}{dt}\iiint_\Omega (\rho\phi)dv = -\iint_{\partial\Omega}\{(\rho\phi\vec{u}+\vec{q})\cdot\hat{n}\}ds + \iiint_\Omega (S)dv \quad \cdots(2)$$

これが保存則の積分形表示である。ここで右辺第一項の負号は領域 Ω への流入を意味する（外向き法線ベクトルの方向を正としているため）。保存則の微分形（微分方程式）の導出には次の"ガウスの発散定理"が用いられる。

$$\iiint_\Omega (\vec{\nabla}\cdot\vec{F})dv = \iint_{\partial\Omega}(\vec{F}\cdot\hat{n})ds \quad \cdots(3)$$

ここで $\vec{\nabla}\equiv(\partial/\partial x_1,\partial/\partial x_2,\partial/\partial x_3)$ は方向微分演算子を表す。(3)式を(2)式の右辺第一項に適用し左辺の時間微分と積分を順序交換してまとめると、次式を得る。

$$\iiint_\Omega \left\{\frac{\partial\rho\phi}{\partial t} + \vec{\nabla}\cdot(\rho\phi\vec{u}+\vec{q}) - S\right\}dv = 0$$

この積分式が任意の領域 Ω に対して成り立つことから、次の保存則の微分形（偏微分方程式）を得る。

$$\frac{\partial\rho\phi}{\partial t} + \vec{\nabla}\cdot(\rho\phi\vec{u}) = -\vec{\nabla}\cdot\vec{q} + S \quad \cdots(4)$$

微分方程式で表現する理由は見通しの良さと、一部ではあるが、数学的解法が確立されているためである。

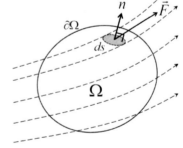

図2　保存則適用の概念図

ここで方程式の表現を簡略化するためにテンソル表記を導入する。上記の右辺第一項（発散）は次のように書ける。

$$\vec{\nabla}\cdot\vec{F} = \frac{\partial F_1}{\partial x_1} + \frac{\partial F_2}{\partial x_2} + \frac{\partial F_3}{\partial x_3} = \sum_{j=1}^{3}\left(\frac{\partial F_j}{\partial x_j}\right)$$

一つの項の中で同じ添え字が2つ存在すれば総和記号 Σ が隠れているとする"アインシュタインの総和規約"を適用すると、この項は $\partial F_j/\partial x_j$ と書ける（以下、ベクトルは成分表記、式はテンソル表記する）。従って、(4)式は次のように簡潔に書ける。

$$\frac{\partial \rho \phi}{\partial t} + \frac{\partial \rho \phi u_j}{\partial x_j} = -\frac{\partial q_j}{\partial x_j} + S \qquad \cdots(4')$$

以下、この(4')式に基づき単相流の流れの基礎方程式を導こう。

（2）流れの基礎方程式

まず、質量保存則について考える。ϕ は単位質量当たりの質量なので $\phi = 1$、質量は流速 u_j によってのみ運ばれるため $q_j = 0$、単相流であるため領域内での質量の生成・消滅はないため $S = 0$。以上を(4')式に代入すると、一般的な"連続の式"を得る。

$$\frac{\partial \rho}{\partial t} + \frac{\partial \rho u_j}{\partial x_j} = 0 \qquad \cdots(5)$$

さらに、非圧縮性流体の場合は $\rho = $ 一定であることから、非圧縮性流体の連続の式は次のようになる。

$$\frac{\partial u_j}{\partial x_j} = 0 \qquad \cdots(6)$$

次に i 方向の運動量保存について考える。単位質量当たりの運動量は速度であるから $\phi = u_i$ であり、面に作用する応力が運動量フラックスになることから i 方向の応力（テンソル）σ_{ij} を用いて $q_j = -\sigma_{ij}$ と表せる。また、f_i を外力による加速度とすると生成・消滅項は $S = \rho f_i$ となる。これらを(4')式に代入すると次式を得る。

$$\frac{\partial \rho u_i}{\partial t} + \frac{\partial \rho u_i u_j}{\partial x_j} = \frac{\partial \sigma_{ij}}{\partial x_j} + \rho f_i \quad (i = 1,2,3) \quad \cdots(7)$$

応力テンソル σ_{ij} は静止状態の項と運動状態の粘性による項に分けられ、さらにはニュートン流体を仮定すると、ニュートンの粘性法則により、

$$\sigma_{ij} = -p \delta_{ij} + \mu \frac{\partial u_i}{\partial x_j}$$

と表される。ここで p は圧力、δ_{ij} はクロネッカーのデルタ、μ は流体の粘性係数である。この式を(7)式に代入し整理すると i 方向の保存型 Navier-Stokes 方程式（NS 方程式）を得る。

$$\frac{\partial \rho u_i}{\partial t} + \frac{\partial \rho u_i u_j}{\partial x_j} = -\frac{\partial p}{\partial x_i} + \mu \frac{\partial^2 u_i}{\partial x_j \partial x_j} + \rho f_i \qquad (i = 1,2,3) \qquad \cdots(8)$$

さらに、左辺に積の微分法を適用し連続の式(5)を適用すると、次の非保存型 NS 方程式を得る。

$$\rho \left(\frac{\partial u_i}{\partial t} + u_j \frac{\partial u_i}{\partial x_j} \right) = -\frac{\partial p}{\partial x_i} + \mu \frac{\partial^2 u_i}{\partial x_j \partial x_j} + \rho f_i \qquad (i = 1,2,3) \qquad \cdots(9)$$

(8)、(9)式は圧縮／非圧縮性流体に関わらず成り立ち、(9)式を NS 方程式として示すことも多い。

化学工学で出会う流れのほとんどは非圧縮性流体として扱えることから連続の式が(6)式のように簡略化される。この結果、未知関数が $u_j (j = 1,2,3)$ と p の計 4 つに対し、方程式も連続の式 (6)と NS 方程式(8)の計 4 式で対応するため、非圧縮性流体ではエネルギー保存則を考慮せずに流れ場を求めることができる。従って、非圧縮性流体では連続の式(6)と NS 方程式(8)または(9)

が流れの基礎方程式になる。以下、流体は非圧縮性ニュートン流体と仮定する。

3. 乱流の基礎と乱流モデル
（1）乱流理論と乱流モデルの概要

　乱流は、流れの中でエネルギーを持った大きな渦が非線形効果により段階的に小さな渦に分裂し（カスケード過程）、流れとして存在できるコルモゴロフスケールと呼ばれる最小渦径に至ると粘性のため熱エネルギーに散逸する現象である（図3）。一方、乱流の有名なテキスト[6]は"乱流の正確な定義を与えることは困難"と述べ、乱流の特性として不規則性、拡散性、大きなレイノルズ数、3次元渦度変動、散逸性などを列挙し定義の代わりにしている。この特性の中で"不規則性"と"3次元渦度変動"は乱流モデルにとっても重要なキーワードであり、"不規則"な現象を統計量で見る立場と"3次元渦度変動"の元となる詳細な渦運動を追う立場の2つに分けられる。前者は $k-\varepsilon$ モデルを代表とするレイノルズ平均 Navier-Stokes（RANS）方程式モデルであり、後者は大渦シミュレーション（LES）と直接数値シミュレーション（DNS）である。

　RANSモデルは"レイノルズ分解"に基づき瞬時における物理量を平均量と変動量に分けて乱流の方程式を導く。また、その中に含まれる変動分の統計量（相関項）をどのように求めるかで様々な乱流モデルが存在する。統計処理の効果によりRANSモデルは定常的な流れ場を出力する。代表的なものに $k-\varepsilon$ モデル（2方程式モデル）とレイノルズ応力輸送モデルがある。特に、$k-\varepsilon$ モデルは計算コストがかからないことから最も利用されている乱流モデルである。$k-\varepsilon$ モデルについては後に詳しく説明する。

　LESはある程度の大きさの渦は計算格子で捕捉し、計算格子以下の渦の効果を乱流モデルとして取り込むものである。RANSモデルと異なり、LESは本質的に非定常計算となる。

　DNSはNS方程式だけですべての大きさの渦をシミュレートするものであり、乱流モデルは使用しない。このためレイノルズ数の9/4乗オーダーの計算格子数が必要になる[7]。例えば、レイノルズ数が 10^4 ならば格子数は 10^9 となり身近な計算環境での実施は困難である。また、スペクトル法などの計算精度の高い手法を用いる必要があるため、単純な空間領域に限定され、実用的な計算には使用できない。

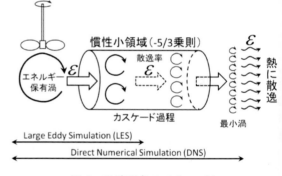

図3　乱流現象のメカニズム

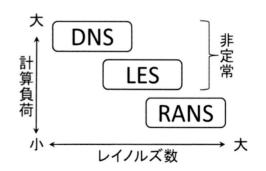

図4　乱流モデルの分類

　乱流モデルをレイノルズ数と計算負荷の軸で分類したものを図4に示す。撹拌槽内の流れのように高レイノルズ数の場合は自ずと利用できる乱流モデルが限られてくる。また、自動格子生成を使用すると計算負荷が増大する傾向にあるので注意が必要である。

（2）RANS モデル

まず瞬時の物理量の平均操作を⟨ ⟩で表す（集合平均または時間平均を採用）。u_i、p の平均量をそれぞれ$U_i \equiv \langle u_i \rangle$、$P \equiv \langle p \rangle$、変動量をそれぞれ$u_i'$、$p'$で表すと、瞬時の物理量は次のようにレイノルズ分解される[8]。

$$u_i = U_i + u_i' \qquad p = P + p' \qquad\qquad \cdots(10)$$

また、平均量、変動量の定義より次の関係が成り立つ。

$$\langle u_i' \rangle = 0 \qquad \langle p' \rangle = 0 \qquad \langle U_i \rangle = U_i \qquad \langle P \rangle = P \qquad \cdots(11)$$

まず、乱流場の連続の式を導こう。(6)式の両辺に平均操作を施すと次式を得る。

$$\frac{\partial U_i}{\partial x_i} = 0 \qquad\qquad \cdots(12)$$

さらに、(6)式に(10)式を代入し(12)式を用いると次式を得る。

$$\frac{\partial u_i'}{\partial x_i} = 0 \qquad\qquad \cdots(13)$$

これより平均速度も変動速度も連続の式を満たすことが分る。

次に、NS 方程式(8)式にレイノルズ分解(10)を代入し（$f_i = 0$ と仮定）、平均をとり(11)式を使うと次式を得る。

$$\rho\left(\frac{\partial U_i}{\partial t} + \frac{\partial U_i U_j}{\partial x_j} \right) = -\frac{\partial P}{\partial x_i} + \mu \frac{\partial^2 U_i}{\partial x_j \partial x_j} + \frac{\partial(-\rho\langle u_i' u_j' \rangle)}{\partial x_j} \quad (i = 1,2,3) \quad \cdots(14)$$

これはほぼ NS 方程式と同じだが、末尾にレイノルズ応力と呼ばれる変動速度の相関を含む項が加わる。(14)式をレイノルズ方程式あるいはレイノルズ平均 Navier-Stokes（RANS）方程式と呼ぶ。また、(13)式の導出と同様にするとu_i'に関する方程式を得る（添え字を k に変更）。

$$\rho\left(\frac{\partial u_i'}{\partial t} + \frac{\partial u_i' U_k}{\partial x_k} + \frac{\partial U_i u_k'}{\partial x_k} \right) = -\frac{\partial p'}{\partial x_i} + \mu \frac{\partial^2 u_i'}{\partial x_k \partial x_k} + \frac{\partial}{\partial x_k}(-\rho u_i' u_k' + \rho\langle u_i' u_k' \rangle)$$

$$(i = 1,2,3) \quad \cdots(15)$$

この(15)式に変動速度を掛け平均操作を施すとレイノルズ応力（変動速度の２重相関）や乱流運動エネルギーなどの方程式を導くことができる。なお、これらの方程式中には新たに 3 重相関項が現れるため、どこかの段階で高次の相関項を低次の相関項などで表現する"打ち止め"式が必要になる。以上のことからレイノルズ応力項を求めるため、様々な乱流モデルが存在することになる。次に RANS モデルの代表である$k-\varepsilon$モデルについて説明する。

（3）$k-\varepsilon$モデル（2方程式モデル）

レイノルズ応力項の最も代表的なモデルは、平均速度勾配と関連付けたブジネスクの渦粘性モデルである。

$$-\rho\langle u_i' u_j' \rangle = \mu_t\left(\frac{\partial U_i}{\partial x_j} + \frac{\partial U_j}{\partial x_i} \right) - \frac{2}{3}\rho k \delta_{ij}$$

この中でμ_t は渦粘性（乱流粘性）、$k = \langle u_i' u_i' \rangle/2$ は乱流運動エネルギーである。これを(14)式に代

入すると次式を得る。

$$\rho\left(\frac{\partial U_i}{\partial t} + U_j\frac{\partial U_i}{\partial x_j}\right) = -\frac{\partial}{\partial x_i}\left(P + \frac{2}{3}\rho k\right) + \left(\mu + \mu_t\right)\frac{\partial^2 U_i}{\partial x_j \partial x_j} \quad (i=1,2,3) \quad \cdots(16)$$

形式的には NS 方程式と同じであるが、この式を解くには μ_t を他の量で再表現しなければならない。$k-\varepsilon$ モデルでは、乱流運動エネルギー k と乱流運動エネルギーの散逸率 ε を用いた次の表現を採用する。

$$\mu_t = \rho C_\mu \frac{k^2}{\varepsilon}$$

ここで C_μ はモデル定数である。このモデルは k と ε を決定するため新たに 2 つの方程式を解く必要があることから 2 方程式モデルとも呼ばれている。k と ε の方程式は(15)式を利用し高次相関項をモデル化することにより導出される。

$$\rho\left(\frac{\partial k}{\partial t} + U_j\frac{\partial k}{\partial x_j}\right) = \frac{\partial}{\partial x_j}\left(\frac{\mu_t}{\sigma_k}\frac{\partial k}{\partial x_j}\right) + \mu_t\left(\frac{\partial U_i}{\partial x_j} + \frac{\partial U_j}{\partial x_i}\right)\frac{\partial U_i}{\partial x_j} - \rho\varepsilon \qquad \cdots(17)$$

$$\rho\left(\frac{\partial \varepsilon}{\partial t} + U_j\frac{\partial \varepsilon}{\partial x_j}\right) = \frac{\partial}{\partial x_j}\left(\frac{\mu_t}{\sigma_\varepsilon}\frac{\partial \varepsilon}{\partial x_j}\right) + C_{\varepsilon 1}\mu_t\frac{\varepsilon}{k}\left(\frac{\partial U_i}{\partial x_j} + \frac{\partial U_j}{\partial x_i}\right)\frac{\partial U_i}{\partial x_j} - \rho C_{\varepsilon 2}\frac{\varepsilon^2}{k} \qquad \cdots(18)$$

σ_k と σ_ε は乱流プラントル数、$C_{\varepsilon 1}$、$C_{\varepsilon 2}$ はモデル定数である。モデル定数の違いにより $k-\varepsilon$ モデルにもいくつか種類がある。

標準 $k-\varepsilon$ モデル　　$C_\mu = 0.09$　　$\sigma_k = 1.0$　　$\sigma_\varepsilon = 1.3$　　$C_{\varepsilon 1} = 1.44$　　$C_{\varepsilon 2} = 1.92$

RNG $k-\varepsilon$ モデル　　$C_\mu = 0.085$　　$C_{\varepsilon 1} = 1.42$　　$C_{\varepsilon 2} = 1.68$

（4）LES

　LES は、物理量のフィルター操作により計算格子サイズのグリッドスケール（GS）とそれ以下のサブグリッドスケール（SGS）に分け、SGS 項のみをモデル化（粗視化）する方式である[9]。フィルター操作は物理量にフィルター関数を掛けて体積積分するもので、これを $\langle\ \rangle$ で表す。矩形波で表されるトップハット・フィルター関数を使った場合、フィルター操作は格子内の空間平均に相当する。(8)の NS 方程式の両辺にフィルター操作を施すと次式を得る。

$$\rho\left(\frac{\partial\langle u_i\rangle}{\partial t} + \frac{\partial\langle u_i u_j\rangle}{\partial x_j}\right) = -\frac{\partial\langle p\rangle}{\partial x_i} + \mu\frac{\partial^2\langle u_i\rangle}{\partial x_j \partial x_j}$$

これを変形すると、

$$\rho\left(\frac{\partial\langle u_i\rangle}{\partial t} + \frac{\partial\langle u_i\rangle\langle u_j\rangle}{\partial x_j}\right) = -\frac{\partial\langle p\rangle}{\partial x_i} + \mu\frac{\partial^2\langle u_i\rangle}{\partial x_j \partial x_j} + \frac{\partial}{\partial x_j}\rho(\langle u_i\rangle\langle u_j\rangle - \langle u_i u_j\rangle)$$

$$(i=1,2,3) \quad \cdots(19)$$

となる。特に、$\tau_{ij}^s \equiv -\rho(\langle u_i u_j\rangle - \langle u_i\rangle\langle u_j\rangle)$ を SGS レイノルズ応力と呼び、モデル化の対象部分である。SGS レイノルズ応力の代表的なモデルは次のスマゴリンスキーモデルである。

$$\tau_{ij}^S = \mu_t \left(\frac{\partial \langle u_i \rangle}{\partial x_j} + \frac{\partial \langle u_j \rangle}{\partial x_i} \right) + \frac{1}{3} \rho \tau_{kk}^S \delta_{ij}$$

この中の SGS 渦粘性 μ_t は、GS のひずみ速度

$$\langle S_{ij} \rangle \equiv \frac{1}{2} \left(\frac{\partial \langle u_i \rangle}{\partial x_j} + \frac{\partial \langle u_j \rangle}{\partial x_i} \right)$$

を用いて、

$$\mu_t = C_S^2 \rho \Delta^2 (\langle S_{ij} \rangle \langle S_{ij} \rangle)^{1/2}$$

で与えられる。ここでは C_S モデルパラメータ、Δ はフィルター幅のスケールである。

LES は、空間領域のみフィルター操作し時間領域は何もしないことから、GS における非定常流れのシミュレーションになっている。

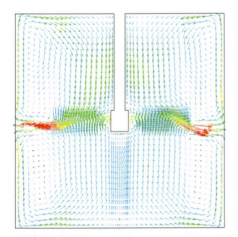 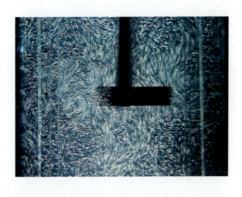

図5 撹拌槽内の流れ（左：$k-\varepsilon$ モデルによる CFD 結果、右：可視化写真）

（5）乱流モデルの選択について

乱流モデルは、流れ場の何を明らかにするかを明確にすれば自ずと決まる。化学装置設計ではマクロなフローパターンの把握が基本になるであろう。この場合は RANS モデルの中から $k-\varepsilon$ モデルを選択すべきであろう。計算負荷も小さいのでケーススタディも容易である。但し、撹拌槽内は方向によって変動速度の大きさが異なる非等方性乱流であるといわれており、非等方性を表現できるレイノルズ応力輸送モデルの利用も考えられる。

LES の普及は進んでいるが、渦構造を捉えるため格子数も多く、本質的に非定常計算であるため時間刻み幅も小さくとる必要がある。このことから、必然的に計算負荷が大きくなることに注意しなければならない。また、LES の結果を利用して平均量を求めるためには膨大な非定常データを保存・処理しなければならないため、目的を明確にして使用すべきである。

なお、RANS モデルによる計算結果に対して違和感を持つ人が多い。可視化実験の流れと大

きく異なるためである。乱流モデルの結果は平均場を示し流れの可視化は瞬時場を示すため直接比較はできない（図5）。RANSモデルを使うメリットは、従来の可視化実験では捉え難かった平均場のフローパターンを容易に得ることができる点である。逆に、LESは図5の可視化写真と類似した計算結果を与えるともいえる。

4. CFDの重要キーワード

ここではCFDを使う上で重要になるキーワードを4つ示す。詳細は適切なCFDのテキスト[5),9),14)]を参照されたい。

（1）有限体積法(Finite Volume Method / FVM)

偏微分方程式の行列方程式への変換を"離散化"と呼ぶ。CFDで使われる離散化法には、"有限差分法(FDM)"、"有限要素法(FEM)"、"有限体積法(FVM)"の3手法があるが、ほとんどのCFDコードはFVMを採用している。FDM、FEMは(4')式に代表される微分方程式を直接・間接的に離散化する方法であり、FVMは(2)の積分形保存則に基づきその積分領域を直接分割する、あるいは格子分割した領域に積分形保存則を適用するのである。長々と保存則について説明した理由がここにある。初期のFVMコードはデカルト座標系を直交分割するような矩形格子しか使えなかったが、現在では多面体格子[14)]が使えるようになっている。

（2）風上差分法

NS方程式や乱流モデルの方程式、流れの影響を受ける輸送方程式は次の形式を備えている。

$$[時間微分項] + [対流項] = [粘性項] + [生成項] \qquad \cdots(20)$$

この中で、最も重要かつデリケートなものは流れの影響を表す対流項である。風上差分法とは対流項の離散化法のことであり、流れの上流側（風上）の影響を受けるとする離散化スキームである[10)]。精度の高い流れ場を求めるための重要なキーワードの一つである。現在の商用コードでは2次精度の風上差分法が標準的に使われ、問題によってはさらに精度の高い3次精度を用いる。また、収束が難しい問題では初期に1次精度の風上法を採用することもある。

（3）乱流モデルの境界条件

粘性流体の壁面上における速度は0である（CFDではNo-Slip境界条件と呼ぶ）。これは層流／乱流に関わらず成り立つが、壁面上では速度勾配が大きく粘性抵抗の主要部分であるため、境界条件の扱いが重要になる。特に乱流では、壁面から離れると急激に速度が増し、乱流境界層の構造も複雑であることが知られており[11)]、この部分のCFDでの考慮も必要になる。RANSモデルでは境界層も含め計算格子は比較的粗い。このため、乱流時の境界条件として、実験的に知られている"対数速度分布"を適用する場合が多い。なお、最近の商用ソフトウェアでは精度を高めるため壁面に平行な境界層メッシュを自動的に生成できるようになっている。

（4）スライディングメッシュ法／複数参照座標法

一般の撹拌槽は円筒槽内には撹拌翼（回転座標系）とバッフル（静止座標系）が設置されている。このため、撹拌槽内の流動シミュレーションでは、撹拌翼が時々刻々移動するスライディン

グメッシュ(SM)法と、見かけ上撹拌翼が回転しない複数参照座標(MRF)法に分けられる。前者は必然的に非定常解析であり後者は定常解析である。SM 法を採用する場合、少なくとも撹拌翼を 10 回転以上回す必要がある。

5. おわりに

　本章は数式ばかりと感じた方も多いことであろう。しかし、商用ソフトウェアのマニュアルはさらにハードルが高いと考える。頁数が膨大であり、途方に暮れる人も多いのではないかと思う。このような CFD ソフトを使いこなすためには、マニュアルを読むのではなく、その骨格である基礎方程式を理解する方が近道と考えた次第である。そのためにもできるだけ手を動かし数式を導出して頂きたい。従って、CFD のテキストやマニュアルと同時に乱流のテキスト [6),12),13)] を読むことをお勧めしておく。皆様が基礎方程式を理解され、CFD を有効利用されることを期待したい。

参考文献

1) 化工会監修；「最新ミキシング技術の基礎と応用」三恵社，(2008) p.126

2) 白鳥ら；「工学シミュレーションの品質保証と V&V」丸善出版，(2013) p.21

3) URL；http://www.jsme.or.jp/cee/cmnintei.htm

4) 村田，名取，唐木（共著）；「大型数値シミュレーション」岩波書店，(1990) p.2

5) パタンカー；「コンピュータによる熱移動と流れの数値解析」森北出版，(1985) p.15

6) Tennekes H. and J.L. Lumley; A First Course in Turbulence, MIT Press,(1970) p.1

7) 数値流体力学編集委員会編；「乱流解析」東京大学出版会，(1995), p.2

8) 中村，大坂（共著）；「工科系流体力学」共立出版，(1985) p.141

9) ファーツィガー，ペリッチ（共著）；「コンピュータによる流体力学」シュプリンガー東京，(2003) p.269

10) パタンカー；「コンピュータによる熱移動と流れの数値解析」森北出版，(1985) p.82

11) 中村，大坂（共著）；「工科系流体力学」共立出版，(1985) p.161

12) 木田，柳瀬（共著）；「乱流力学」朝倉書店，(1999)

13) Pope S.B.; Turbulent Flows, Cambridge Univ. Press，(2000)

14) Moukalled F., et al.; The Finite Volume Method in Computational Fluid Dynamics, Springer, (2015) p.137

第8章　流体混合機構の新しい考え方

井上　義朗

（元　大阪大学）

1. ミキシング現象はなぜ分かりにくい？

　ミキシング（流体混合）は，流体移動によって誘起される現象であるが，たとえ層流であっても非定常流れであれば，その混合パターンは速度分布形と著しく異なる．しかし，近年のCFD技術を援用すれば混合パターンを計算すること自体は容易である．それにもかかわらず，混合パターンと速度分布形状との関係を明快に言葉で説明することは難しい．静かな水面に浮かぶ油膜面の虹色模様を見ていると，その形の複雑さだけでなく，下の水層とは明らかに異なる模様の動き方に違和感を覚えたことはないであろうか．ミキシング現象で注目すべきもう1点は，ある程度時間が経過した後の混合パターンの形は，初期濃度パターンにほとんど依存しないことである．このことは，混合流れ場には速度分布だけで決まる固有の混合パターンが隠されていることを強く示唆している．

　分子拡散効果を無視したマクロ混合のモデル過程として，分割，置換，せん断，膨張・圧縮などの各素過程が考えられてきた [1]．しかし，それらによって着目する微小流体塊の次の瞬間における形状がわかったとしても，必ずしもその場所における流体混合を理解することには繋がらない．何故なら，流体混合では着目地点付近の流体塊を構成する各流体粒子が，混合開始時のどこから来たかを知ることが最も重要だからである．「混合パターンの変化」と「流体物質の変形・移動」を同一視することなくミキシング現象を正しく捉えるためには，どのような視点に立てばよいかということについて考えてゆく．

2. 時空相空間でミキシング現象を捉える

2.1 流通型流れ系における潜在的混合パターン

　図1は，x-z の2次元平面内を z 軸の左側から右側へと流れる非定常流れ (Hama Flow [2, 3]) における7本の流脈線を描いたものである．非定常流であるため，流跡線や流線のパターンはこれと全く異なる形を示す**[注1]**．いま左端 ($z = 0$) の $x \leq 0$ の部分から流入する流体のみが着色されている場合を考えると，$z \geq 0$ の下流で見られる混合パターンの輪郭線は，$x = z = 0$ 点から伸びる太線で示した1本の流脈線の形と一致することは明らかであろう．よってこの流れ系における潜在的混合パターンの輪郭線はこれら流脈線であることがわかる．このときの初期パターンの役割は，単に潜在的混合パターンを表す無数の流脈線の中のどれを，実際の混合パターンとして顕在化させるかを決める二次的役割を果たすにすぎないともいえる．

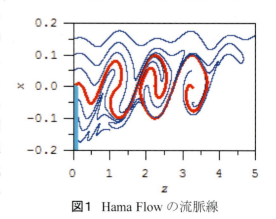

図1　Hama Flow の流脈線

2.2 閉鎖空間内の流れ系における潜在的混合パターン

流通系流れにおける流脈線と混合パターンとの関係をそのまま閉鎖系内の混合流れに適用することはできない．**図2**は $|x|, |y| \leq 1$ の2次元閉鎖空間内の非定常渦状流れにおける混合パターンと流脈線であり，速度分布は全て同じである．初期パターンが (a-1) では左右に，(a-2) では上下に半分ずつ白と黒で色分けされたとしたときの，3周期後における混合パターンである．このように初期パターンが大きく異なるにもかかわらず，両混合パターンはよく似ていることがわかる．(b) は $x_0 = 0.3$, $y_0 = 0.5$ を始点として伸びてきた流脈線の形であるが，混合パターンと比

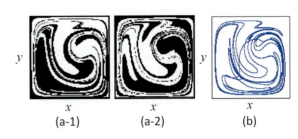

図2 (a) 混合パターン：初期パターンでは (1) 左右色分け, (2) 上下色分け；(b) 流脈線

べると形が少し似ている．ただし，流脈線が伸び始めた初期段階では交差している部分が存在する（その理由については後ほど説明する）．この閉鎖系内流れにおける流脈線と混合パターンとの類似性の理由を，先の **2.1** で述べたのと同様の方法で説明することはできない．

そこでまず，x-y の2次元座標空間内の混合流れを，x-y-t の3次元時空相空間内流れとして捉え直すことにする [4, 5]（x-y-z の3次元座標空間内の混合流れ系に対しても以下と同様の考察が可能であるが，そのときの時空相空間は x-y-z-t の4次元空間となるため，そのままでは直接視覚化することはできない）．

この時空相空間内で1個の流体粒子が動いたときの流跡線を描くと，たとえ非定常流れであっても，その軌跡は静止した曲線のように表示される．このとき座標空間内の1点 $r_0 = (x_0, y_0)$ を $t \geq t_0$ の期間に次々と通過する流体粒子が描く流跡線群の全体は，この時空相空間内では**図3**に示したような一枚の曲面（以後これを「流脈面」と呼ぶことにする）を形成するが，その曲面を $t = t_\text{obs}$ の時間一定面で切断したときの断面内曲線が，時刻 t_0 から伸び始めた流脈線を時刻 t_obs において観測したときに見られる流脈線である．この3次元時空相空間内の流脈面をよく見ると，**2.1** で述べた2次元流通系流れの流脈線と同じような役割をはたしていることがわかる．すなわち**図1**の z 軸の役割を**図3**では t 軸がはたし，流脈面が3次元時空相空間内における混合パターンの輪郭を近似的に表現しているのである．したがって，この流脈面を $t = t_\text{obs}$ の時間一定面で切断したときの断面内曲線である流脈線もまた，混合パターンの輪郭線形状を近似的に表現するといえる．このように，流通系であるか閉鎖系であるかにかかわらず，流脈線は混合パターンの輪郭線を近似的に表現することができるのである．しかしこの議論は，後の **3.2** で述べるようにもう少し精密化する必要がある．

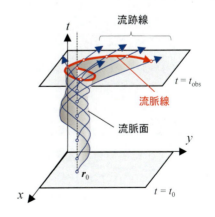

図3 時空相空間における流脈面

3. 潜在的混合パターンの変化速度ベクトル v^* とその可視化

3.1 パターン変化速度ベクトル v^* の定義

　潜在的混合パターンの形が流脈線で近似できるとすれば，混合パターンの変化速度はその流脈線の先端部における伸び速度と考えるのが自然であろう．そこで，混合開始時刻 t_{ini} に r_0 点から伸び始めた１本の流脈線を考え，時刻 t での先端位置を r とすると，その時に先端部が移動する速度は次式によって表現できる [4, 5].

$$v^*\left(t; r_0, t_{ini}\right) \equiv \lim_{\Delta\tau\to 0} \frac{r\left(t; r_0, t_{ini} - \Delta\tau\right) - r\left(t; r_0, t_{ini}\right)}{\Delta\tau} = -\frac{\partial r\left(t; r_0, t_{ini}\right)}{\partial t_{ini}} \quad (1)$$

このように定義された Lagrange 的なパターン変化速度ベクトル $v^*(t; r_0, t_{ini})$ は [**注 2**]，この１本の流脈線上では定義できるが，流脈線が通らないところでは定義できないという欠点をもっている．さらに交差部が生じ得るということも大きな問題である．

　任意の時刻 $t\ (\geq t_{ini})$ と任意の場所 r および混合開始時刻 t_{ini} をあらかじめ指定しておけば，その現在位置 (r, t) にある流体粒子が混合開始時刻 t_{ini} に存在した位置 r_0 を逆算によって求めることができ，この (r, t, r_0, t_{ini}) の値の組を用いれば，式 (1) から着目地点 (r, t) におけるパターン移動速度 $v^*(r, t; t_{ini})$ を計算で決めることができる．初めに定義した Lagrange 的な速度ベクトル $v^*(t; r_0, t_{ini})$ との違いは，新しい $v^*(r, t; t_{ini})$ では各位置 r ごとに始点位置 r_0 の異なる流脈線を用いている点と，これが Euler 的な速度ベクトルになっているということにある．

　この定義から明らかなように，このパターン変化速度ベクトル $v^*(r, t; t_{ini})$ は，実在の流体粒子の移動速度を表すものではない．実際，時空相空間内の位置 (r, t) と流体速度ベクトル場 $v(r, t)$ が同じであっても，混合開始時刻 t_{ini} の想定の仕方によってこの速度ベクトル $v^*(r, t; t_{ini})$ の値が異なるからである．このような多価性を有する $v^*(r, t; t_{ini})$ の速度場が通常の流体速度ベクトル $v(r, t)$ の場と異なることを示すもう一つの特徴は，もとの v の流れ場が非圧縮性流体によるものであっても，新しい混合パターン変化速度ベクトル v^* の場は，一般に非圧縮性条件の $\mathrm{div}\, v^* = 0$ を満たさないことである（流体混合と $\mathrm{div}\, v^*$ の値との間の意外な関係については後の **3.5** で述べる）．ただし，流れが定常であれば $v^* = v$ となって両速度ベクトルは一致する．

　この Euler 的パターン変化速度ベクトル $v^*(r, t; t_{ini})$ には，$t \geq t_{ini}$ の半空間でのみ定義されるという制約はあるものの，通常の Euler 的流体速度ベクトル場 $v(r, t)$ の場合と同様に，その空間内での流跡線，流線，流脈線などを計算することができる．以下ではそれらが示す諸特性について考察する．

3.2 v^* を用いた流脈線パターン

　図 4 は３周期前を混合開始時間 t_{ini} とした場合のパターン変化速度ベクトル $v^*(r, t; t_{ini})$ を用いて計算した $x_0 = -0.3$，$y_0 = 0.0$ から伸びる１本の流脈線の図 であるが [4]，その形は**図 2**(a-1), (a-2) の混合パターンの輪郭線形状と極めてよく似ており，交差部もないため潜在的混合パターンとしての役割を十分に果たしていることがわ

図4 v^* による流脈線

かる.

図2(b) に示したような，流体の速度 $v(r, t)$ を用いて計算した通常の流脈線には交差部が生じ，それを潜在的混合パターンと見なすには問題があったのは，その流脈線上の各位置 r ごとに，混合開始時間の異なる潜在的混合パターンが表示されたためである．しかし，v^* を用いた新しい流脈線上の各位置では，同じ混合開始時間 t_{ini} に対する潜在的混合パターンだけが表示されるため，交差部は生じ得ないのである（交差部が生じれば解の一意性に反することになる）．

初期混合パターンの輪郭線上にある全ての流体粒子の動きを把握すれば，その後の混合パターンの時間変化が正確に表現できることは明らかである．逆に言えば，潜在的混合パターンが存在するということは，個々の流体粒子の挙動を知らなくても，混合パターンの概略がわかるということを意味している．たとえて言えば，巨大迷路内の入場者の分布状態は，個々の入場者の動きをすべて追跡しなくても，迷路の壁の配置形状がわかれば，おおよその空間分布の形が把握できることと同じである．そしてその迷路の形を知るためには，一列に並んで移動する入場者の列形状に着目すればよく，その列の形を表しているのが v^* の流脈線である．ただし，迷路への入場時間すなわち混合開始時間 t_{ini} が異なるごとに，その時に入場した人達が作る行列の形，すなわち流体粒子が感じる迷路の壁（v^* の流脈線）の形が異なって見えることに注意する必要がある．v^* のベクトル場が持つ多価性がここにも現れているといえる．

時空相空間内の混合開始時刻 t_{ini} に対応する時間一定面上の任意の空間位置 r_0 からは，$t \geq t_{\text{ini}}$ 方向に伸びる v^* による流脈面が存在するが，それら無数の流脈面の全体が時空相空間内での巨大迷路における，混合開始時刻 t_{ini} の流体粒子（入場者）が感じる壁の役割を果たしているのである．同じ時刻 t_{ini} から出発するどの流体粒子もこの壁と交差することができないのは，解の一意性に反することになるからである．

3.3　v^* を用いた流跡線パターン

図5 はパターン変化速度ベクトル v^* を用いて計算された4本の流跡線であるが [4]，その形は混合パターンや v^* の流脈線の何れとも異なる形をしている．流体速度ベクトル v を用いて計算された通常の流跡線と比べても屈曲が異常に激しく，その速度ベクトルの大きさは通常の v の値の数千倍以上に達する場所も多く見られる．また v^* の流跡線の始点をごく僅かずらしただけで，その後の流跡線の形は著しく異なってくる．このような異常ともいえる挙動を示す流跡線群であるが，それらが集まって生み出す混合パターン変化速度 v^* や潜在的混合パターンの形を表す

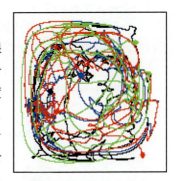

図5　v^* による流跡線

v^* の流脈線を計算する際には，最も基本的な構成要素となる曲線であることを忘れてはならない．混合パターンというものは，たとえ混合パターンを構成するときの主役となるパターン粒子であっても，このような1個の粒子の運動軌跡だけからでは表現できないものなのである．

3.4 v^* を用いた流線パターン

v^* を用いて計算された個々のパターン粒子の流跡線が**図5**のような不思議な曲線形を描くとすれば，このような v^* を用いて計算される流線パターンも当然複雑極まりないものと予想されるであろう．しかし実際に計算してみると，**図6**(a) のようにやや複雑な形をしているとはいうものの，ある種のまとまりをもった流線パターンを示すのである [4]．その中で多くの流線が集まってくる部分の形は，混合パターンや v^* から計算された流脈線の形とよく似ている．この図には始点の異なる 400 本の流線が描かれているが，それらの形状は共通の曲線状部分に集まってくる流線群，共通の曲線状部分の近傍から離れてゆくように見える流線群，さらにそれらの何れにも属さない大部分の流線群の 3 種類に大別される．これらを**図2**の混合パターン図と比較すると，多くの流線が収束あるいは分岐するときの根元となる集積部分には，細かい混合パター

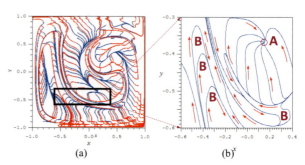

図6　v^* による流線の (a) 全体図と (b) 一部分の拡大図

ンの縞模様が見られ，時間経過とともにその厚みが徐々に成長してゆくのが確認できる．よって，そこは新しい混合パターンが時々刻々と創り出されている場所と考えられる．それ以外の大部分の流線パターン領域では，他の領域で生成された混合パターンの縞模様や初期パターン由来の輪郭線の残骸が，単に搬送されているだけの部分と考えられる．

図6(b) は流線が集まっている局所部分だけを拡大したものであるが，1 本の収束線のように見えた部分が，実は互いに逆向きに伸びる多くの流線の集まりであることがわかる．また図中の A 点には多くの流線が集まって来るが，B 点付近では流線が急激に折り返されていることもわかる．このような形状は，非圧縮性流体における穏やかな層流条件下の流線パターンでは決して見られないものである．このことからも v^* による速度ベクトル場の特異性がわかるであろう．

v^* の流線パターンにおける個々の流線の形は，その場所における潜在的混合パターン構成要素であるパターン粒子が動くときの，"動的パターン"としての局所移動速度ベクトルの空間分布図といえる．これに対して v^* の流脈線パターンは，混合パターンを構成する無数のパターン粒子が一体となって生み出す，潜在的混合パターンにおける"静的・幾何学的な形状"を表す図と解釈できる．

3.5 潜在的混合パターン表現の多様性

速度ベクトル $v(r,t)$ だけから計算できる潜在的混合パターンの形は，v^* の流脈線パターンだけで表現されるとは限らない．もともと潜在的混合パターンという概念は緩やかなものであり，一意的にその形が決められる性質のものではないからである．

先に述べたように v^* の速度場では，一般に $\mathrm{div}\, v^* = 0$ は成り立たない [4]．ただし，固体壁で囲まれた混合領域全体で $\mathrm{div}\, v^*$ の値を面積積分すると，Gauss の発散定理を適用することに

より周囲の固体壁に沿った v^* の線積分に変換できるが，固体壁上では常に $v^* = 0$ であるため，その積分値はいつも零となる．そのため div v^* の総量は，混合領域全体としては常に正と負の値が打ち消し合って零となる．これは速度 v^* で動くパターン流体とでもいうべき仮想的な流体自体は非圧縮性ではないが，その総量は一定であることを意味している．

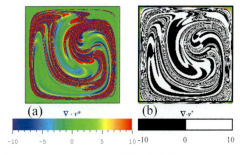

図7 (a) div v^* の空間分布図と (b) その2値化図

図7(a) は div v^* の値の空間分布に関する濃淡図であるが，その形はどこか混合パターンに似ている．そこで div v^* の正の部分を白，負の部分を黒に2値化して描き直したのが**図7(b)**である．これを見ると，**図7(b)**と**図2**の混合パターン図や**図4**の v^* の流脈線パターン図との類似性が一層際立って見えるであろう．よって，div $v^* = 0$ の曲線もまた潜在的混合パターンの輪郭線形状を近似的に表現するといえるのである．

x-y-z の3次元座標空間内における潜在的混合パターンを計算する場合，着目時刻 t に空間内の各場所 r_0 から伸びる v^* の流脈線を多数計算すれば，原理的にはそれらの包絡面として，時刻 t における潜在的混合パターンを表す曲面を得ることができる．しかし実際には，これら流脈線群の一部では向きが真逆の曲線が密集する部分が現れるため，正しい包絡面を構成することが困難になる．このような場合においても，div $v^* = 0$ となる箇所のみを（正しい順序で繋ぐことをしなくても）単に並列的にプロットするだけで潜在的混合パターンの近似曲面が得られるため，div $v^* = 0$ を潜在的混合パターンの実用的な計算法として利用することができる．

もともと潜在的混合パターンを考える際には，初期パターンの輪郭線というものを想定していないため，その流れ場には他の流体部分と区別できる静的特性を持つ流体塊や流体粒子の存在は仮定していない．よって，このような同質的流体だけを用いて潜在的混合パターンの形というものが，はたして表現可能なのかという基本的な疑問が生じる．色や成分などの静的特性では区別できないとすれば，それらが区別できるものは流体粒子が示す動的挙動の違いであろう．ここで"速度斑"という概念が考えられる．div v^* が正であれば発散，負であれば収束としての物理的意味があることから，div $v^* = 0$ となる曲線部分は発散と収束の境目を意味している．さらに，**図7(b)**からもわかるように，その値の正負反転は非常に狭い空間範囲で急激に幾度も起こるのである．並進流れや単純せん断流れでの速度分布では，このように正負の値が狭い範囲内で幾度も急激に反転することはない．正負の境界としての div $v^* \approx 0$ の値を示す部分は，パターン流体の動きにおける，ある種の"つまずき現象"が起こっている場所と考えることができる．たとえて言えば，大勢の群衆が大通りを行進しているとき，その中のある数人がつまずけば，その影響はたちまち周囲の群衆が動く速度よりも速い速度で周囲に伝播し，群衆全体の動きの中にある種の動的模様を生じさせるのと同じである．

これらの例からもわかるように，ミキシング現象には微妙に異なる三つの速度が関係していると考えられる．第1の速度は混合現象がその中で行われる媒体としての流体自身の通常の速度 v (r, t) であり，第2はこれまで説明してきたパターン粒子の移動速度 $v^* (r, t; t_\text{ini})$ である．そして

第3はパターン粒子全体が集団として動くときに見られる，形という全体像（ある意味では幻覚とでもいうべき形）の時間変化に関する見かけの速度である．第3の速度の様相は v^* による流脈線や流線における形の時間変化としてある程度は推測することができるが，それ以上にはなかなかイメージしにくい概念である．特に，v^* による潜在的混合パターンといえども，パターンの輪郭線に沿ったパターン粒子の運動によってのみ潜在的な混合パターンが形成されると考える先入観に捕らわれている限り，$\mathrm{div}\, v^* = 0$ によって表される潜在的混合パターンの本当の意味を理解することは難しいといえる．

対流混合効果として考えられるものには少なくとも3つの形態がある．第1は，着目流体の分布範囲の拡大による混合効果であり，海底油田からの原油流出などがその例である．第2は，初期混合パターン中に既に存在していたパターン境界線の単純な移動や変形による見かけの混合的効果である．そして第3が対流混合作用によって新たに創生される混合パターンとしての混合効果である．実際には，第2と第3の混合作用を厳密に区別することは難しいが，混合開始時のパターンが全く異なる2つの初期状態からの同じ流れ場での混合パターン図を比較したとき，しばしば同じ時刻の同じ場所に全く形状の異なるパターン境界線が現れる場合があり，それが第2の見かけ上の混合効果を表す場所と考えられる．本章において流体混合機構の主な考察対象としてきたのは，最後の第3の型の潜在的対流混合効果についてである．

4. 流体混合とカオス力学系および黄金周期比条件
4.1 流体混合とカオス力学系

カオス力学系の特徴の一つは初期値鋭敏性である．この種の力学系のように個々の流体粒子の初期位置や初速度のごくわずかな違いが，その後の流体粒子の動的挙動に大きな違いをひき起こす系では，個々の流体粒子がそれぞれ複雑な運動軌跡を描きやすいため，その結果として系全体の混合パターンも複雑化して，良混合状態が出現しやすいと考えられている．

しかしこの推論には慎重に考えるべき2つの問題点がある．初めにも述べたように，非定常混合流れ場では流体粒子の運動軌跡と混合パターンとの関連性は極めて低いということである．もう一つの問題点は，先にも述べたように混合パターンは数個程度の流体粒子の運動軌跡を調べるだけでは把握できず，後の **4.3** でも述べるように，混合開始時に所定の関係にあった無数に近い流体粒子に関する相互位置関係の集団的時間変化を調べる必要があるということである．カオス力学系理論を流体混合現象に適用する場合の難しさの一つはここにあるといえる．

4.2 運動周期における黄金比条件が流体混合に及ぼす効果

非定常の混合流れが，定常流れと時間的に周期変化する摂動流れに分離できる場合，定常流部分の平均循環周期 T_ave と摂動流部分の周期 T_p との比 $T_\mathrm{ave}/T_\mathrm{p}$ が黄金数 $\phi \equiv (1+\sqrt{5})/2 = 1.6180\cdots$ またはその逆数に近い値をとるとき，流体混合効果が特に良くなることが実験や数値計算で確かめ

$T_\mathrm{ave}/T_\mathrm{p}=1/3$　　$T_\mathrm{ave}/T_\mathrm{p}=(1+\sqrt{5})/2=\phi$　　$T_\mathrm{ave}/T_\mathrm{p}=\sqrt{5}$

図8　周期比 $T_\mathrm{ave}/T_\mathrm{p}$ の違いによる混合パターンの変化

られている [6]．この周期比の値が無理数になれば，それだけで混合が良くなるというほど単純なものでないことも確認されている（**図8**）．このようなことが起こる理由として，黄金数 ϕ を連分数表示すればわかるように（**図9**），最も有理数近似しにくい無理数であることが挙げられる．周期比 T_{ave}/T_p を2つの既約な整数比として有理数近似した場合，分母の整数倍の周期をもつ流れとなる．しかし周期比が無理数であれば，時間が経過しても状態は完全に元に戻ることはなく，その位相差は時間経過とともに少しずつずれてくる．このときの位相のずれになんらかの系統性があれ

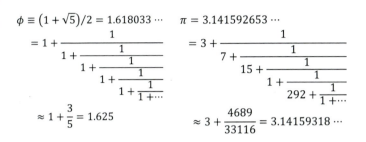

図9　黄金数 ϕ と円周率 π の連分数表示

ば，周期的あるいは非周期的な一種の唸り現象的な運動形態が現れることになる．しかし周期比が単なる無理数ではなく黄金数 ϕ であれば，明確な唸りを伴う非周期的運動ではなく，常に不協和音的な不規則に見える応答運動を示すと考えられる．したがって，このような周期比を持つ流れは，外部より印加された摂動に対して最も共鳴あるいは同期しにくい非定常流れであるといえる．

通常，外部から摂動が加えられたときに生じる共鳴や共振効果によって，その摂動振幅が時間とともに増幅される場合には，その割合が強いほど（撹拌装置や撹拌操作の安全性や安定性は別として）混合効果は大きくなると考えられる．しかしここでの黄金比条件は，摂動の"強さ"を同じとした場合に，その中で最も良い混合効果を惹き起こすような混合流れの"質"に関する条件と言える．しかし，この場合にもまたカオス混合系の場合と同種の問題点を孕んでいる．最も共振しにくい流れは一種の強い不協和音的な応答を示す流れ系であるため，個々の流体粒子はまとまりのないバラバラな非定常的運動軌跡を描きやすいと予想されるが，その場合でも，先に述べたのと同じく，非定常流れ場では流体粒子軌道と混合パターンとの関係が希薄であるということをどのように整合させるかという難しい問題点が残るからである．

4.3　カオス力学系における混合の鋳型

　流体混合現象と前述のカオス的流れ場における流体粒子軌跡や黄金比条件との関係を見るためには，個々の流体粒子の運動軌跡を調べるだけではなく，流体粒子群としての移動とその集合体の形の変化も見る必要がある．**図10**は2個の渦状流れにおける境界線が左右に周期的に時間振動する系での (a) 流

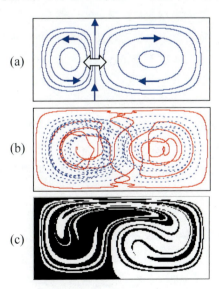

図10　(a) 流線，(b) 流跡線，(c) 混合パターン

線パターン，(b) 実線と破線で表示された 2 本の流跡線パターン，(c) 左右に色分けされた初期状態からの混合パターンである [7]．非定常流れであるため，**図 10 (c)** の混合パターンは (a) の流線や (b) の流跡線とは全く異なる形をしている．この系でも，定常流での一つの渦内の平均循環周期 $T_{\rm ave}$ と渦境界の振動周期 $T_{\rm p}$ との比 $T_{\rm ave}/T_{\rm p}$ が黄金数 ϕ に近い値をとる時に特に混合が良くなる．(c) の混合パターンにおける輪郭線の形は，下辺側の淀み点近傍から伸びる流脈線とほぼ同じ形をした不安定多様体と呼ばれる曲線（**図 11 (a)** における実線）の形に類似している．この系には上辺側にも淀み点があり，時間を逆行させたときにその淀み点の近傍から伸びる不安定

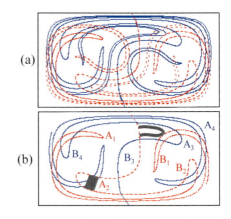

図11　(a) 安定(破線)・不安定(実線)多様体，(b) ターンスタイル・ローブとその内部での折り畳み変形

多様体と同じように振る舞う，安定多様体と呼ばれる曲線（**図 11 (a)** における破線）も存在する（こちらの曲線は実験で直接可視化することはできない）．この 2 本の曲線が渦境界近くで図のように無限回交差することによって，ターンスタイル・ローブと呼ばれる小さな面積領域（**図 11 (b)** における $A_n, B_n; n = 1, 2, \ldots$）が無限個形成される [7, 8]．その各面積は全て等しく，各ローブ内の流体は摂動周期である渦境界振動の 1 周期後には，$A_n \to A_{n+1}$, $B_n \to B_{n+1}$ のように，n 番目のローブ内から $n+1$ 番目のローブ内部へとそっくり移動することも分かっている．このローブの形は先に進むにつれて **図 11 (a)** のように細長く引き伸ばされ，やがて他のローブと交差する．ただし，同種の不変多様体同志が交差することはできないため，不安定（安定）多様体と交差できるのは安定（不安定）多様体だけである．重なり合った部分もやがては引き伸ばされて，他の異種ローブの一部と重なり合って同じような過程が幾度も繰り返されるのである．

このようなローブという窓を通じて，左右の各渦内の流体が摂動の 1 周期ごとに正確に左右で交換されるだけでなく，その摂動周期ごとに見るとこれら曲線は静止しているように見えるため，安定および不安定多様体の形やそれによって作られるローブは，一種の混合の鋳型と見なすことができる．しかしここにはもう一つの重要な流体混合作用が隠されている．1 本の不変多様体上にある流体粒子は 1 周期後にも必ず同種の不変多様体上にのみ移動することができるという制約（というより定義）がある．そのため 1 つのローブ内の流体が摂動周期ごとに移動するとき，たとえば **図 11 (b)** のローブ A_2 と A_3 の中に黒色で示した帯状部分が A_2 から A_3 に移動するとき，破線（実線）のローブの境界線上にある線分は常に同種の破線（実線）のローブ境界線上にのみ移動できることを考えれば明らかなように，ローブ内部では流体が折り曲げられざるを得ないことがわかる（$B_2 \to B_3 \to B_4$ へと移るときにも同様の折り曲げが行われる）．結局，ローブ間の移動やローブ自身の引き伸ばし，異種ローブ間の重なり，およびローブ内部での流体の折り曲げという 4 つの素過程が幾度も繰り返されることによって，複雑な対流混合作用が系全体で効果的に進行するのである．このような Smale の馬蹄形写像 [8] と呼ばれる流体の引き伸ばしと折り畳みの反復作用が，カオス的な混合効果を惹き起こす基本過程の一つであることはよく知ら

れた事実である. カオス力学系における流体粒子の運動軌跡と流体混合作用とを結び付けて論じる場合には, このように個々の流体粒子が描く軌道形の単なる複雑さを見る以上の視点と考察が必要になるのである. ただし, ここで述べた Melnikov 理論 [8] が適用できるのは 2 次元流れ系に限定され, またその流れ場中には少なくとも 1 個以上の不動点が存在する必要があるなどの制約条件があるため, 一般の混合流れ系にこの理論をそのまま適用することは難しい.

5. 終わりに

混合パターンそのものは一瞬のスナップショットであり, その一枚の図自身の中には時間の流れという概念は全く含まれていない. これに対して流体粒子軌道は, 時間経過の流れに沿った運動軌跡を表すものであり, 時間の流れとは不可分の関係にある. 通常, このように時間の流れの有無に関する性質が全く異なる概念を互いに関連づけて議論することは容易ではない (カオスとフラクタルの概念の間にも似たようなところがある). その意味では, 混合パターンと流体運動とを結びつけて考えることが常に要求される混合機構の解析は, いつも難しい課題を背負っているといえる. その場合にも潜在的混合パターンの変化速度ベクトル $v^*(r, t; t_{ini})$ という考え方は, 両概念を結びつける重要な役割をはたすものと期待される. 通常の流体速度ベクトル $v(r, t)$ を用いて計算された流跡線や流線パターンの形を見る限り, 一見何の変哲もない流れ場のように見えても, それをひとたびパターン変化速度ベクトル $v^*(r, t; t_{ini})$ を通して混合流れ場として見直してみると, 予想もしなかった複雑な構造が浮かび上がってくることも十分にあり得るのである. その意味で, 一部ではもう既に終わった古い工学とみなされがちなミキシング現象にも, まだまだ解明されるべき多くの課題が残されているといえるのである.

[注1] 流跡線, 流線, 流脈線の違い: 流跡線 (pathline) とは 1 個の流体粒子が一定時間内に動いたときの移動経路を表す曲線であり, 流線 (streamline) とは, ある瞬間における系内の速度ベクトルを滑らかにつないで得られる曲線であり, 流脈線 (streakline) は空間内の一点から一定時間のあいだに, 流体と同じ速度で動く着色液を流出させたときに得られる着色線パターンの瞬間図である.

[注2] Lagrange 的記述と Euler 的記述の違い: 流体運動に関する 2 つの記述法として, 特定の流体粒子だけに着目して, その運動状態を時間変数 t だけを独立変数として記述する方式と, 特定の場所を次々と通過する流体の運動状態に着目して, その位置 r と時間 t を独立変数として記述する方式がある. 前者を Lagrange 的記述, 後者を Euler 的記述と呼んでいる. ここではそのイメージの違いを踏まえて, パターン変化速度 v^* における定義の違いを感覚的に表現する用語として利用している.

引用文献

1) 化学工学会編; 化学工学便覧 (改訂六版) (1999) p.425
2) Hama, F. R. : *Phys. Fluids*, **5**, (1962) 644
3) J. M. Ottino : The kinematics of mixing: stretching, chaos, and transport, p. 25, Cambridge Univ.

Press (1989)

4）井上 ; 化学工学論文集, 42 (2016) 163

5）井上 ; 化学工学論文集, **41** (2015) 1

6）井上, 川添, 山田, 平田 ; 化学工学論文集, **40** (2014) 449

7）井上, 平田 ; 化学工学論文集, **25** (1999) 294

8）ウィギンス, S. ; 非線形の力学系とカオス, シュプリンガー・フェアラーク東京 (2000)

応用・実用化

第9章　用途別撹拌翼・撹拌装置の開発事例

吾郷　健一，加藤　好一
（佐竹化学機械工業株式会社）

はじめに

　化学工学をはじめ産業界において要求される撹拌目的は多様化しており，用途に適した撹拌装置・撹拌翼を検討する必要がある。すなわち，撹拌条件や撹拌用途が変われば全く異なる撹拌装置や撹拌翼が求められる。そのため当社ではさまざまな用途に応じて，自社独自に開発したサタケスーパーミックス®と呼ばれるインペラ群を開発・製品化している[1),2)]。**Fig. 1**にサタケスーパーミックス®のラインナップの一部を示す。実験による流動状態（フローパターン）の把握・解析と同時に，CFD（Computational Fluid Dynamics）との検証を行い，より信頼性のある撹拌装置・撹拌翼の提供を実現している。

　さまざまな用途が考えられる中で，本稿ではとくに水処理関連，培養関連，化学等その他の分野における研究開発事例を例にとり，紹介していきたい。

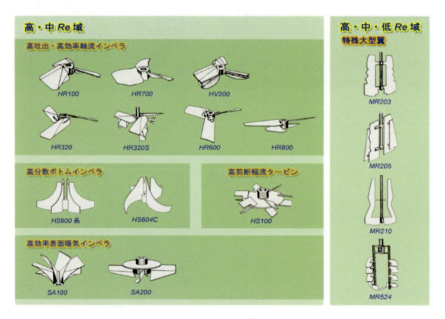

Fig. 1　サタケスーパーミックス®ラインナップの一部

1. 水処理分野（下水処理）

　水処理分野ではさまざまな工程があり，それぞれの目的に応じた撹拌装置が必要となる。サタケでは，水処理の各工程に応じて用途別開発を行った最適な撹拌装置・撹拌翼を検討し提供している。ここでは，水処理の中でもとくに下水処理で使われている撹拌装置や撹拌翼について紹介する。

1.1 嫌気槽：スーパーミックス® HR820 インペラ

生物反応槽である嫌気槽は，処理対象の排水を無酸素状態に保ち，その条件で活性する嫌気性微生物に汚濁物質を主にメタン，二酸化炭素などに分解させる。この嫌気槽で求められる撹拌作用は，槽内における液の流動化と，槽底部におけるスラリーの完全浮遊・均一分散化にある。特に，槽底部全域で 10 cm/s 以上の流速を担保しなければならない。これらの目的に対し，消費エネルギーに際限が無ければ容易なのだが，極めて低動力かつ効率的に達成させる要求を果たすため，各社が凌ぎを削っている。

この要求を満たし，尚且つ先行技術よりも大幅な低動力化（単位容積当りの消費動力：$Pv = 1$ W/m^3 以下）を達成するための撹拌翼及び諸条件の開発を進め，**Fig. 2** に示すスーパーミックス® HR820 インペラの製品化に至った。槽底部全域の流速を要求値以上に保つためには，槽底部コーナー流速と共に，撹拌翼下部中心付近の停滞部を改善することが重要である。そこで，航空機で用いられる高揚力装置のダブルスロテッドフラップ効果，さらに"しさ"などの絡みつきを防止すると共に，底部流速向上に寄与する主翼の湾曲構造，液流により翼先端角度がねじり下げられる効果を発揮する主翼平面形状など，過度なエネルギーを加えることなく流れの剥離を抑制し，軸方向に極めて高い吐出流を実現した。**Fig. 3 (a)**と**(b)** にそれぞれ 4 枚ピッチドパドル（4PP）と HR820 インペラによる翼背面における流れの剥離状況（シミュレーション結果）を示す。図より 4PP では流れの剥離が確認されるのに対し，HR820 インペラでは翼背面部に流れの剥離が起きず，エネルギー損失を抑制し吐出効率を向上させていることが分かる。

この撹拌翼は，最適取付位置の検討を組み合わせてシステム化し，液深が 5 m 程度の標準槽から液深が 10 m 程度の深槽まで幅広く採用され，その性能を発揮している。深槽をモデル化した PTV による流動解析と CFD シミュレーションの結果を **Fig. 4 (a)**と**(b)**にそれぞれ示す。軸方向に大きな吐出流が確認され，槽底部の流動が槽壁まで届き，大循環流が形成されていることが分かる。すでに多くの実績として稼働しており，実設備において Pv ＜1 W/m^3 で運用されている。

また，駆動装置を槽上に設置することでメンテナンス性にもすぐれている。

Fig. 2 スーパーミックス® HR820 インペラ

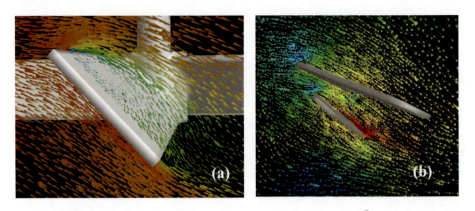

Fig. 3 (a) 4枚ピッチドパドル（4PP）と (b) スーパーミックス® HR820 の CFD シミュレーション結果

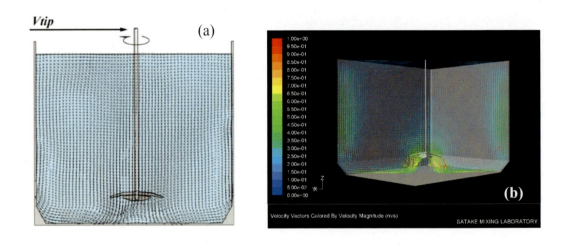

Fig. 4 HR820 を用いた深槽モデルの (a) PTV 流動解析と (b) CFD シミュレーションの結果

1.2　消化槽：スーパーミックス® RB ミキシングシステム

　多くの下水処理場では，消化槽内で発酵による汚泥の減容化を行い，その際に発生したメタンなどの気体を再生エネルギーとして再利用する嫌気性消化システムが導入されている。その消化槽においては安定した消化処理を行うため，汚泥を浮遊・分散させる撹拌作用が求められている。

　消化槽は大量の汚泥を処理するため，数千 m^3 にも及ぶ大型のものが多い。そのため，槽内の汚泥を撹拌させるには多大な撹拌エネルギーを必要とするが，再生エネルギーを生み出す消化槽において，消費するエネルギーが高いということは，技術として成り立たなくなることを意味する。そのため，極力低動力で実現しなければならない。また，この大容量消化槽を撹拌するだけではなく，"しさ"の絡みつき防止や，液表面におけるスカムの抑制，槽底部に堆積する砂分の

流動化，古い構造体に設置するための撹拌装置の軽量化など，求められる要求は多岐にわたる。これら要求の一部を解決することは容易であるが，低動力でこれら全てを実現することは極めて困難である。そこで，従来の撹拌方式から逸脱し，より消化槽に適した撹拌システムとして開発したのが，スーパーミックス® RB ミキシングシステムである。

　RB ミキシングシステムは，**Fig. 5 (b)** に示すように撹拌槽底部に設けた固定翼と槽上部に設置したパドル翼からなる独特な撹拌方式である[3]。まず，撹拌機が起動すると，槽壁を旋回しながら緩やかに槽底部に向かう下降流からなる大循環流を形成する。その後，槽中心部の槽底から液面に達する強力な竜巻上昇流を引き起こす。この一連の流れ作用により，きわめて高い槽内混合・均一分散性能を発揮する。**Fig. 6** に RB ミキシングシステムにおける CFD シミュレーションの結果を示す。これらの結果から，以上のようなことがあげられる。

- 低回転数で高濃度の粒子を均一分散させることができる。
- 撹拌翼で流体そのものを撹拌するわけではなく，旋回流を作りだすことで流体を流動化させているので，消費動力が低い。また，同様の理由で剪断作用が低い。
- 撹拌翼は液面付近に設置するため，軸が短くイニシャルコストが抑えられる。

　本特徴は，消化槽の多岐にわたる厳しい要求に応える"最適な撹拌方式"といえる。

　消化槽の底部に堆積する砂分は，RB ミキシングシステムにおける槽中心部の強い上昇流により流動化され，汚泥の停滞・堆積に対して高い抑制効果を発揮する。また，液面吸込みの能力が高く，上部投入に伴うスカム破砕にも絶大な効果をもたらす。

　短いシャフトや低動力化は，ランニングコストの低減と共にイニシャルコストの低減にも寄与する。"同じ性能を発揮する"という前提で，通常の撹拌方式と比べて大幅なコストダウンを実現した。

　なお，RB ミキシングシステムは均一性が極めて高い点や，剪断力が少ないという利点から，水処理分野以外でもバイオリアクターや晶析槽など，さまざまな分野への応用展開を進めている。

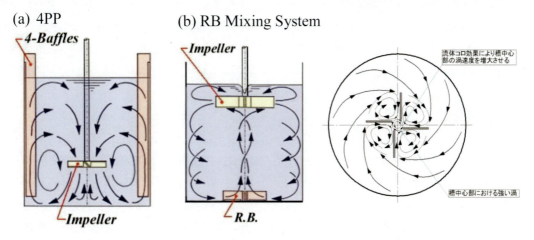

Fig. 5 (a) 4 枚ピッチドパドルと (b) RB ミキシングシステムの流動パターンの比較

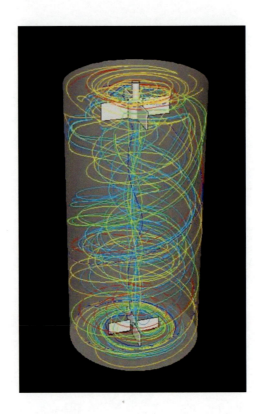

Fig. 6 CFD シミュレーションによる RB ミキシングシステムにおける円筒槽内のフローパターン（パスライン）

以上，水処理の開発例をあげてきたが，産業面から検討するとスケールアップが非常に重要になってくる。これらの開発に当たっては，ラボでの 20 L～200 L から，パイロットクラスの 10 m^3～50 m^3，実機レベルの 800 m^3～2000 m^3 と実験検証を進め，スケールアップファクターの確立を果たした。また，同時に CFD シミュレーションの検証も行うと言う非常に恵まれた環境での開発が進められたのも，装置開発を成功に導いた大きな要因であると判断している。CFD シミュレーションの検証では，同計算技術の向上・ノウハウの蓄積にも大きな成果が得られ，より確度の高い CFD シミュレーションの運用に役立っている。これらの技術により，精確で説得性のある撹拌システムをユーザーへ提案している。

2. 培養関連分野

培養分野でも，対象とする目的物によってその培養方法が全く異なる。また，要求事項も一つとは限らない。多大な動力と剪断作用を加え，より高い OTR（酸素移動速度）を実現するケースもあれば，均一分散したいが，細胞へのダメージを抑制するため低剪断が求められるケースなど，培養目的により相反する作用が求められる。ここでは当社で研究・開発を進めた微生物培養と動物細胞培養を例に，新しい撹拌技術について紹介する[4]。**Table 1** に培養関連分野におけるサタケスーパーミックス®の適用例を示す。

Table 1 各種培養におけるサタケスーパーミックス®の適用例

撹拌目的	サタケスーパーミックス®	機能
微生物培養	HS100, HS124ND, 134ND	高ガス吸収性能
	SATAKE Sparger	高分散スパージャー
動物細胞培養	MR210Bio	培養専用インペラ
	MRF Reactor	培養装置
	VMF/VerSus Reactor	次世代型培養装置
	SPG Filter	微細気泡導入

2.1 微生物培養：スーパーミックス® HS100 インペラ

微生物の培養を目的とした撹拌では，一般的に大量生産，大量培養が多く，要求される OTR（酸素移動速度）が高いことから，K_La（酸素移動容量係数）を向上させるために大量通気，大動力，高剪断作用が要求事項としてあげられる。以上の要求事項を満たすためには，液流動化作用と剪断破壊作用を同時に実現する必要がある。

Fig. 7 (a)と(b) にそれぞれ Rushton タービン（6FT）とスーパーミックス® HS100 インペラを示す。古くから一般的に用いられる Rushton タービンでは，通気量が多くなると，翼背面に剥離渦によってキャビテーションが発生する。そうすると吐出性能が急激に減少し，撹拌動力も極端に低下する。それにともない液流動作用や剪断・破壊作用も低下する。これらの問題を解決するため開発されたスーパーミックス® HS100 は翼背面に流れの剥離が生じないブレード迎角を設定し，上下の翼の間にクリアランスを設け，それぞれの翼が独立して液流動および剪断作用に寄与するように工夫されている[5]。HS100 は翼の迎角が小さいため，キャビテーションがほとんど形成されず，効率的に動力を消費することができる。また，高いガス吸収性能が認められ，液流動化作用にもすぐれている。

Fig. 8 (a) と(b) にそれぞれ Rushton タービン（6FT）とスーパーミックス® HS100 インペラによる PTV（Particle Tracking Velocimetry）による流動解析の結果を示す。図より Rushton タービンの方は翼背面に剥離渦が形成されているのに対し，HS100 は翼に沿った流れが形成されており，ディスク中心部より半径方向に吐出されているのが観測できる。

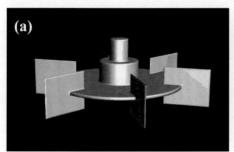 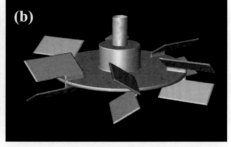

Fig. 7 (a) Rushton タービン(6FT)と (b) スーパーミックス® HS100 インペラ

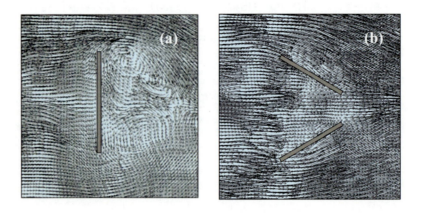

Fig. 8 PTVによる (a) 6FT（Rushtonタービン）と (b) HS100の流動解析結果の比較

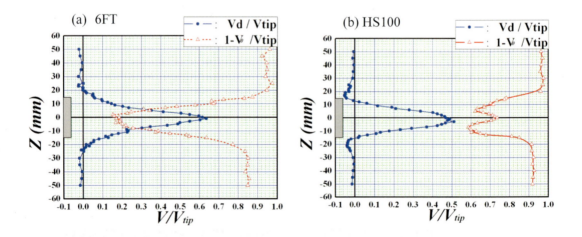

Fig. 9 LDVによる (a) Rushtonタービン（6FT）と (b) HS100の吐出場における二次元流速特性の比較

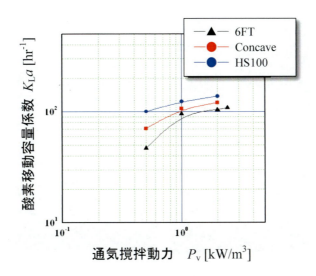

Fig. 10 Rushton タービン (6FT),Concave タービンとスーパーミックス® HS100 のガス吸収性能比較

Fig. 9 に LDV (Laser Doppler Velocimetry) による流動解析の結果を示す。Z は翼中心からの垂直方向距離である。●シンボルは半径方向の流速を表しており，△シンボルは翼先端周速度 V_{tip} と旋回方向の流速 V_θ との相対速度差を示している。すなわち，相対速度差が小さければ小さいほど，供回りに近い吐出形態であるといえ，その差が大きいほど剪断作用が大きくなると言える。図より，6FT と比較して HS100 は翼先端周速度が最大のところで，吐出場における剪断ひずみ速度が大きくなっていることが判る。この作用が，ガス吸収性能の向上に寄与する。その結果，**Fig. 10** に示すように同一通気撹拌動力において HS100 では高いガス吸収性能 $K_L a$ が得られている。

また，実機の場合，槽径に対して液深が大きくなるため，多段翼を用いることが多く，撹拌の目的によってシステムも異なってくる。高吐出型軸流翼 HR100 を上段に二段，最下段に HS100 一段取りつけた組み合せと HS100 三段を取りつけたシステムの気－液混相流のシミュレーション結果を **Fig. 11 (a)** と **(b)** にそれぞれ示す。軸方向に大きな吐出流を形成し大循環流を実現させたい場合は前者，槽内に一様に高剪断を発生させたい場合は後者と，撹拌の目的によって最適な組み合せを提案している。

Fig. 11 CFD シミュレーション結果（Euler-Euler 混相流モデル）
(a) HR100 二段と HS100 一段の気液系システム
(b) HS100 三段の気液系システム

ここで全てのラインナップを紹介することは割愛するが，HS100 の発展系としてさらにガス吸収性能を向上させた HS124ND や HS134ND なども開発・実用化されており，用途に合わせて都度最適な撹拌システムを提案している。

2.2 動物細胞培養：次世代型動物細胞培養装置

動物細胞培養には，従来から回転式撹拌装置が広く用いられている。動物細胞は細胞壁を持たないため剪断に弱く，剪断力の抑制と均一混合を両立させることが必要である。

そこでわれわれは，すぐれた混合性能と穏やかな撹拌を可能とするように開発した上下動撹拌装置 VMOVE ミキサー®をベースにして，理化学研究所と共同で動物細胞培養に特化した培養装置 VMF リアクターの研究・開発を進めてきた [6]。VMOVE ミキサー®の概略図を **Fig. 12 (a)** に示す。撹拌翼は楕円形状（スーパーミックス®VM100／VM200 インペラ）になっており，適当な角度を有して二枚配置され，任意の移動速度，ストローク長で上下に動く。

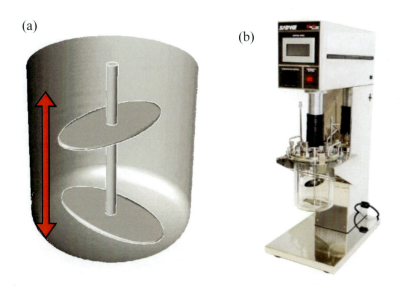

Fig. 12 (a) VMOVE ミキサー® の概略図と上下動撹拌培養装置 (b) VMF リアクター

　培養結果を簡単に示す．対象である動物細胞には抗体医薬品等に広く用いられている CHO-S 細胞を用い，培地には CHO-S-SFM II を使用した．培養用の培養槽にはガラス製円筒槽を用い，培地量 2400 mL にて培養を行った．邪魔板はなしとした．比較として，欧米系の SUB で良く用いられるタービン系の撹拌翼（6FT）を用いた．培養経過時間ごとにサンプリングを行い，生細胞濃度と生細胞率を求めた．

　Fig. 13 に CHO-S 細胞の増殖曲線を示す．撹拌所要動力を一定とした条件において，VMF リアクター（V-MOVE ミキサー®）と回転式タービンともに CHO-S 細胞の対数増殖期での倍化速度は変わらなかった．しかし，70 hr 以降の培養後期において，回転式では生細胞数が減少したが，VMF リアクターでは生細胞数は維持され，より高密度まで細胞の増殖が見られた．また死滅期において，回転式タービンでは急激な生細胞数の減少が見られたが，VMF リアクターでは培養後期での減少が緩やかであり，その有意性を確認した．

　VMF リアクターは回転式タービンと比較して，細胞の増殖を長時間維持でき，より高密度に達することで，目的タンパク質の生産性向上が期待される．また，死細胞の急激な増加を抑制することで，不純物タンパク質の含有を低く抑えることができ，後の精製工程で非常に有利になることが期待できる．

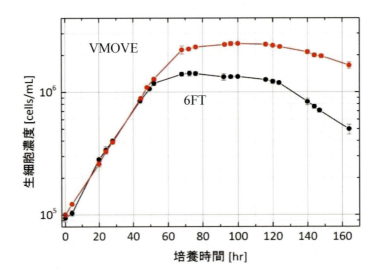

Fig. 13 VMOVE ミキサー®と Rushton タービン（6FT）の CHO-S 細胞の培養結果の比較

　以上の結果より，動物細胞培養に適し，細胞にとって良好な生育環境を与える撹拌方式として VMF リアクターの開発・製品化に至った．

　また，高密度培養時の液中酸素供給は日揮株式会社殿と宮崎県工業技術センター殿が開発した SPG 膜（**Fig. 14**）を組み合わせ，撹拌翼による気泡の剪断ではなく細かい気泡を直接導入することで，より効率的なガス吸収を行い，生産性がさらにあがることを確認した．（**Fig. 15**）．この VMF リアクターと SPG 膜を融合した新しい技術，新しい培養装置は，VerSus リアクター®として 2016 年上市に至った．

　現在，様々なフィールドでの運用が広がっており，ラボ用途ではなく産業化をターゲットとした目的において成果を上げつつある．本培養装置は，ラボにおけるコントロールと，実生産における培養成績を同等とするスケールアップを目的とした産業用の培養装置であると言える．

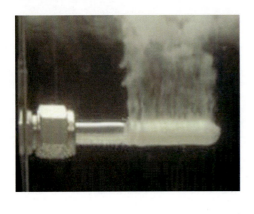

Fig. 14 SPG 膜スパージャー

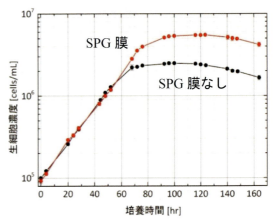

Fig. 15 SPG 膜スパージャーがある場合とない場合での比較（VMOVE による CHO-S 細胞の培養）

さらに，要求性能によっては，VMF リアクターの様な次世代培養装置を用いなくとも，従来の回転方式での運用が求められるケースも存在する。このため，回転式において剪断作用をコントロールし，あらゆる液レベルにおいて同一の物理的作用を有する培養専用の撹拌翼の開発を行った。この培養専用翼である **Fig. 16 (a)** に示すスーパーミックス® MR210Bio を用いた回転式培養装置"MRF リアクター"（**Fig. 16 (b)**）の開発も完了し，2015 年に販売を開始した。剪断力を抑制すると共に，槽底部から槽全域を緩やかに流動させるフロー（**Fig. 17**）を形成し，液面レベルが変化しても流動特性が変わらない，などの特徴を有しており，何より CHO 細胞を用いた培養において実績を積んでいる。

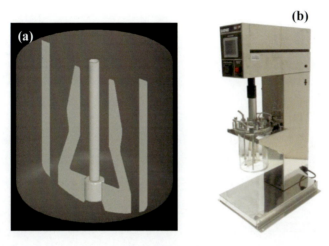

Fig. 16 (a) スーパーミックス® MR210Bio インペラと (b) 大型培養装置 MRF リアクター

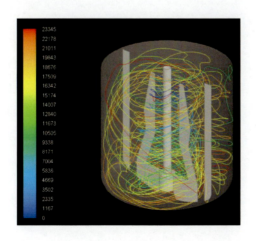

Fig. 17 CFD シミュレーションによる MRF リアクター内のフローパターン（パスライン）の結果

これら新たに開発を進めてきた培養撹拌装置のシングルユース開発も進んでおり，現在 100 mL～3 L の開発が完了し，本年度中に 50 L，来年度以降に 200 L～1000 L の開発が完了する予定である。

シングルユースバイオリアクターの開発は非常に困難を極めるが，国内のシングルユース市場の殆どが海外製で占められている中，国内製の次世代バイオリアクターを確立することで，メイドインジャパンを普及させていきたいと考えている。

また，再生医療分野での研究も進めており，近く紹介できる成果も得られつつある。

3. その他の分野

最後に化学をはじめ医薬，化粧品，食品などの分野に応用可能な当社製品について簡単に紹介したい。

3.1 医薬・食品等：フローティングマグミキサー

一般に撹拌機は回転式であるため撹拌軸を有する。そのため，ほとんどの撹拌機は，槽外と槽内をなんらかのシール方式によって遮断されている。しかし，医薬や食品などの分野では，コンタミネーションを嫌うため，シールレスタイプのものが望まれる場合がある。シールレスタイプのものとして撹拌軸と駆動部を槽内と槽外で切り離し，磁力によってトルクを伝達するマグネット伝達方式がある。当社では，自己浮上式のマグネット式撹拌装置として，**Fig. 18 (a)** に示すフローティングマグミキサーを開発し，上市している[7]。マグネット式の撹拌機はこれまでにも当社で販売してきたが，既往の製品と比べ，次のような差別化された特徴がある。

Fig. 18 (b) に示すように底面は反発磁石になっており，撹拌翼を自己浮遊させ，軸円周部のラジアル方向のマグネットによってトルクを伝達しているためスラスト荷重がかからず，摺動部の摩耗が抑えられる。摺動部は Sic-Sic 構造としており，医薬系での微小スラリーを多量に含んだ撹拌条件において，殆ど摩耗量"ゼロ"に近い成績を発揮しており，その優れた性能が実証されている。

さらに，このような構造によって撹拌翼が常に自己浮上しているため，洗浄性やメンテナンス性にすぐれており，脱着が容易である。また，同撹拌装置専用の HS600 系の翼（スーパーミックス®HS604MB インペラ）の採用により，低動力で槽内の混合促進を実現することができる。**Fig. 19** に CFD シミュレーションによる槽内のフローパターンを示す。停滞部のない大循環流のフローが形成されていることがわかる。

CIP や SIP などのバリデーションも検証されており，サニタリー性にもすぐれている。晶析・混合・反応・希釈・濃縮・調合などさまざまな用途や分野への応用が可能である。

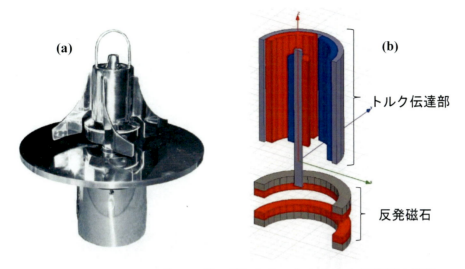

Fig. 18 (a) フローティングマグミキサーと(b)トルク伝達部の構造

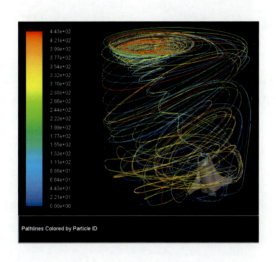

Fig. 19 CFD シミュレーションによるフローティングマグミキサーの槽内フローパターンの結果

3.2 乳化・懸濁等：スーパーシェアミキサー®

　乳化（液液系）や，固体の微小化（固液系）において均一かつ微細な径を有する液滴，粒径を実現するときは **Fig. 20 (a)** に示すスーパーシェアミキサー®が適している[6]。マイルドな剪断が行われるロータ・ステータ部の構造を **Fig. 20 (b)** に示す。ロータは円錐状になっており，その形状に合わせたステータの間にキャビティとよばれるいくつもの球状くぼみが幾何学状に並べられている。高速で回転するロータによりステータ下部にある隙間より吸い込まれた流体は，キャビティで渦を形成し，強い剪断を受け，微細化が可能となる。また，シェアミキサーの撹拌目

的としては乳化が多いが，固液系の懸濁に関しても，SiO_2 や Al_2O_3 などについては粒径のそろった微細化に成功しており，実機の導入が進んでいる。

プロセスの途中に組み込んで連続的に処理したい場合などはインライン型が，粘性が高いなど流動性が悪い場合は，大型翼と組み合わせたハイブリッドミキサー®などがラインナップされている。

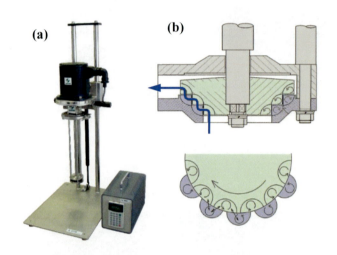

Fig. 20 (a) ラボ用立形フローティングマグミキサーと (b) 流体のせん断作用のメカニズム

おわりに

以上，下水処理分野と培養関連分野の開発を中心に紹介してきたが，この分野だけでもさまざまな撹拌方式が存在するのが分かる。また，撹拌翼だけでなく，撹拌装置・撹拌システムそのものを開発していくケースも増えてきている。

前述したようにユーザーの撹拌に対する要求は複雑かつ高度化しており，それぞれの案件に対して今後より限定された範囲で最適化していく必要がある。また，産業化として成り立たせるためには，製造設備のスケールアップ化が図られるため，スケールアップ手法が重要であり，実証実験の他に精確で妥当性のあるCFDシミュレーションによる検証を付加することで信頼性のある提案が可能となる。

参考文献

1) 山本，西野監修；撹拌技術，佐竹化学機械工業株式会社， 1992
2) 加藤；撹拌装置・撹拌インペラの最適選定（1），化学装置，8 (2013) 61-66
3) 加藤；撹拌装置・撹拌インペラの最適選定（4）：高性能撹拌インペラ スーパーミックス®シリーズの適応例，化学装置，11 (2013) 155-163
4) 加藤；医薬系に特化した撹拌技術と装置開発，製剤機械技術学会誌，24, 1, (2015) 43-59

5) 加藤；撹拌装置・撹拌インペラの最適選定（5）：高性能撹拌インペラ　スーパーミックス®
   シリーズの適応例，化学装置，12 (2013) 49-54
6) 加藤；撹拌装置・撹拌インペラの最適選定（6）：高性能撹拌インペラ　スーパーミックス®
   シリーズの適応例，化学装置，1 (2014) 69-73
7) 加藤；撹拌装置・撹拌インペラの最適選定（3），化学装置，10 (2013) 76-80

第10章　小型撹拌翼の開発事例

竹中　克英、矢嶋　崇昭、長友　大地、江崎　慶治
（住友重機械プロセス機器株式会社）

1. はじめに

　大型撹拌翼 MAXBLEND®（以下、MB）は、1986年の上市以来、その適用範囲の広さから国内のみならず海外ユーザーにまで認知される撹拌翼となった。MBを上市した1980年代は、国内の石油化学メーカーならびにポリマーメーカーの製造プロセスが確立化され、スケールアップ技術に基づく大量製造が求められる時代であった。MBは均一混合のためのスケールアップが容易であり、当時の撹拌装置に求められるニーズと合致して、多くの国内企業でご使用頂くまでに至った。しかし、近年は1980年代の樹脂製品の汎用化とともに、製造拠点が国内から海外へシフトしており、国内では高付加価値、高機能化製品が製造されるようになってきた。高付加価値、高機能化製品の製造では、各社の独自性が大きく反映されるため、撹拌装置、撹拌翼に求められる機能は多様化する傾向にある。そこで当社では多様化する要求機能に応えるべくMBに加え、SUPERBLEND、TORNADE、NANOVisK、LvBLEND、RfBLEND、LtBLEND（図1参照）の撹拌機のラインナップ化を図った。近々では超高粘度微細化を対象とした複合撹拌装置 NANOVisK、低粘度領域を対象としたLvBLEND、RfBLEND、LtBLENDを上市している。特に、低粘度領域のLvBLEND、RfBLEND、LtBLENDの小型翼は、これまで当社にはなかったコンパクトで低トルクを基本コンセプトとした撹拌翼である。重合槽にMB、前工程と後工程の混合槽に小型翼を配置したイメージを図2に示す。これより、全撹拌工程のスマート化、最適化を図ることが可能となる。そこで本節では当社の小型翼（LvBLEND、RfBLEND、LtBLEND）の諸特性に関し、紹介を行う。

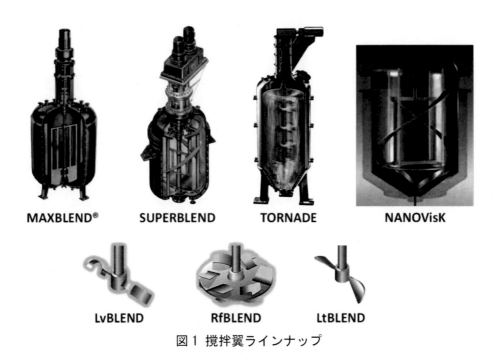

図1　撹拌翼ラインナップ

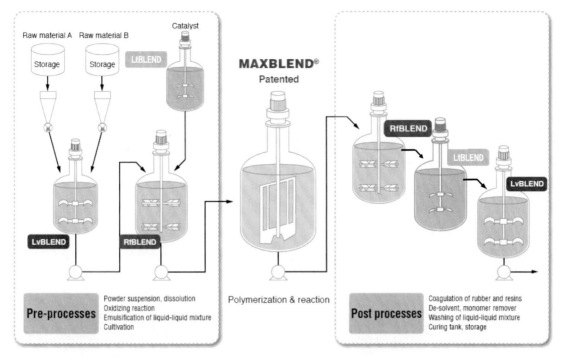

図2 小型翼を前工程と後工程の混合槽として使用する場合のイメージ

2. LvBLEND
2.1 LvBLENDの概要

　液液撹拌の目的は相互不溶の液を撹拌し、溶媒となる液中に液滴を分散させることである。この撹拌操作により液相間の物質移動および熱移動を促進させ、要求される形状の生成物を得ることができる。そのため一般的に液液撹拌には、分散相となる液を如何に小さい液滴にし、大きな界面積を得ることができるかという"せん断性能"が求められる。そこで当社は液液撹拌を対象としたLvBLENDを開発した。ここではLvBLENDの特長と汎用的な傾斜パドル翼(以下、PBT翼)との比較を紹介する。図3にLvBLEND概形を示す。LvBLENDは2枚羽根をベースとし「半円状の先端部」と「傾斜アーム部」を組み合わせた構造形式となっている。LvBLENDの特長を以下に示す。

Ⅰ. コンパクト化で低トルクを実現
Ⅱ. 高せん断による運転時間の短縮
Ⅲ. 製品の品質向上に貢献

Ⅰ. コンパクト化で低トルクを実現
　コンパクトな2枚羽根形状であるために、ユーザー保有の撹拌槽のマンホールから縦向きに槽内へ入れることが可能であり、翼の取り換えが容易である。また、トルクの発生を抑えた構造となっており、同じ翼径のPBT翼と比較

図3 LvBLENDの概形

し高速回転を可能とした。そのため、目的の動力を高速回転により得られるようにしている。これによりシャフト径を細くすることが可能で、減速機やメカニカルシールなどの設備のイニシャルコストを抑えることができる。

Ⅱ. 高せん断による運転時間の短縮
　高せん断による液滴微細化により、液液の物質移動が速くなるために運転時間の短縮が可能である。

Ⅲ. 製品の品質向上に貢献可
　固体を溶解させる際にも、高せん断により凝集物を微細化可能であり、そのため凝集物がない高品質な仕上がりが期待できる。

2.2　フローパターン
　LvBLENDは「半円状の先端部」と「傾斜アーム部」を組み合わせた翼である。図4にCFDにより、LvBLENDをラボスケールでモデル化し、Re=$1.4×10^5$条件で解析した結果を示す。なお、CFDはCFX(ANSYS Japan)を使用している。図4から半円状の先端部では斜め下方向への吐出流(図4中の①)と軸に沿って流れる下降流(図4中の②)があり、その流れが壁面に押し付けられ、壁面にて上昇流(図4中の③)へと変わる流れを呈していることが分かる。このフローパターンにより比重の軽い粒子やポリマーを槽内に均一分散させることが可能である。

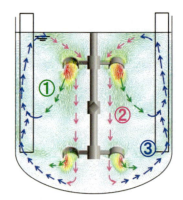

図4　LvBLENDのフローパターン

2.3　液滴微細化性能
　先述の通りLvBLENDはPBT翼よりもトルクが小さい為に高速回転が可能である。そのため、同一撹拌動力ではLvBLENDの回転速度をPBT翼のそれよりも大きくすることが出来る。図5はラボスケールにおいて翼直径・段数を等しくし、Pv=0.3 kW/m^{3}にて撹拌させた際の先端速度の比較を示している。PBT翼よりもLvBLENDは先端速度を約1.5倍にすることができるため、局所的な高せん断場を得ることができる。

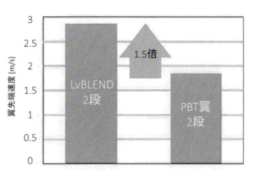

図5　Pv=0.3 kW/m^{3}における翼先端速度比較

　図6は槽内に水:油=99 vol:1vol を槽に仕込み、翼段数1段、Pv=0.5 kW/m^{3}一定となるように回転数を設定し、撹拌を開始、20分後の液滴を光学顕微鏡にて観察を行った結果である。図6(b)に示す様にPBT翼は液滴の大きさが数十μmの液滴が多数存在していることがわかるが、LvBLEND

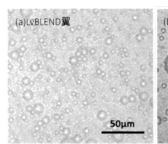
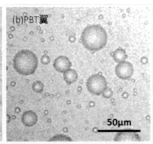

図6 液滴写真((a); LvBLEND、(b); PBT翼)　　図7 液滴径分布比較

を用いて分散させた場合は液滴がPBT翼使用時よりも小さい液滴になっていることが分かる。また、光学顕微鏡にて得られた画像から解析した液滴径分布を図7に示した。図7の横軸は液滴径、縦軸は液滴径の頻度である。結果よりLvBLENDの平均液滴径は4.4・m、標準偏差は2.8・m、対してPBT翼の平均液滴径は8.0・m、標準偏差は5.4・mである。LvBLENDの液滴径分布よりもPBT翼の液滴径分布はブロードであり、かつ20・mよりも大きい液滴がLvBLENDよりも多数存在していることが分かる。これらの結果より、LvBLENDは局所的な高せん断と槽内の整流化により、PBT翼と比較し、液滴を微細化でき、且つシャープな液滴径分布を得ることが出来るといえる。

2.4 LvBLENDのまとめ

LvBLENDは「半円状の先端部」と「傾斜アーム部」の構成により槽内の流れを整流化し、かつ低トルクによる高せん断による液滴微細化性能を有している。そのため、比重の軽い固体の分散やポリマーなどの微細化などにも適していると考えられる。

3. RfBLEND
3.1 RfBLENDの概要

気液撹拌の目的は主に気体と液体間の化学反応または物質移動の促進である。気液撹拌の主な用途は水素化・酸化・発酵等が挙げられ、この操作で求められる撹拌性能としてはいかに気液の反応を効率良く、ガス吸収性能を高くすることである。そこで当社は気液撹拌を対象としてRfBLENDを開発した。図8にRfBLENDの概形を示す。ここではRfBLENDの特長とディスクタービン翼(以下、DT翼)とスカバー翼(SRGT翼)との比較を紹介する。比較した翼の概形を図9に示す。RfBLENDはディスクの上下に曲線形状の板と、切欠きのある平板を上下に非対称となるように設置された翼である。RfBLENDの特長を以下に示す。

図8　RfBLENDの概形

Ⅰ. コンパクト化で低トルクを実現
Ⅱ. 高いガス吸収性能
Ⅲ. 通気量の変化に対する安定性能

Ⅰ. コンパクト化で低トルクを実現

図 10 に RfBLEND、DT 翼、SRGT 翼の無通気時のトルクと動力を示す。図 10 の横軸にはトルク T、縦軸には撹拌動力 Pv_0（無通気での条件であるので Pv の添え字に 0 を記載）をプロットした。図 10 より、RfBLEND にある一定の動力を得るために必要なトルクが最も小さいことが分かる。Pv_0=1000 W/m³ 時のトルクは RfBLEND で約 0.40N m、DT 翼で約 0.68N m、SRGT 翼で約 0.55N m であり、RfBLEND は DT 翼よりも約 41%、SRGT 翼よりも約 27%程度トルクを小さくすることが可能である。このようにトルクが小さい RfBLEND は高せん断が可能であり、そのため気泡径を小さくすることでガスの比表面積を大きくすることができる。これにより液へのガスの溶解を早めることが可能であるという特長を有する。また、RfBLEND の低トルク性能によるドライブユニットのコンパクト化の例を図 11 に示す。図 11 のコンパクト化の例は通気時動力 Pgv を一定にした際の DT 翼と RfBLEND の駆動部概形図の比較である。これよりイニシャルコスト抑制も可能であることが分かる。

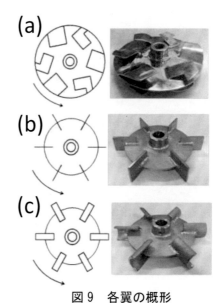

図 9　各翼の概形
((a);RfBLEND、(b);DT 翼、(c);SGRT 翼)

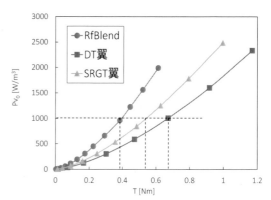

図 10　無通気時のトルクと動力

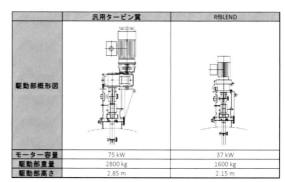

図 11　コンパクト化の例

Ⅱ. 高いガス吸収性能

気液系の撹拌においてガス吸収性能は最も必要とされる性能の一つである。ガス吸収性能を比較する指標としてはkLa(物質移動容量係数)が用いられることが多い。そこで無通気時撹拌所要動力$Pv_0=1.0$ kW/m^{3}になるように撹拌し、通気量を変化させた場合でのRfBLENDとDT翼のkLaを比較したグラフを図12に示す。RfBLENDの方がDT翼よりもkLaの値が通気量1～3 vvmの範囲で高い値を示し、高通気量の3 vvmではRfBLENDのkLaはDT翼の30%程度高い値を示している。

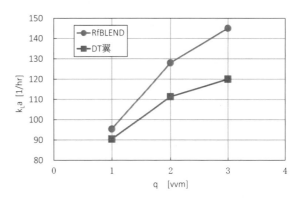

図12 ガス吸収性能比較($Pv_0=1.0$ kW/m^3)

Ⅲ. 通気量の変化に対する安定性能[1]

一般的に気液系の撹拌機では、撹拌動力が最大になると考えられる無通気時動力P_0でモーターの定格動力を決定する。しかし、通気により著しく動力が低下する場合、通気時に液に与える動力とモーター定格動力の差が無駄な動力差となってしまい、オーバースペックの撹拌機構成になってしまうことになる。これを避けるために通気時においても撹拌動力が低下しにくい翼が望まれる。図13にRfBLEND、DT翼とSRGT翼の通気時動力と無通気時動力の比を比較したグラフを示す。図13の横軸に通気数$N_A=Q/nd^3$、縦軸に動力比Pgv/Pv_0をプロットした。ここでN_A:通気数[-]、Q:通気量[m^3]、n:回転数[rps]、d:翼径[m]、Pgv:単位液体積当たり通気時撹拌動力[W/m^3]、Pv_0:単位液体積当たりの無通気時撹拌動力[W/m^3]である。

図13よりRfBLENDのPgv/Pv_0は通気数N_Aが大きくなってもDT翼やSRGT翼のような著しい動力の低下は見られない。RfBLENDの通気時動力低下は無通気時動力と比較し10%程度で抑えられていることが分かり、これより、RfBLENDを使用すれば適切なモーターの選定や通気条件に依存しない撹拌条件を設定することが可能であるといえる。

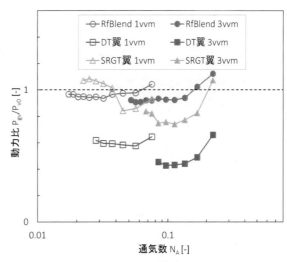

図13 各翼の通気動力線図

3.2 気泡分散[1]

気液撹拌において反応を促進したい場合、ガス吸収性能を高めることが重要である。ガス吸収性能を高めるためには撹拌により気泡を如何に小さく、全体に分散させるかが鍵となる。ここで、

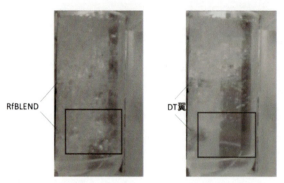
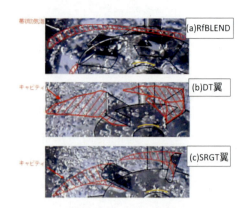

図14　無通気時動力一定での気泡分散状態
　　　((a)RfBLEND 2段、(b)DT翼 2段)

図15　各翼近傍の気泡分散状態
　　　(n= 4 s^{-1}, q= 0.3 vvm)

RfBLENDとDT翼とを使用し、気泡の槽全体への分散を比較した。図14には撹拌翼をそれぞれ2段設置し、無通気時撹拌動力P_0を同一とした際の気泡分散状態比較の結果を示した。図14(a)からRfBLENDは槽底に近い翼の径方向に気泡が分散していることが分かるが、図14(b)のDT翼の場合は1段目DT翼の放射方向に気泡が分散しておらず、フラッディング寸前の状態であることが分かる。また、RfBLEND、DT翼とSRGT翼の翼近傍における気泡分散状態を図15に示した。図15は回転数n=4 rps、流量q=0.3 vvmにおける気泡の分散を高速度カメラで観察した画像で、赤くハッチングした領域はキャビティが形成された領域である。図15(b)のDT翼では翼背面全体に気泡がまとわりつき、キャビティを形成していることが分かる。図15(c)のSRGT翼ではDT翼よりもキャビティの形状はシャープで領域が狭いが、キャビティの生成は完全には抑制できていない。一方、図15(a)RfBLENDではDT翼、SRGT翼とは違い翼に気泡がまとわりつく状況は確認できなかった。RfBLENDにキャビティが付きにくいのは、①羽根の湾曲、②ディスクが翼端まで有る、③切り欠いた羽根があることの3点に起因すると考えられる。以上の翼近傍のキャビティ形成状況から考察すると、DT翼が気泡を槽内へ均一に分散できない状態となっている理由としてはDT翼が気泡を微細化できずに、翼背面に大きなキャビティができることにより撹拌動力の低下を引き起こし、十分に槽内へ分散させる吐出を作ることができなくなったためと考えられる。一方RfBLENDは低トルク特性故、回転数が高く、気泡を微細化できるだけのせん断を与えられ、かつ、翼背面の負圧を抑制する形状であるのでキャビティが発生せず、撹拌動力が低下しない。そのため、翼の径方向へ十分に気泡を分散することができると考えられる。その為RfBLENDは高通気条件であっても依然として高い気泡分散性能を有すことができる。

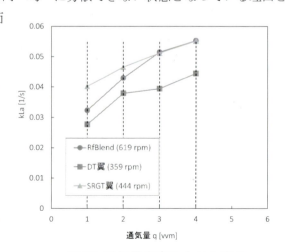

図16　通気量を変化させた際の
　　　物質移動容量係数の比較

3.3 ガス吸収性能 [1]

図16に無通気時撹拌動力 $Pv_0=1\ kW/m^3$ の条件下において、通気量を変化させた際の物質移動容量係数 kLa を測定した結果を示す。RfBLEND は DT 翼よりも物質移動容量係数 kLa が高い傾向にあることが分かる。また、RfBLEND と SRGT 翼を比較すると低通気の 1 vvm、2 vvm では SRGT 翼の物質移動容量係数 kLa の値の方が高いが、高通気であれば物質移動容量係数が同等である。こ

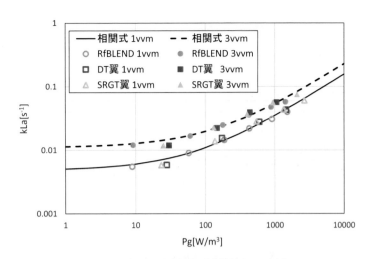

図17 実験値と推算式の比較

の結果から、RfBLEND は低トルクでありながら、DT 翼以上・高通気であれば SRGT 翼と同等程度のガス吸収性能を発揮できる翼であることが分かる。また、ガス吸収性能を様々な条件で推算可能にする為に RfBLEND、DT 翼、SRGT 翼全てに適用できる推算式を構築した。基本的な考え方として、佐藤ら [2] の相関式をベースとし、本条件に対応できる推算式を構築した。図17に推算式の値と実験値を示した。推算式を式(1)に示す。実験値と推算式により算出された値の差は、平均誤差9%、最大誤差25%程度となった。これより汎用翼と同様に RfBLEND のガス吸収性能を予測することが可能である。

$$kLa = \left(6.62 \times 10^{-5} \times P_{gv}^{0.698} + 2.44 \times 10^{-4} P_{av}^{0.421}\right) P_{av}^{0.326} \quad \text{式(1)}$$

(Pav;単位液体積当たりの通気動力[W/m³], ・;液密度[kg/m³], u;空塔速度[m/s], g;重力加速度[m/s²], $Pav=$・ug)

3.4 RfBLEND のまとめ

一般的に連続プロセスの槽や大型槽には固定速式のモーターが使用されている。そのため、気液撹拌プロセスでの回転数を変化させることが出来ない場合が多く、無通気時撹拌動力 P_0 から通気時撹拌動力 Pg の差が大きい撹拌翼が搭載されていれば、液に十分な動力を与えることができない。しかし、RfBLEND は、低トルクかつ高通気状態で動力低下が少ない特長を有しており、現状の気液撹拌の問題点を改善できる撹拌翼と考えられる。

4. 固液撹拌翼 LtBLEND
4.1 LtBLEND の概要

固液系を対象とした固液撹拌操作は、様々な産業のプロセスにおいて頻繁に用いられる重要な単位操作である。その目的は単なる懸濁液の調整のみならず、固体触媒を含む化学反応、抽出、晶析、溶解など幅広い[3]。対象とされる固体粒子は多くの場合液より比重が重いため、固液間の物質移動を促進するためにはすべての粒子が分散液中に浮遊し、固液間の接触面積を最大にすることが望ましい[4]。したがって固液撹拌の研究では、すべての粒子が槽底に1-2秒以上留まっていない状態における最小の撹拌速度である粒子限界浮遊速度(以下 N_{js})に焦点を当てたものが多い[5]。そこで当社では図18に示すような固液分散に特化した撹拌翼 LtBLEND を開発した。ここでは LtBLEND の特徴と汎用的な傾斜パドル翼(以下 PBT 翼)との比較を示す。

Ⅰ．コンパクト化で低トルクを実現
Ⅱ．低動力での粒子分散や浮遊が可能
Ⅲ．シンプルな2枚翼

図18 LtBLEND の概形

Ⅰ．コンパクト化で低トルクを実現

他の翼でも記述したが、コンパクトな二枚羽根形状であるため、各設備のイニシャルコストや翼の取り換えなどのランニングコストを低減できる。

Ⅱ．低動力での粒子分散や浮遊が可能

固液分散で使用頻度の高い PBT 翼と比べて、翼の前縁に丸みをつけ端面を切り取ることで低トルク化を実現した。LtBLEND と PBT 翼の動力を比較した。図19に使用した撹拌翼を示し、N_{js} と N_{js} 時の動力(以下 P_{js})の結果を図20に示す。PBT 翼は N_{js} が 400rpm であり、P_{js} が 27.6W となった。一方、LtBLEND の N_{js} は 460rpm であり、P_{js} は 15.4W となった。これより LtBLEND は PBT 翼よりも N_{js} 時の回転数が約13%高く、動力を約44%抑えられることを確認できた。

LtBLEND と PBT 翼の N_{js} 時における粒子の分散状態を示したグラフを図21に示す。X は測定領域の輝度を示し、濃度変位計測ソフトウェア Gray val(Library

図19 LtBLEND（左）傾斜パドル翼(PBT 翼)（右）

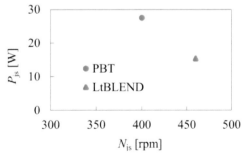

図20 LtBLEND と PBT 翼の N_{js} 時の動力

Co.,Ltd.)で測定した。Z は測定領域の鉛直方向高さ、H は液高さであり、無次元化した値 Z/H を評価に用いた。PBT 翼では Z/H=0.8 付近の値が大きく、液面近くまで粒子が浮遊していることがわかる。しかし前述したように P_{js} は 27.6W であり、多くのエネルギーを消費している。一方 LtBLEND は Z/H=0.6 付近で輝度 X が急激に減少しており、液高さの 6 割程度までしか粒子が浮遊していない。そのためある限られた空間で高濃度の分布となっている。しかし P_{js} は図 20 で示した 15.4W であり大幅に削減されている。したがって LtBLEND は他の翼が余分に消費している動力を削減できており、最小限の動力で Njs を達成できると考えられる。

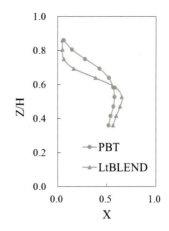

図21 各翼の N_{js} 時の粒子分散状態

Ⅲ．二枚翼でシンプル形状

　固液分散では固形物が翼や槽に付着することで洗浄に手間がかかる問題がある。LtBLEND では翼形状を複雑にせず、シンプルな一枚板にすることで洗浄の手間を低減することが可能である。また、固液分散でよく使用されるプロペラ翼は鋳造製法であることが多く、製作コストが高くなる傾向にある。一方で LtBLEND はシンプル形状により製作コストを低く抑えることに成功した。

4.2　LtBLEND の分散性能

　LtBLEND のフローパターンを図 22 に示す。翼から吐出された流体は槽底にぶつかり、槽壁に沿って上昇しており軸流型のフローパターンとなっている。一方で槽壁の上昇流は図 21 と同じく液高さの 6 割程度までしか存在せず、液面付近は流速が小さくなっている。固液分散系では均一分散を必要とせず、N_{js} での運転が行われる場合が多く、図 22 のフローパターンは N_{js} での運転に特化したものと言える。続いて PBT 翼と LtBLEND の槽壁付近の流速を、レーザードップラー流速計（KANOMAX 製）を用いて計測した。測定点は図 23 に示すように槽底に近い順に 30, 50, 70mm とした。流速は軸方向、接線方向の 2 成分に分解してそれぞれ平均値を算出し、翼先端速度で無次元化した値 U_E で評価した。図 24 に軸方向の流速を示す。図 24 から軸方向の流速は二つの翼で大差がないことがわかる。次に図 25 に接線方向の流速を示す。PBT 翼の場合、比較的翼に近い測定位置である 70mm では接線方向の速度が小さく相対的に軸流の影響が強いが、50mm、30mm と槽底に近

図22 LtBLEND の
フローパターン

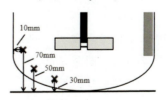

図23 流速の測定位置

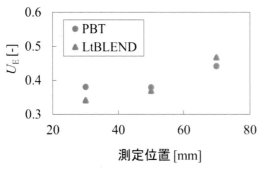
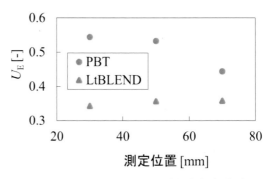

図24 LtBLENDとPBTの軸方向流速　　図25 LtBLENDとPBTの接線方向流速

づくにしたがって接線方向の流速が増大していることがわかる。一方LtBLENDはすべての測定位置で接線方向の流速が小さい。これよりPBT翼は固液分散に大きく寄与しない接線方向の流れに動力を費やしていると推測できる。一方、LtBLENDは固体分散に寄与する軸方向の流速はPBT翼と同等であるが、接線方向の流速が抑えられており、効率的に固体分散を行なうことができる。

4.3 CFDによる翼形状最適化

LtBLENDの開発ではCFDを活用しパラメータの最適化を行なった。解析モデル概要を図26に示す。槽直径310mm、翼直径124mm、液高さ372mmの条件で実施した。翼の傾斜角は30°とし、バッフルは4枚挿入した。またCFDで変化させるパラメータは翼厚と翼端面の角度の二種類とした。ソフトはCFX(ANSYS Japan)、解析タイプは非定常、乱流モデルはk-εモデルを使用した。

評価方法は回転数を600rpmで一定としたときの動力及び流速で比較した。流速は軸方向、半径方向、接線方向の3成分に分解して検討した。流速の測定位置はz=77.5mmより下の槽底部の領域とした。また各3成分の流速は絶対値を平均化処理している。翼厚を変化させた場合の結果を図27に示す。縦軸は左軸に動力、

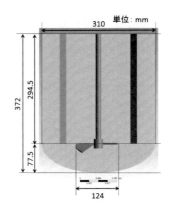

図26 解析モデル概要

右軸に各成分の流速を取り、横軸には翼厚を取った。図27から翼厚が増加すると、動力と接線方向の速度が増加することがわかる。一方、軸方向及び半径方向の流速は変化していない。つまり動力の増加分は接線方向の流速増加に費やされていると推察される。したがって翼厚の増加は固体分散には大きな影響を与えないと考えられる。接線方向の流速が増加した理由は、翼厚が増加することで翼の投影高さが増加し、接線方向に流体を押し出す面積が増大したためと考えられる。次に翼端面角度パラメータスタディの結果を図28に示す。図27と同様に縦軸は左軸に動力、右軸に各成分の流速、横軸は翼端面角度である。図28から翼端面角度を大きくするほど動力及び各方向の流速が増加していることがわかる。これは図29で示すように翼端面角度が大きいほど翼上面で流れが剥離し、負圧の領域が多く形成されたためと考えられる。以上の結果から、翼厚は軸方向流速に影響せず、動力削減のためには強度上問題がない範囲で薄くした方が効果的で

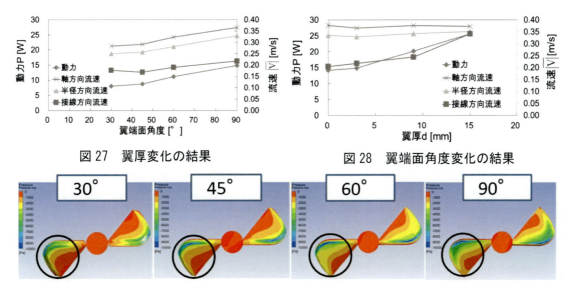

図27 翼厚変化の結果　　図28 翼端面角度変化の結果

図29 翼上面の圧力分布

ある。一方で翼端面角度は動力削減の観点から、角度を小さくするほど動力を削減できる傾向が得られた。しかし、端面を過度に尖らせ過ぎると強度が弱くなり翼の破損の原因になりうるため、強度上問題のない厚みを確保できる端面角度にする必要がある。

4.4　LtBLEND のまとめ

本章では低動力撹拌翼 LtBLEND の固液分散性能を紹介した。N_{js} 時における動力と流速を評価指標として、LtBLEND と傾斜パドル翼(PBT 翼)の比較試験を行った。その結果、LtBLEND は軸方向の流速は PBT 翼と同等であるが、接線方向の流速が抑えられており、動力としては 40%以上の削減効果を見込むことができる。また、翼厚と翼端面角度を対象として数値解析を実施した。数値解析結果より、翼厚は軸方向流速に影響を与えず、翼端面角度は大きくなるほどトルクと流速が増加することが判明した。したがって強度上問題のない範囲で翼厚を薄く、かつ端面を小さい角度にすることで動力を削減できると考えられる。以上の点から LtBLEND は低動力で運転可能であり、所定の固体分散性能を発現できると言える。

5. おわりに

化学・食品・製薬を始めとして撹拌は様々な分野で用いられている。近年では顧客のニーズが多様化・高度化し、より複雑な系の撹拌が求められるようになってきている。本節では気液・液液・固液に特化した撹拌翼を紹介したが、今後も"プロセスごとの最適設計"という流れは続くと考えられる。

謝辞

　本開発にあたり、横浜国立大学の上ノ山教授、三角特別研究教員、新井氏、千葉工業大学の仁志教授、神戸大学の大村教授にご協力、ご助言を頂いた。ここに謝意を表する。

引用文献

1) 新井ら ; 第 18 回化学工学会学生発表会(浜松大会)要旨　(2016)

2) 佐藤, 嶋田, 吉野: 化学工学論文集, 15, 733 (1989)

3) Koji Takahashi, "Optimum Design and Operation of Mixing in Process Industries," Techno-System Co.,Ltd. (2012)

4) Setsuro Hiraoka, "ミキシング技術", 槙書店 (2000)

5) Naoki Yamashita, "Dynamics of particle dispersion in a stirred vessel," Master's Thesis, Kobe University, (2016)

第11章　高速攪拌機を用いた乳化分散技術

春藤　晃人

（プライミクス株式会社）

1.　はじめに

　攪拌機は、医薬、化粧品、電子デバイス、電池、樹脂、セラミックス、食品、等々広範な分野の製造プロセスで使用されており、なかでも高速攪拌機は処理流体に強力な剪断を加えることができ、乳化や分散といった粒子を微細化する用途で使われる事が多い。高速攪拌機以外にも一般に、乳化や分散に使われる装置にはさまざまな装置があり、代表的な装置とその特徴を次の表1にまとめた。どの装置にも用途・適性の違いがあり、それぞれのプロセスに最適な装置を選定することが重要である。本稿では特に高速攪拌機の種類と用途の紹介をするとともに、一般的なスケールアップの方法と注意点をまとめたので、装置選定の参考にしていただきたい。

表1. 各種乳化分散装置の分類

	分類	機構	特徴
①	高速攪拌機	高速回転する羽根（翼）により処理液に剪断力を加え乳化・分散する。	最も汎用されており幅広い粘度、濃度に対応可能。比較的分散力は低い。
②	メディアミル	ガラス・セラミックス等の各種ビーズの媒体と共に処理液を攪拌し媒体の衝突による衝撃力で分散(粉砕)をする。	粒子に直接物理的なエネルギーを与えるので分散（粉砕）力は高い。ビーズによるコンタミネーションは避けられず、材質検討が必須。
③	高圧ホモジナイザー	高圧ポンプで細い流路に液を通す、あるいは液同士を対向衝突させることで、剪断と衝撃を加える。	剪断・衝撃力は高い。流路が細いため高粘度液には向かない。均質な液に予備分散しておく必要がある。
④	超音波分散機	超音波により、キャビテーションを生じさせて、この消滅による衝撃力を利用し乳化・分散させる。	コンタミネーションが少なく乳化分散力も比較的高い。スケールアップが難しい。

2.　高速攪拌機の種類

　高速攪拌機は羽根形状によって大きく二つに大別される。一つは遠心放射型と呼ばれるシャフトにシンプルな形状の羽根がついただけの簡素な構造のもので、もう一方は、強い剪断を与えるために、攪拌羽根(タービン)の外周部に固定環(ステータ)を組み合わせた高速剪断型がある。　また、プロセスの観点からは、バッチ式と連続式がある。バッチ式は適切な大きさの攪拌槽に高速攪拌機を取り付ける形式で、バッチ式のメリットは、複数の原材料を使用する場合や、加熱・冷却・真空脱泡等複雑な製造プロセスを必要とする場合にも一つの攪拌槽で行えることである。一方の連続式は前工程と後工程を結ぶ配管途中に取り付ける形式である。連続式のメリットは、比較的単純なプロセスにおいて省スペースで大量生産が可能なことであるが、デメリットとして、配管内を流通させるために粘度の制約があることと、品種替えの際の洗浄のロスが多いことが挙げられる。

2.1 遠心放射型攪拌機

写真1のような丸鋸の刃を交互に上下に折り曲げた円板型の羽根を高速回転(周速度：5～20m/s)させる方式が一般的である。使い方は、上下に折り曲げられた羽根による遠心方向への押出し流れにより、処理液は上下より渦を作りながら羽根の中心部に引き込まれるフローパターンを形成する。羽根で発生する流れによる剪断効果で、粉体の凝集物の分散や増粘性の高分子の溶解等に適している。また、形状が簡素なため、洗浄性もよく、顔料の予備分散機としても多用されている。

特徴として、処理液の粘性抵抗により剪断効果を高めるので、ある程度の粘性があった方が効果的となるが、あまり粘度が高くなりすぎる（目安として 1.0×10^4 mPa·s 以上）と全体流動が悪くなるので、全体流動を補う低速攪拌翼を併用する必要がある。

写真１．遠心放射型攪拌羽根

写真２．ホモミクサーのタービン・ステータ

2.2 高速剪断型攪拌機

攪拌羽根(タービン)の外周部に固定環(ステータ)を設けたのが高速剪断型攪拌機である。代表例としてホモミクサーのタービンとステータを写真２に示す。タービンとステータの微細な間隙で起こる強力な剪断効果と適度なキャビテーションによる衝撃力を利用して乳化・分散効果を高めるように工夫されている。タービンとステータは通常0.2～1.0mm程度の狭い間隙（クリアランス）に設定され高速回転(周速度：5～25m/s)により剪断速度は局部的に 5.0×10^4 s^{-1} を超える。加えて、キャビテーションによる衝撃が加わるため、処理液体に強力な微粒化作用が与えられる。タービン・ステータの形状は様々で、その形状により剪断効果、ポンプ効果、フローパターンが異なる。

代表例として紹介するホモミクサーの場合には図１のようなフローパターンで、ステータ下部より吸引し上部へ吐出する軸流が液面付近に設置した転流板で円周方向の流れに変わり、容器壁に沿って下降し再びステータ下部より吸引される循環流を形成する。本機はポンプ効果が高く、処理液体の流動特性や攪拌槽の大きさにもよるが概ね粘度が $1.0 \sim 5.0 \times 10^4$ mPa·s 以下の液であれば、十分な全体流動と剪断効果が得られる。しかし、さらに高粘度の液体（特に擬塑性流体等）の場合には、攪拌羽根、周辺が流動しているにもかかわらず、槽壁部は動かないような場合があ

り、全体流動を補う低速攪拌翼を併用する必要がある。

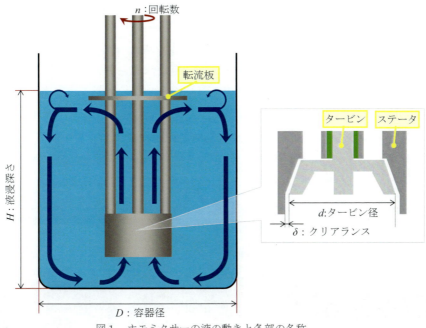

図1　ホモミクサーの液の動きと各部の名称

2.3　複合型攪拌機

実際のプロセスにおいては、加熱・冷却、粉体や液体の追加投入により、ゾル-ゲル転位、転相乳化等による著しい粘度変化を伴う場合が多く、この粘度変化にも対応することが、高速攪拌機にも求められる。先述のように、低粘度の場合には、高速攪拌機のポンプ効果による全体流動と剪断効果を同時に得ることは可能だが、粘度が高過ぎると、ポンプ効果が弱くなり、槽壁面や、槽底等の攪拌羽根から距離の離れた部分に全く流動のないデッドスペースが生じ、結果的に処理液全体を均質にすることが難しくなる。ここで、高粘度液(目安として $1.0×10^5$ mPa·s 以上)における各種攪拌機の位置づけの概念図を図2に示す。

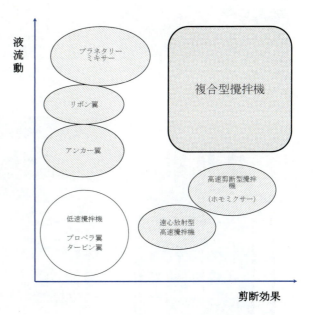

図2　高粘度処理液における各種攪拌機の位置づけ

図2に示した通り、高粘度液の場合には、羽根の小さなプロペラ翼やタービン翼では、十分な液流動は得られない。アンカー翼やリボン翼のように大型の羽根の場合には容器全体を流動させることができるが、粒子を細かくする乳化分散での剪断効果としては不十分である。一方のホモ

ミクサーに代表される高速攪拌機では十分な剪断効果は得られるのだが、液流動という観点からは不十分である。よってこれらの攪拌部を組み合わせることで、液流動と剪断効果の両方を得られるのが複合型攪拌機である。前述のような著しい粘度変化や、高粘度液に対応するためには、低速攪拌機と高速攪拌機を組み合わせた複合型攪拌機が必要となる。高粘度液の混合に用いられるアンカー翼や、リボン翼等、攪拌槽の内壁に沿うような大きな翼と、高速回転剪断型や遠心放射型攪拌機を組み合わせたもの、あるいはプラネタリーミキサーのように高速攪拌軸自体が攪拌槽内を周回する機構を採用することで、処理液体の粘度変化や高い粘度にも対応できるようになる。これらの複合型攪拌機には、複数の高速攪拌機と低速のアンカー翼を組み合わせた図3(a)、パドル翼によりホモミクサーの軸流を補う図3(b)、2軸の遊星ブレードを持つ超高粘度対応のプラネタリーミキサーと遠心放射型の高速攪拌機を組み合わせた図3(c)などがあり、実際の生産現場では、これらが乳化分散装置として多用されている。

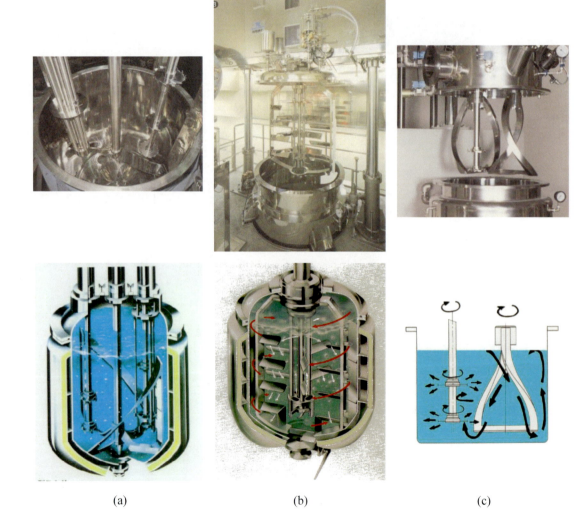

図3　各種複合型攪拌機（上段：外観写真・下段：フローパターンモデル図）

3. スケールアップ

　工業的なスケールアップは、ビーカーで調製したサンプルを、1～10m³ というような、大きなスケールでも生産できることを目的とする。しかし、ビーカースケールの攪拌をそのまま生産プラントのスケールで再現するには不確定要素が多すぎるので、段階を経てスケールアップするのが通常である。表2に各スケールの名称と一般的な大きさ及びその役割を示した。

　概ね 10 倍のスケールを目安に段階を経てビーカースケール、ベンチスケール、パイロットプラントと3つの段階を経て生産プラントの設備を考えるのが一般的とされているが、中にはさらに細かなステップを経由する場合や、逆に簡略化することもある。また、表中の取扱量はあくまで目安であり、最終的な生産規模により、同じ 100L の攪拌機でも、ベンチスケールと呼ばれる場合もあるし、生産プラントとなる場合もある。ここでは、スケールアップの考え方と注意点について述べる。

表2　一般的なプラントスケールとその役割

	名称	取扱量	役割
①	ビーカースケール	0.1～10L	製品化に必要な初期物性データ採り。目的とする性能のサンプルが調整できるかどうか。
②	ベンチスケール	1～100L	工業化可能かどうかの見極め。最適な攪拌羽根形状や、重要因子の確認。
③	パイロットプラント	10～1000L	生産をプラントを見据えたスケールアップのデータ採り。生産コスト、製造品質の確認。
④	生産プラント	100L～10kL	最終目的とする生産設備。③までのデータから工業化の前に技術的、経済的な評価 を行い導入へ。

3.1　スケールアップの要素

　攪拌機でのスケールアップを考えるにあたっては、下記の3つの要素をふまえ、検討を行うことでスケールアップ条件を導き出す必要がある。

　　　機能的要素　　：液の循環、局部での剪断作用など攪拌機の機能に基づく要素
　　　幾何学的要素　：装置形状、羽根径・容器径の比など形状に基づく要素
　　　流体的要素　　：流動の強さ、乱れ具合など液の流動状態に基づく要素

表3に各要素に関係するファクターを一覧にまとめた。ここで表中の記号は、次に示したとおりである。

P:攪拌所要動力　V:処理液量　n:回転数　d:攪拌羽根径　θ:攪拌時間　Q:吐出流量
u:攪拌羽根周速　D:容器径　H:容器液深　h:攪拌機設置高さ　Re:攪拌レイノルズ数　ρ:液密度
η:液粘度　Fr:攪拌フルード数　g:重力加速度　We:攪拌ウェーバー数　σ:表面張力

　これら全ての要素を合わせることは不可能なので、どの要素をスケールアップの主体要因とするかを経験的に判断する必要があり、スケールアップの難しさはこの点にあるといえる。この中で、流体的要素については、スケールアップを行う際には考慮する必要は少ない。というのも、スケールアップ前後の流体つまり処理液は同じであるということが前提となるからである。

表3 攪拌の基本要素とファクターの意味

基本要素	ファクター	意味
機能的要素	$P/V \propto n^3d^5/V$	単位体積あたりにかかる攪拌動力
	$Q\theta/V \propto nd^3\theta/V$	単位体積あたりの攪拌羽根（翼）による剪断を受けた回数
	$V/Q \propto V/nd^3$	粒子が攪拌羽根（翼）を通過してから次ににかかるまでの平均的な時間
	$u = \pi dn$	攪拌羽根（翼）先端の速度
幾何学的要素	d/D	容器径に対する攪拌翼（羽根）の大きさ
	H/D	容器の形状
	h/H	攪拌機の取り付け位置
流体的要素	$Re = \rho nd^2/\eta$	液流の乱れ具合
	$Fr = n^2d/g$	液面の渦の出来具合
	$We = n^2d^3\rho/\sigma$	液滴の分裂しやすさ

3.2 幾何学的要素から見たスケールアップ

　幾何学的要素は、文字通り、幾何学的な形状を相似にするための要素であり、攪拌機を設計するにあたっては、これらの比率を相似としておくことが、スケールアップの基本条件となる。ファクターとして挙げているものは、d/D や H/D など基本的に攪拌機と容器の位置や大きさに由来するもので、ベンチ、パイロットのスケールの場合には、容器、攪拌機ともに相似となるように設計製作されることが多いが、特に、ラボスケールでは、見過ごされがちとなるファクターでもある。例えば、できるだけ少量のサンプルを作るために、小さなビーカーを使用して実験を行った場合に、それをスケールアップして d/D を合わせると、容器に対して非常に大きな攪拌機が必要となってしまう。よって、ラボスケールでの条件出しの際には、スケールアップを意識した大きさのビーカーでの実験も行うことが重要である。

3.3 機能的要素から見たスケールアップ

　機能的要素とは、攪拌機本来の機能に由来する要素で、流体に対してどのような作用を及ぼしているかという要素である。先述の高速剪断型攪拌機の代表例としてホモミクサー（図1）を例にスケールアップについて説明すると、ホモミクサーでは、以下の二つの作用を処理液体に与えている。

　　① 高速回転するタービンによる局部的な剪断作用　　　　　（ミクロ攪拌）
　　② タービンの吐出流による槽内全体の循環作用　　　　　　（マクロ攪拌）

　各社から、タービン・ステータの形状が違う、さまざまな高速攪拌機が製造されているが、基本的な違いは①と②のバランスの違いといってもよい。したがって、高速攪拌機のスケールアップにおいては、この2つの作用をスケールアップ前後で等しくすることで、目的とするスケールアップが達成される。

　まず①の剪断作用について考える。特に、ホモミクサーのスケールアップで重要となるのは、粒子・液滴に剪断力を加え、これらを微細化していく乳化・分散（ミクロな攪拌）の効果である。ホモミクサーのような高速剪断型攪拌機は概ね、図1のように高速回転するタービンと、僅かな間隙(クリアランス)を持つステータ(固定環)とで構成されている。剪断作用はこの僅かなクリア

ランスを通過する際に処理液に与えられ、タービンとステータで生じる剪断速度に依存し、その剪断速度 du/dr は式(1)で表される。

$$\frac{du}{dr} = \frac{u}{\delta} = \frac{\pi dn}{\delta} \quad \cdots \quad (1)$$

ここで、uはタービンの周速であり、δはタービンとステータのクリアランスである。小型機も大型機も同等のクリアランスを持たせるように設計されている場合には、剪断作用を合わせるには、小型機を添字1、大型機を添字2とすると、スケールアップ条件は式(2)のようになる。

$$u_1 = u_2 \quad \therefore \pi d_1 n_1 = \pi d_2 n_2 \quad \cdots \quad (2)$$

つまり、剪断作用は、タービンとステータのクリアランスが同じ相似形の高速攪拌機であれば、周速によって決まるということであり、タービン径の大きな大型機では、小型機で実験した回転数より低い回転数で同じ周速となり、同等の剪断作用が得られる。

次に、容器内の全体流動を考える。②の循環作用により図1に示した通り、処理液は容器内を循環しながらタービンとステータのクリアランスで、剪断作用を受ける。したがって、タービンとステータを通過する回数すなわち平均循環回数をスケールアップ前後で同じにすることにより、処理液全体にかかる剪断作用を等しくすることができる。この平均循環回数 N は(3)式のように表せる。

$$N = \frac{Q}{V}\theta \quad \cdots \quad (3)$$

また、タービンより吐出される処理液の量、吐出流量 Q は(4)式で与えられる。

$$Q = N_q n d^3 \quad \cdots \quad (4)$$

ここで、N_q は吐出流量係数で、攪拌翼形状、処理液粘度、処理液密度に依存する係数であるが、スケールアップを考える場合、同じ処理液を扱うことが前提条件である事から、粘度・密度の項はスケールアップ前後で変わらない。よって小型機と大型機が同じ N_q となるように設計されている攪拌機の場合には、(3),(4)式より循環作用を合わせるには、小型機を添字 1、大型機を添字 2 とすると、スケールアップ条件は式(5)のようになる。

$$N_1 = N_2 \quad \therefore \frac{n_1 d_1^3}{V_1}\theta_1 = \frac{n_2 d_2^3}{V_2}\theta_2 \quad \cdots \quad (5)$$

基本的な高速攪拌機のスケールアップは前述のように(2)式、(5)式の両方を満たすように、n、θ、V の運転条件と d、N_q、δを含む相似条件を満たす攪拌機を選定することで、スケールアップすることが可能となる。

3.4 スケールアップの注意点

スケールアップの第1段階となるのがビーカースケールであり、ここで最も重要となるのは、性能のよいサンプル(製品)を作ることである。しかし、そのために、かかるコスト

表4 スケールアップ 条件の実例

スケール	型式	仕込み量 (L)	回転数 (r/min)	所要時間 (min.)
ビーカースケール	M II-2.5	2	8000	1.0
ベンチスケール	M II-40	50	4226	7.0
パイロットプラント	M II-630	500	2074	16.8
生産プラント	M II-1800	1500	1659	32.3

123

を度外視して、必要以上に撹拌時間を長くとったり、必要以上に回転数を高く設定したりしがちになるので注意する必要がある。

表4に機能的要素のスケールアップ式に従い、一般的なホモミクサーを用いた場合の標準的な量の液を仕込んだ場合のスケールアップ条件を列記した。

注意点としてスケールを上げれば上げるほど運転時間が長くかかりラボ機と生産機では処理時間が30倍以上となっている。生産においては、原料投入、加熱冷却、取り出し等の時間も考慮する必要があり、生産を計画する場合には、生産プラントにおける高速撹拌機の運転時間は4～6時間以下としておくのが妥当である。この点も踏まえると、ビーカースケールでの高速撹拌は長くとも10分程度で必要とされる製品性能が得られるような運転条件にしておくことが望ましい。

また、ビーカースケールの小型機の場合は、加熱冷却の方法、時間にまで注意を払うことは少ないが、スケールアップを考えた場合には、加熱冷却についても注意する必要がある。ここで、ジャケット付の容器に熱媒(冷媒)を流し、内容物を加熱冷却する場合を考える。熱交換能力を Q_C とするとそれぞれ次式のように表すことができる。

$$Q_C \propto UA\Delta T\theta \quad \cdots \quad (7)$$

ここで、U は総括伝熱係数、A は伝熱面積(容器内壁面積)、ΔT は対数平均温度差、θ は所要時間である。U は、容器内壁の厚み、材質、容器内及びジャケット内の付着物により影響を受ける熱交換の指標である。大型タンクの場合には強度上、内壁が厚くなっているため、U は当然小さくなる。加えて、熱交換が行われる容器内壁面の伝熱面積 A は、容器内径の2乗に比例して大きくなるが、容量は容器径の3乗に比例して大きくなる。つまり、幾何学的要素を合わせてスケールアップした場合には、処理量の増加と伝熱面積の増加には2/3乗のずれが生じる。一般的な10%皿型底容器における内容積と伝熱面積の関係を図4に示す。

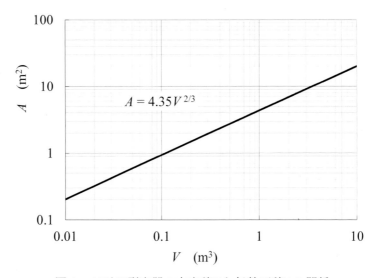

図4　10%皿型容器の内容積Vと伝熱面積Aの関係

もちろん、低粘度の液を扱う場合には、熱交換面積を増やすために、タンク内に冷却コイルを使用することも可能だが、高粘度の場合には、冷却コイルへの付着により熱交換能力が低下することや洗浄性も考慮に入れなければならない。

　つまりスケールアップにより、加熱・冷却にかかる時間が、長くなる傾向があるので、ベンチスケールやパイロットプラントにおける運転条件で影響を確認しておく必要がある。一例として、化粧品のクリームのように固形ワックスを原料に含む乳化では、図5に示したように、高速攪拌機の運転条件よりも、その後の冷却工程での冷却速度による変化が大きく、これが重要な因子となっている。ベンチスケールやパイロットプラントで急速冷却によってとサンプル（製品）を調製してしまった場合には、後々の生産スケールでは、再現できない、あるいは大型の冷却装置が必要になるので注意が必要である。

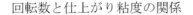

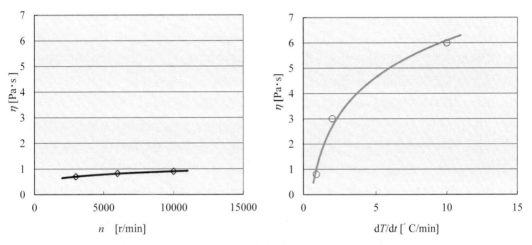

図5　回転数及び冷却速度のクリーム粘度への影響

4. おわりに

　本稿で紹介したこれらの高速攪拌機の選定およびスケールアップには、処理液の粘度や流動特性を考慮するとともに、前後工程を含むプロセス全体を考慮する必要がある。さらに、装置の最適な運転条件を見つけるには、回転数、処理時間(滞留時間)、容器内の圧力、加熱冷却を含む複雑な運転条件を設定するとともに、乳化剤・分散剤・分散助剤・安定剤等の濃度・種類・配合比や投入順序等の化学的要因についても併せて検討する必要がある。

第12章　エムレボの挑戦　羽根のない撹拌体の導入事例と今後の展望

会田　直樹

（エムレボ・ジャパン株式会社）

はじめに

　現在、ミキシング（混合・撹拌）の技術は、化学・食品・製薬などの多くの工業分野で、主に異種流体を均一な状態にする目的で使用されている。

　一般的にミキシングは、モーターとモーターにシャフトを介して取り付けられた羽根とで構成される撹拌機が用いられ、撹拌機のモーターの回転に従動する羽根により撹拌槽の流体が混合・撹拌されることで達成される。このようなモーターと羽根とで構成される撹拌機は、一般的に汎用性が高く、短時間でのミキシングが可能であり、かつ構造が比較的簡単なため安価であるという特徴を有する。

　しかし、羽根を持つ構造にはいくつかの問題点がある。まず、羽根の構造上、翼辺の4辺が流体をせん断しながら回転するため、流体分子の切断による流体の性質の変化や、流体内の溶質の切断が生じる可能性がある。また、翼面による流体の移動は上下左右の四方にわたるため、液面が激しく荒れることによる泡の巻き込みや流体の飛散の可能性がある。これらの問題はミキシングの対象となる流体の品質に直接かかわるため、モーターの回転数を低く抑える等の運転条件の制限により、流体への影響が少なくなるよう考慮する必要がある。

　また、羽根によるスラリー等のミキシングでは、羽根直下や撹拌槽の底面端部分に沈降物が堆積する問題の解決が困難であった。さらに高粘度流体では、そもそも撹拌機で羽根を回転させることができないことや回転させられても羽根が曲がってしまうことがあった。

　加えて、手持ち式のミキサーにおいては、羽根の撹拌槽内壁への接触により内壁の切削物が異物として混入し、コンタミネーションが発生する可能性がある。また、この接触により羽根自身の損傷や人的被害の発生の虞もあり、可能な限り回避しなければならない。

　これらの問題を解決するために、羽根のない撹拌体[1]が開発され、M－Revo®またはエムレボ®の商品名で製造・販売されている。羽根がない撹拌体としてのエムレボ®に関する特性は、吉見らにより報告[2]がなされているが、本稿では、羽根を用いた撹拌の問題点を解決するだけではなく、多様化するニーズに応えて進化するミキシング技術に対応すべく、様々な分野に挑戦するエムレボ®を紹介する。

1.　構造と動作原理

　図1に羽根のない撹拌体であるエムレボ®の外観と概略図の一例を示す。エムレボの先端形状は半球となっており、この半球の天頂付近に設けられた3カ所の吸入穴と半球側面に設けられた3カ所の吐出穴が3本の略L字形の流通路で各々接続された構成となっている。

　なお、図1に示すエムレボ®の特徴的な形状は、羽根のない撹拌体が開発された経緯である塗料の撹拌に由来するもので、一斗缶の塗料を手持ちミキサーで撹拌する際に、缶底の角まで確実に撹拌できるように角近くまで吸入口を近づけられるようすると共に、撹拌体が缶壁や缶底に接触しても塗料の異物となる缶からの切削物が発生しにくくするための形状となっている。

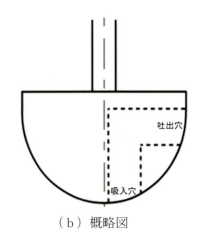

（a）外観　　　　　　　　　　（b）概略図

図1

図2に羽根のない撹拌体であるエムレボ®による撹拌槽内の流れ場の模式図を示す。この羽根のない撹拌体による撹拌の動作原理は遠心力の作用によるものとなっている。[3]

具体的には、撹拌体の内部に設けられた流通路内に存在する流体に対して回転による遠心力が付与されることで、流体は吐出穴から吐出される。この流体の吐出により流通路内に流れが生じることで、吸入穴から流体が吸い込まれる。この流体の吐出と吸入が撹拌体の回転により連続することで撹拌が行われる。

この羽根のない撹拌体による撹拌槽内の流れ場は、羽根を有さないために旋回成分が中心となると同時に、吐出穴から吐出した流れが撹拌槽壁面に衝突し上下に分かれることで輻流型流れを形成するため、旋回流型と輻流型を合わせたような流れ場になる。

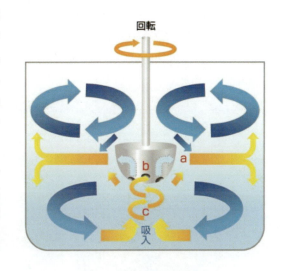

図2　流れ場の模式図

図3にエムレボ®の外観の別の一例である貫通形状を示す。エムレボ®は工業生産ラインへの適用に伴い、より大容量の溶液の撹拌が求められた。この結果、図1に示す半球形状のエムレボ®では、
- 大型化すると重量が重くなり、撹拌機のモーターに負荷がかかる
- 加工が複雑なうえ加工賃が高価なため大型化に向かない
- 撹拌力に影響する吐出穴を数多く設けるのに不向き

等の課題から、図3に示す1カ所の吸入穴に対して複数の吐出穴を接続する構成としたエムレボ®を導入するに至った。また、吸入穴を撹拌体の中心に設けることによりモーターに接続するシャフトを撹拌体に貫通させることも容易となったことで、この貫通形状のエムレボ®では、以

下の優位点が明確になった。
- 半球形状に比べて軽量化しやすい
- 加工が容易で半球形状に比して安価
- 吐出穴の形状や穴数の変更が容易で撹拌力の調整がしやすい
- 複数段の設置が容易で大容量の撹拌槽に適用しやすい
- 吸入穴を液面側にして取り付けることが可能で使用用途が拡大した

なお、撹拌力に影響する吐出穴からの溶液の吐出量に関しては、初歩的な試験により撹拌体の外径と吐出穴形状・吐出穴数が同じであれば、ほぼ同等であることが確認されている。

図3　貫通形状の外観

　図4に貫通形状のエムレボ®による撹拌の様子を示す。水を入れた5Lビーカーに投入したプラスティック玉はエムレボ®直下から上昇し（a）吸入穴から吸い込まれ（b）吐出穴から吐出される（c）様子が確認できる。この様子から図2で説明した通り、羽根のない撹拌体であるエムレボ®による撹拌原理が、回転による遠心力により生じる吐出と吸入の一連の作用であることが確認できる。

 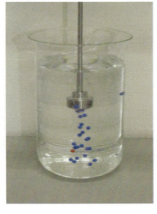 

　　　（a）　　　　　　　　（b）　　　　　　　　（c）

図4　エムレボ®による撹拌の様子

2. エムレボ®の特性

　田中らによれば[4]）、撹拌容器の大きさが異なるなど単純に比較することはできないが、撹拌レイノルズ数 R_e に対する混合時間数 $N_{Tm}(=N \cdot T_m)$ の関係から、羽根のない撹拌体は一般的な羽根と比較して撹拌性能が劣ると報告されている。

　この点に関し、エムレボ®の製造・販売の現場でも、撹拌の原理が異なるため単純比較はできないとはいえ、現状使用している撹拌機の羽根の代わりにエムレボ®を取り付けても、求められ

るミキシングができないことが多く、エムレボ®がなんでも実現可能な万能な撹拌体ではないとの認識に至っている。

　しかしながら、工業分野で求められているミキシング技術は、そのもの自身を目的とするものではない、言い方は悪いが単なる手段であって、現場では如何に目的とする生産物を効率よく、かつ品質を向上させるかに目が向けられている。この点においては、本稿の掲題の通り、工業生産ラインのニーズはまさに多様化しており、従来の羽根による撹拌機では困難であったミキシングが可能なエムレボ®に期待が寄せられている。

　実際のエムレボ®の引き合いにおいて多く寄せられるミキシングの課題であり、また、エムレボ®の特徴的な特性は以下の通りとなる。

　　１．泡立ちにくい
　　２．低シェア・壊れにくい
　　３．沈みにくい・吸い上げる

　「泡立ちにくい」に関しては、エムレボ®の流れ場での説明の通り、吐出穴から吐出した溶液は撹拌槽壁面に向かっていく流れとなり、直接液面に向かっていく流れの成分が少ない指向性の高い流れのため、液面の乱れが少なくなるためと考えられる。なお、エムレボ®は、通常の使用方法においては撹拌槽の底面側から吸い込む流れを作るため、エムレボ®の液深さ方向の位置を液深さの中間位置からさらに液面に近い位置に配置するのが撹拌の効率が良いことが多い。従って、一般的な羽根が底面近くに配置することを考えれば、かなり高い位置に配置することが多い。このような配置であっても液面の乱れは非常に少なく、泡立ちにくい特性はエムレボ®の大きな特徴の一つとなっている。

　「低シェア・壊れにくい」に関しては、エムレボ®は、溶液をせん断しながら回転する箇所が吸入穴部分と吐出穴部分しかなく、通常の羽根が翼辺の４辺であることと比較すれば非常に少ないためと考えられる。これは、エムレボ®による撹拌が、撹拌の効率を上げるために通常の羽根と比べて高速回転させることを差し引いても、十分に優位性がある特徴となっている。

　「沈みにくい・吸い上げる」に関しては、エムレボ®による撹拌の様子での説明の通り、撹拌槽の沈降物はエムレボ®の吸入穴から吸い上げられるため、沈んだものは巻き上げられることになる。なお、撹拌槽の底面端部分に堆積する沈降物もエムレボ®直下の溶液と沈降物の吸い上げに伴い順次エムレボ®の下に移動してくるため、同様に巻き上げが可能となっており、これもエムレボ®の特徴となっている。

　その他、エムレボ®の特徴として、溶液内での回転に抵抗となる羽根がないため、回転に要する起動トルクが羽根と比べて小さくなるので高粘度流体でも回転可能であることや、回転時に曲がってしまう羽根もないため対応可能であり、エムレボ®の特徴としてあげられる。ただし、エムレボ®が回転可能であることと撹拌できることとは別問題なので、高粘度流体の特性や求められるミキシングの内容には注意が必要となる。

　また、一般に手持ちミキサー特有の問題ではあるが、羽根がないので撹拌槽内壁への接触に伴う異物の混入の可能性が少ないこと、また、羽根と比較した場合に、接触による撹拌体の損傷や人的被害の発生の虞も少ないことも特徴としてあげられる。

以上の通り、エムレボ®は、ミキシング技術に求められる多様なニーズに対して、ニッチではあるがエムレボ®でしか実現しえない様々な用途に適用可能となっている。

3. エムレボ®の導入事例

エムレボ®は、製造・販売を開始してから約5年が経過し、化学・食品分野を中心に2000件を超える導入事例を得るに至っている。

また、そのラインナップは、図5に一例を示す通り、撹拌体のヘッド径がφ11の試験管用のエムレボ®から、1L～10L程度の容量に対応するヘッド径φ24、34、48のエムレボ®、また、数十L～200Lの容量に対応するヘッド径φ64、90、120のエムレボ®、さらには、ヘッド径φ300のエムレボ®を10m^{3}撹拌用として製造・販売している。

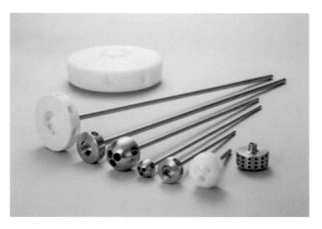

図5　ラインナップの一例

ここでは、これらの過去実績の中で代表的な導入事例を紹介する。なお、理解の補助のため、一部事例については図6～図8にてイメージ・写真等を示す。

○泡立ち防止（泡立ちにくい）

業種	適用工程	導入結果
樹脂製造 （自動車用材料）	樹脂成型工程	溶液深さが浅いストック槽での撹拌でも泡立ちが発生しにくく、成型時のピンホールが減少して歩留りが向上
樹脂製造 （半導体用材料）	樹脂製造工程	水面の波立ちやボルテックスが発生しにくく、泡立ちと空気中の水分混入が減少して品質が向上
医薬品製造	製薬工程	界面活性剤による泡立ちが減少し、タンクの小型化と材料ロスを低減 図6　イメージ図　参照
自動車製造	ボディー塗装工程	溶液面が静かで溶剤の揮発が少なく、かつ顔料が沈降しにくく、塗装ブツ・塗装ムラが減少
食品製造	豆腐製造工程	急速撹拌が必要な豆乳へのニガリ投入時に泡立ちにくく、歩留りが向上 図7　豆乳へのニガリ投入　参照

○破壊防止（低シェア・壊れにくい）

業種	適用工程	導入結果
食品製造	氷菓子製造工程	餡子内の小豆（つぶあん）が壊れにくく、品質が向上
食品製造	豆腐製造工程	五目厚揚げ用豆乳へのニガリ投入時の撹拌で五目厚揚げの具材が壊れにくく、品質が向上
食品製造	運搬工程	運搬用の袋の中での撹拌で袋に穴が開くことがなく、運搬時の撹拌が可能

○沈降防止（沈みにくい・吸い上げる）

業種	適用工程	導入結果
ゴム製造	保管前工程	製造された帯状ゴムを巻いた状態で保管するための融着防止溶液槽の撹拌で溶質沈降が減少し、品質が向上
食品製造	充填工程	ドレッシングを袋に充填するためのホッパータンクの撹拌で胡麻等の沈降が減少し、材料ロス減少 図8　ホッパータンクの例　参照

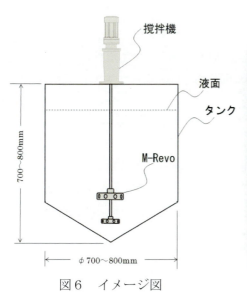

図6　イメージ図

図7　豆乳へのニガリ投入

図8　ホッパータンクの例

4. エムレボ®の今後の展望

＜化学分野への適用＞

過去実績も豊富で今後も導入が見込まれる分野となっているが、一度泡が混入すると抜けにくい高粘度への対応がどこまで可能か、が今後のポイントになるとと考えている。これは、エムレボ®が吐出する溶液で槽内を撹拌するという動作原理のため、高粘度の溶液に対して工夫なしでは目的とするミキシングが得られないためである。

しかしながら、この高粘度への対応も少しずつではあるが可能となっており順次報告の機会があればと考えている。

＜食品分野への適用＞

この分野も今後とも導入が見込まれているが、この分野においては、どこまでコストパフォーマンスが高くできるかがポイントとなると考えている。周知の通り、食品業界でのコスト競争は他の分野と同様に非常に厳しく、また製品の単価が安価であることからかエムレボ®に対する価格の要求も厳しい。

この点において、通常の羽根では不可能なミキシングの提案が重要であると考えている。

＜製薬・製剤分野への適用＞

現在、製薬・製剤での導入実績は、一部を除いてビーカー試験レベルの適用がほとんどとなっている。これは、製造方法や製造機器を変更する場合であっても申請が必要な業界固有の事情もあるかと考えられる。また、前臨床から医薬品として承認されるのに、八木の報告[5]によれば平均１１０ヶ月が必要で、また同報告によれば、医薬品として承認される成功確率は１８％という厳しいものとなっており、導入には厳しい分野ともいえる。

しかしながら、ビーカー試験レベルにおいては、発泡性の溶液の混合や沈降性物質を含む懸濁液の混合等で効果があるとの報告があり、導入が継続されることが見込まれる。

＜細胞培養分野への適用＞

また、細胞培養分野については、ジャー・ファーメンター等の機器への導入は、これらが専用

の羽根で最適化され完成された機器のため、同等の結果までとのことである。

ただ、エムレボ®は低シェアの状態でのミキシングが可能であり、せん断力に弱い細胞の培養への適用の可能性がある。

＜その他の分野への適用＞

ミキシングの技術は、上述した化学・食品・製薬に限らず、およそ製造現場で液体を使用している分野においては必須であり、この点において様々な分野での適用が可能と考えている。

5. エムレボ®の挑戦

上述した各分野での適用の可能性とは別に、どのような場面で使用されれば最適であるかが、良くも悪くも不明な特殊な形状や使用方法があるので最後に紹介する。

図9に特種用途のエムレボ®の外観の一例を示す。このエムレボ®は貫通形状の吸入穴部分に羽根を設けた構成となっている。羽根はシャフト先端に溶接付けしており、取り外しての洗浄も可能となっている。もともとの用途はゲル状物質の溶解に用いるためのものであり、泡立たせたくないがエムレボ®だけではゲル状物質の溶かし込みに時間がかかっているのでなんとかしてほしい、との要求を元に開発したものである。要求元には引き続き定期的に引き合いを頂いているが、何か別の分野やミキシングで使用できないか検討している。なお、このようなエムレボ®と羽根との組み合わせは他の引き合い先でも行っているようで、詳細は不明だがアンカータイプの羽根と組み合わせた結果が良かったとの報告を受けている。

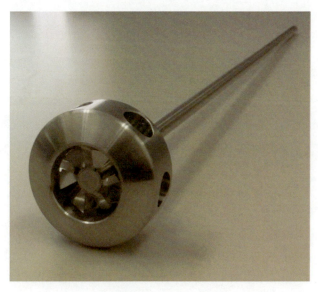

図9　特種用途のエムレボ®の外観

図10に特種用途のエムレボ®の使用方法の一例を示す。このエムレボ®は貫通形状であり、吸入穴を水面側に向けた構成となっている。この状態でエムレボ®を回転させると、ボルテックスがシャフトに沿って発生し、水面に滴下したオイルをシャフトに沿って水中に巻き込むことが可能となる。もともとはエムレボ®で乳化が可能かをテストする際に見つけた方法で、考えてい

たよりボルテックスが細く絞られた状態で発生することを利用したものである。なお、乳化はある程度強力なシェア（せん断力）がないと難しいため、このまま乳化に使用するのは現時点では困難であるが、例えば乳化前の予備ミキシングなどでは使用できそうである。

図１０　特種用途のエムレボ®の使用

むすび

　エムレボ®は、なんでも実現可能な万能な撹拌体ではないが、求められるミキシングの中にはエムレボ®では可能だが通常の羽根では難しいものもたくさんあり、故にエムレボ®に期待が寄せられている現実がある。

　この期待に応えるため、今後とも各分野への適用と新しい用途の開発を進めていきたい。

引用文献

1）村田；　特開２０１１－５３４９　攪拌用回転体および攪拌装置
2）吉見ら；　日本機械学会流体工学部門講演会講演論文集(2012)，pp.143-144
3）鈴木ら；　「攪拌・混合技術とトラブル対策」技術情報協会(2014)，pp.104-110
4）田中ら；　日本機械学会 2014 年度年次大会(2014)，pp.000-000
5）八木；　政策研ニュース(2010)，No.29

第13章 CFDによる攪拌解析技術

中嶋　進
（アンシス・ジャパン株式会社）

1. はじめに

　化学プロセスには、物を混ぜる操作が多数ある。例えば、溶媒中に溶質を溶かすためであったり、固体粒子を均一に分散させるためであったり、また、外部から熱を加えたり、外部へ熱を逃がしたりするときに、槽内で温度分布が付かないようにするためであったりと、その目的は様々である。

　この、物を混ぜるという操作は、移流と拡散という現象を利用している。移流とは、図1(a)に示すように、流れに沿って物が移動する現象で、外力がないと起こらない。一方、拡散は、乱流拡散と分子拡散に大別できる。乱流拡散は、種々のスケールの渦が、生成・消滅することで生じる乱れによって、物質が広がっていく現象で、流れ場が乱流のときに起こる。分子拡散は、図1(b)に示すように、ブラウン運動（分子運動）によって、濃度勾配を平滑化するように相互移動する状態で、その速度は、物質や温度に依存する。

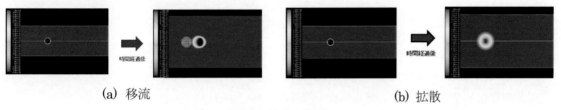

(a) 移流　　　　　　　　　　　(b) 拡散

図1　物質の移流と拡散

　工業的に物を混ぜるときには、移流と乱流拡散を積極的に活用しており、そのための装置として、攪拌槽が用いられている。

　ところで、プロセス開発を進めるにあたり、一般的には、ラボスケールから、ベンチスケール、パイロットスケールへと徐々にスケールアップを実施し、要素技術を詰めていく。このとき、ラボスケールで設定された条件を満たすような攪拌が、ベンチスケール、パイロットスケールで再現できているのか、製品の品質や生産性に影響を及ぼす因子でありながら、実測で検証していくことは、コスト的にも技術的にも難しい。

　そのため、式(1)、(2)で示されるような、物質の移流と拡散の現象を、3次元で解くことのできるCFD (Computational Fluid Dynamics)は、商用コードが研究開発部門で利用できるようになった当時（1980年代後半）から、攪拌槽の解析に適用され実績を挙げてきた。

・移流

$$\frac{dC}{dt} = u \frac{dC}{dx} \qquad \cdots (1)$$

・拡散

$$\frac{dC}{dt} = \Gamma \frac{d^2 C}{dx^2} \qquad \cdots (2)$$

ここで、Cは拡散する物質の濃度、Γは拡散係数を示す。

本章では、CFDによる攪拌槽の解析手法と代表的な解析の実施例に加えて、電磁界解析や構造解析といった、他の解析アプローチと連成することで得られる結果も紹介する。

2. CFDを用いた攪拌槽解析
2.1 単相解析
攪拌槽を解析する場合、邪魔板を設けることでボルテックスの生成を抑制し、比較的穏やかな液面を形成しているものとし、気-液界面の部分を解析対象の境界面と仮定し、単相(通常は液相)で解析を実施することが多い。

このとき、境界での運動量の定義に注意を払う必要がある。境界には様々な種類があるが、そのひとつである壁境界(Wall Boundary)を用いる場合、一般的な非滑り境界(No Slip)では、壁面での速度が0 m/sとなってしまうので、速度を持った流れに対する設定としては不適切となる。流体の出入りはないが、界面に対して平行な流れが存在しているとし、壁境界であれば滑り壁境界(Slip)を用いる。ANSYS Fluentでは、壁面におけるせん断(Specified Shear)を指定することで、滑り壁をモデル化している。その他の境界として、対称境界(Symmetry)を用いることもできる。

2.2 定常・非定常解析
攪拌槽では、攪拌翼と邪魔板の相互作用は比較的弱い場合が多いので、大きなスケールでの非定常効果が存在しないと仮定し、定常解析を行うことができる。

このとき用いる手法がMRF(Multiple Reference Frame：複数基準座標系)モデルである。このモデルを使用するために、モデル作成時にゾーンを分割しておく必要がある。図2に邪魔板を有する攪拌槽の一般的なゾーン分割を示す。

MRFモデルは、各ゾーンにそれぞれ異なる回転速度を割り当てることのできる定常近似の手法で、運動する各ゾーン内の流れは、移動基準座標方程式を使用して解析する。ゾーンが静止している場合は、方程式は静止形式となる。ゾーン間のインターフェースでは、1つのゾーンの流れ変数を使用して、隣接するゾーンの境界における流束を計算できるように、局所基準座標の変換が行われる。

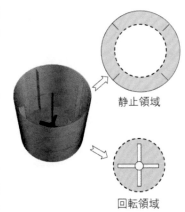

図2 ゾーン分割の例

流体速度は、式(3)、(4)を使用して、静止座標系から移動座標系に変換できる。

$$\vec{v}_r = \vec{v} - \vec{u}_r \qquad \cdots (3)$$

$$\vec{u}_r = \vec{v}_t + \vec{\omega} \times \vec{r} \qquad \cdots (4)$$

この式で、$\vec{v}_r$は相対速度(移動座標系から見た速度)、$\vec{v}$は絶対速度(静止座標系から見た速度)、$\vec{u}_r$は慣性基準座標系に対する移動座標系の速度、$\vec{v}_t$は平行移動座標系の速度、$\vec{\omega}$は角速度である。

攪拌翼と邪魔板の相互作用が大きい場合や、その他の非定常的な効果を検討する場合は、MRF モデルを使用した定常解析を実施するべきでははく、スライディングメッシュモデルを用いた、非定常解析を実施するべきである。ANSYS Fluent では、コマンド一つで、MRF モデルからスライディングメッシュモデルに変更することができ、MRF モデルの解析結果は、非定常解析の初期値として使用することができる。

2.3 単相、定常解析の実施例
2.3.1 翼間距離と流れの特徴

Rutherford ら[1]が行った、2 段のラシュトンタービン翼による流動実験の条件に基づいて、解析を実施した事例を示す。タンクの寸法、及び翼の寸法を図3に示す。翼の回転速度は、250rpm とし、2 段の翼の位置は、表1の3つの条件とする。

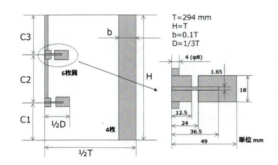

表1 上下2段の攪拌翼の設置位置

	条件1	条件2	条件3
C1	0.25T	1/3 T	0.15T
C2	0.50T	1/3 T	0.50T
C3	0.25T	1/3 T	0.35T

図3 攪拌槽の寸法

図4(a)に、論文で示されている、レーザードップラー流速計(LDA)で計測された速度ベクトルを示す。図4(b)に、解析で得られた速度ベクトルを示す。攪拌翼の設置位置により、平行な流れ(Parallel flow:条件1)、合流する流れ(Merging flow:条件2)、分岐する流れ(Diverging flow:条件3)と、流動パターンが変化するが、その様子がきちんと CFD で再現されている。

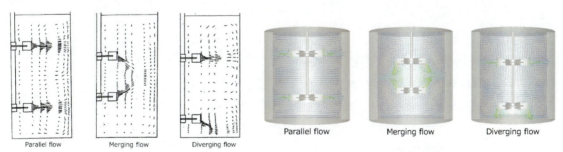

(a) LDA による測定結果　　　　　　　　(b) CFD による解析結果

図4 上下2段の攪拌翼の設置位置とフローパターン

式(5)により、流体解析の結果から、攪拌トルクTを求めることができる。求めた攪拌トルクより、式(6)、(7)に従い、回転速度Nと、翼径dを用いて、動力Pから動力数Npを求めると、図5に示すように、フローパターンだけではなく、動力数も実測値と定性的に良い一致を示していることが分かる。

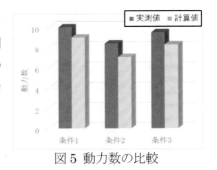

図5 動力数の比較

$$T = \iint_S r v_\theta \rho \vec{v} \cdot \hat{n} dS \qquad \cdots (5)$$

ここで、rは回転軸からの半径方向の距離を、v_θは接線方向の絶対速度、$\vec{v}$は全絶対速度、Sは境界面を示す。

$$P = 2\pi NT/60 \qquad \cdots (6)$$

$$Np = P/\{\rho(N/60)^3 d^5\} \qquad \cdots (7)$$

2.3.2 スケールアップ

幾何学的に相似な攪拌槽のスケールアップを検討する場合、式(8)、(9)に示す、攪拌レイノルズ数とフルード数が共に等しくなるような条件を用いれば、流体力学的にも、流体挙動的にも相似となるので、この指針に基づいたスケールアップを実施するのが望ましい。

・攪拌レイノルズ数

$$\mathrm{Re} = \frac{\rho N d^2}{\mu} \qquad \cdots (8)$$

・フルード数

$$Fr = \frac{dN^2}{g} \qquad \cdots (9)$$

しかし、この条件が成り立つことは通常ありえない。そのため、何を一定にしてスケールアップを行うか、様々な指針がある。下記に一例を示す。

・単位容積あたりの攪拌動力 ・・・ 同一攪拌効果
・攪拌レイノルズ数 ・・・ 流体力学的相似
・フルード数 ・・・ 流体挙動の相似
・完全浮遊攪拌速度 ・・・ 粒子挙動の相似

単位容積あたりの攪拌動力一定の指針に基づいたスケールアップが実施されることが多く、このとき式(10)の条件が満たされる。

$$Nd^{2/3} : \mathrm{constant} \qquad \cdots (10)$$

この条件でスケールアップの検討を実施した事例を紹介する。解析に用いた攪拌槽の形状は、図6に示すとおりである。

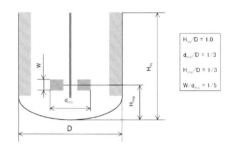

図6 攪拌槽の形状

表2 攪拌トルク、攪拌動力、
単位容積あたりの攪拌動力の解析結果

容積	2.6ℓ	4400ℓ
回転数	500rpm	96rpm
攪拌トルク	0.013 N·m	1100 N·m
攪拌動力	0.69W	1110W
単位容積あたりの攪拌動力	260W/m³	250W/m³

攪拌槽の容積は、ラボスケールで約2.6ℓ、パイロットスケールで約4400ℓとする。攪拌速度は、ラボスケールで500rpmとすると、式(10)より、パイロットスケールは96rpmとなる。解析で求まった、攪拌トルク、攪拌動力、単位容積あたりの攪拌動力を表2に示す。

スケールアップ指針のとおり、単位容積あたりの攪拌動力が、ラボスケールとパイロットスケールで近い値となっていることが分かる。この解析結果から、混合状態の差異を検討する指標として、移流の効果であるメソスケールの混合時間 τ_S と、拡散の効果であるマイクロスケールの混合時間 τ_G を用いる。τ_E は、乱流渦の巻き込みによるマイクロスケールの混合時間を示している。各々の混合時間は、Brian Glennon[2]、J. Baldyga & J. R. Bourne[3),4)]、Lars Vicum[5]らが用いている、式(11)、(12)、(13)を用いて算出する。

・メソスケールの混合時間

$$\tau_S = \frac{3L^{2/3}}{4\varepsilon^{1/3}} = \frac{k}{2\varepsilon} \qquad \cdots (11)$$

・マイクロスケールの混合時間

$$\tau_E = \frac{1}{E} = 17.24\sqrt{\frac{\nu}{\varepsilon}} \qquad \cdots (12)$$

$$\tau_G = \tau_E \left(0.0303 + \frac{17050}{Sc}\right)^{-1} \qquad \cdots (13)$$

ここで、L は特性長さ、k は乱流エネルギー、ε は乱流エネルギーの散逸率、ν は動粘度、Sc はシュミット数である。

2.6ℓのラボスケールと、4400ℓのパイロットスケールの攪拌槽の、マイクロケールの混合時間分布を図7に、メソスケールの混合時間分布を図8に示す。マイクロスケールの混合は、活動的な渦内部の層流域に相当する微視的な領域での分散と混合の度合いを示しており、反応速度に影響を与えると考えられている。図7が示すように、単位容積あたりの攪拌動力一定のスケールアップを実施することで、スケールに因らず、反応速度が維持されると推定できる。一方、メソスケールの混合

時間は、反応装置よりも小さなスケールでの、分離された物質の混合に影響を与えると考えられている。図8が示すように、このスケールアップでは、フィーダーから原料を供給するようなプロセスでは、その混合にスケール間で差が生じることが推定できる。

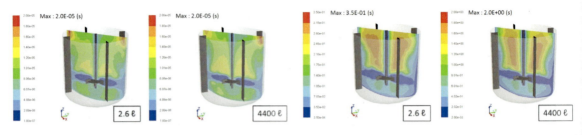

　　　図7　マイクロスケールの混合時間　　　　　　　図8　メソスケールの混合時間

　メソスケールの混合速度の差異を検証するため、撹拌翼の直下から原料をフィードした時の混合状態を解析した結果を図9に示す。パイロットスケールでは、ラボスケールと同じような混合状態を得るのに、メソスケールの混合時間の差に相当する、6倍程度の時間を要することが分かる。

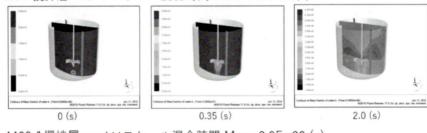

図9　混合状態の比較

2.4　その他の解析事例
2.4.1　混相解析
　上記解析例では、気-液界面の部分を解析領域の境界面としてモデルを作成している。それに対し、界面で形成されるボルテックスを解析で検証したいという要望もある。ANSYS Fluent では、VOF(Volume of Fluid)モデルという、オイラーメッシュ用の表面追跡手法があり、非混合流体の界面の位置を知りたいという場合に適用することができる。このモデルでは、全ての流体で同じ運動

方程式を使用し、各セルの流体別の体積分率を解析領域全体にわたって追跡する。q相の体積分率は式(14)によって求められる。

$$\frac{1}{\rho_q}\left[\frac{\partial}{\partial t}(\alpha_q \rho_q) + \nabla \cdot (\alpha_q \rho_q \vec{v}_q) = S\alpha_q + \sum_{p=1}^{n}(\dot{m}_{pq} - \dot{m}_{qp})\right] \qquad \cdots (14)$$

ここで、$\dot{m}_{qp}$は相qから相pに移動する質量、$\dot{m}_{pq}$は相pから相qに移動する質量で、右辺のソース項$S\alpha_q$は、デフォルトではゼロとなる。

VOFモデルを用いて、マグネットスターラーによる撹拌を解析した事例を示す。装置のサイズや解析条件は、Tariq[6]らの文献に従う。図10に、定常解析より得られた、マグネットスターラーの回転速度の違いによる、ボルテックスの形状変化を示す。

図10 撹拌速度によるボルテックスの形状変化

VOFモデルでは、非定常の計算をするのが一般的であるが、定常計算に使用することもできる。図11(a)に、非定常計算の結果を時間平均した軸流速度分布と、定常解析を実施したときの軸流速度分布を比較した結果を示す。この結果から、定常解析でも速度分布を評価できることが分かる。図11(b)には、軸流速度分布の実測値と比較した結果を示す。

ボルテックスの形状については、Vlček[7]らが、3枚湾曲翼の検討で詳細に報告している。

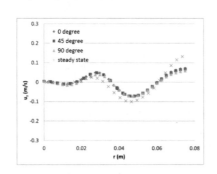
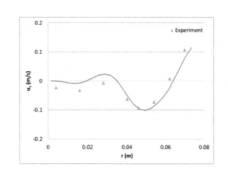

(a) 定常解析と非定常解析の比較　　　　(b) 実測値と計算値の比較

図11 軸流速度分布

2.4.2 重合格子(オーバーセットメッシュ)

定常・非定常の項で紹介した、MRFモデルもスライディングメッシュモデルも、図2に示したように、解析領域を回転領域と静止領域に分割している。最新のANSYS Fluentでは、重合格子が取り扱えるようになり、図12に示すように、解析領域を分割するのではなく、回転領域と静止領域を別々に作成し、重ね合わせて解析領域とすることができるようになった。

重合格子では、計算の初期化時に、オーバーラップした領域を認識し、解析対象セル(Solve)、解析領域外のセル(Dead)、データを送るセル(Donor)、データを受け取るセル(Receptor)を自動設定する。このとき、接続性に問題があるセル(Orphan)の確認も行える。

図12 重合格子のメッシュ作成のイメージ

重合格子では、静止領域(容器)のメッシュと、回転領域(翼)のメッシュを完全に分離して作成できるため、自転と公転を有する撹拌のように、回転領域が静止領域内を移動する場合に、動的にメッシュを再分割する必要が無く、解析を安定的に実行することができる。加えて、図13のように、回転領域が重複するような場合、MRFモデルやスライディングメッシュモデルでは対応できなかったが、重合格子を用いることで、解析を行うことができるようになる。図14に、重合格子を用いた自転公転を有する撹拌の解析で得られた、せん断速度分布の時間変化を示す。翼と翼のクリアランスが狭くなっても解析がきちんと行われていることが分かる。

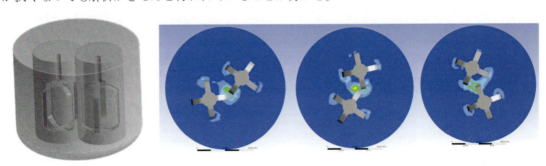

図13 回転領域が重複する形状　　図14 せん断速度分布の時間変化

3. 連成解析
3.1 電磁界-流体連成解析：電磁攪拌

電磁攪拌は、溶融金属を溶融炉内で攪拌する場合などに用いられる。攪拌が起こる原理は、炉の周囲に設けられたコイルに交番電流を流すと、ビオ・サバールの法則に従って、内部に磁界が発生する。その磁界は交番磁界となって時々刻々変化するので、磁界の変化によって溶融金属に渦電流が流れる。このとき、荷電粒子にローレンツ力が働き、溶融金属は攪拌される。

この現象を、ANSYS MaxwellとANSYS Fluentの1-Way連成解析で再現する。各ソルバーの詳細設定の説明は割愛するが、以下に解析手順の概略を示す。

ANSYS Maxwellでは、交番磁界解析を実施し、コイルに電流が流れたときの磁界と、磁界による渦電流を求める。交番磁界の解析は、ガウス平面で取り扱われるため、ローレンツ力は複素数で得ることになり、周波数依存性のあるAC Forceと、時間依存のないDC Forceに分離された形で求まる。

ANSYS Fluent は非定常解析を実施し、位相と時間の関係から、各時刻における AC Force と DC Force の合計値を求め、運動量のソース項として与える。ローレンツ力の時間変化と、ガウス平面の各位相におけるローレンツ力を図 15 に示す。

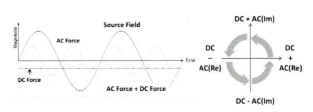

図 15 ローレンツ力の時間変化と各位相の値

簡易的な溶融炉の解析結果を示す。溶融金属の入った坩堝の周りに設けられたコイルに、2Hz、40000A で交番電流を流したときの磁束密度と電流密度の時間変化を図 16 に、各位相におけるローレンツ力を図 17 に示す。AC Force の虚部で、坩堝中央に向かう力が大きく働くことが分かる。

図 18 に、ローレンツ力によって生じた、溶融金属の速度分布を示す。内向きに流れが発生していることが確認できる。

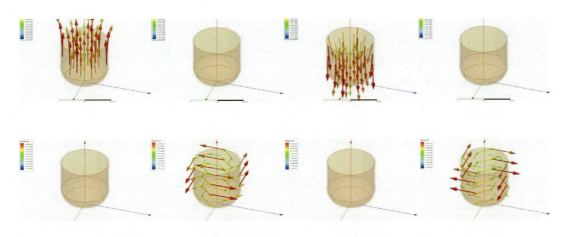

図 16 磁束密度と電流密度の時間変化

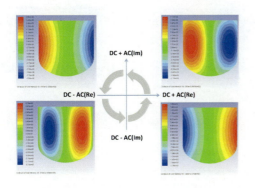

図 17 半径方向に働くローレンツ力

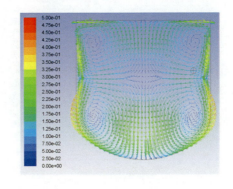

図 18 溶融金属の速度分布

3.2 構造-流体連成解析：プローブの変形

高粘性流体を撹拌するような場合、構造物に加わる流体力が大きくなる。撹拌に直接関わるシャフトや、翼の強度といったものは勿論重要であるが、邪魔板やプローブなどにも力が加わることを忘れてはならない。

ANSYS Mechanical と ANSYS Fluent の連成解析を行うことで、撹拌槽内の構造物に加わる流体力から、構造物の変形や、振動といった現象を解析することができる。連成解析には、流体の定常解析の結果から、壁面に加わる流体力を求め、構造解析の境界条件としてマッピングし、静的構造解析を行う 1-Way 連成解析と、流体の非定常解析と構造の時刻歴応答解析を交互に行う 2-Way 連成解析がある。何れの解析でも、図 19 に示すような、

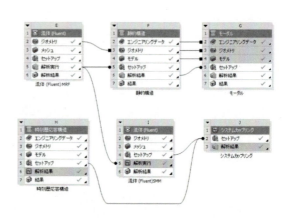

図19 連成解析のワークフロー

ANSYS Workbench のワークフローを作成することで、簡単に、境界面の値の引渡しが行える。固有値を求めるには、1-Way の連成解析の結果を初期値として、モーダル解析を行う。

撹拌槽内に設置されたスチール製のプローブの、変形解析及び固有値解析を行った結果を下記に示す。4 枚のタービン翼を用いて 60rpm の回転速度で撹拌したときの、各壁面に働く流体力を、定常の流体解析より求める(図20)。プローブの表面に流体力をマッピングし(図21)、プローブの上面を拘束点として静的構造解析を行うことで、プローブの変形量が得られる(図22)。この値を初期値としてモーダル解析を行うことで、固有値とそのときの変形モードを得ることができる(図23)。

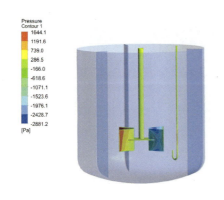 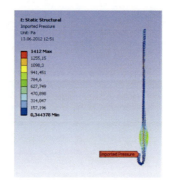 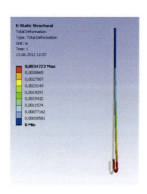

図20 各壁面に働く流体力　　図21 流体力のマッピング　　図22 プローブの変形量

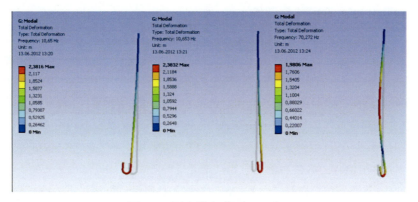

図 23 固有値と変形モード

4．まとめ

攪拌は、プロセスの中で数多く用いられる操作である。そのため、製品の生産性や品質に影響を及ぼすことも多々あり、検討の対象とされる機会も多い。CFDは、これらの課題に対処するための、仮想実験装置として活用され、実績を挙げてきた。今後は、CFDの専門家だけではなく、より多くのエンジニアに活用して頂けるよう、連成解析のような複雑な設定でも、モデル作成から解析結果の出力までの一連の操作を、簡単に行える自動化のような技術が更に進むものと思われる。

CFDを中心とする解析技術が、より多くの現場で、より多くの課題の解決に役立つことを期待している。

参考文献

1) Rutherford, K., Lee, K. C., Mahmoudi, S. M. S. and Yianneskis, M.
 AIChE Journal, 42, 2, 332-346, 1996
2) Glennon, B. "SSPC technical meeting 2008"
3) Baldyga, J., Bourne, J. R. *Chemical Engineering Science*, 52, 457-466, 1997
4) Baldyga, J., Bourne, J. R. *Chemical Engineering Journal*, 42, 83-92, 1989
5) Vicum, L. "DISS, ETH No. 16141", 2005
6) Tariq Mahmud, Jennifer N. Haque, Kevin J. Roberts, Dominic Rhodes, Derek Wilkinson
 Chemical Engineering Science, 64, 4197-4209, 2009
7) Vlček Petr, "Student's Conference STC2014", 2014

第 14 章　OpenFOAM による撹拌槽解析

今野　雅

（株式会社 OCAEL）

はじめに

　近年、大学や研究機関での研究のみならず、企業の一般 CFD 解析業務においても、ソースがオープンであるため計算コードの検証が可能であり、並列計算やクラウド利用においてもライセンスにまつわる問題が少ないオープンソースの CFD 解析コードである OpenFOAM(Open Field Operation And Manipulation)の使用例が急速に増えている。OpenFOAM はオープンソースでありながら、活発にコード開発がなされており、動的な格子移動や回転座標系の機能や、様々な混相流ソルバが実装されているため、それらの機能が必須となる撹拌槽解析でも近年使用されつつある。本章では、OpenFOAM の特徴を概説した後、OpenFOAM による撹拌槽関連の機能やソルバ、検証事例について紹介する。

1.　OpenFOAM の特徴

　OpenFOAM[1)2)]は、オブジェクト指向型言語 C++言語で記述された CFD、固体の応力解析、金融工学等の連続体力学および離散要素解析等の分野で使用可能な汎用数値計算クラスライブラリ群であり、その特徴としては以下が挙げられる。

1. 任意の多面体の非構造格子に対応した有限体積法に基づくライブラリであるため、複雑形状での解析が容易である。
2. カプセル化および多様性等のオブジェクト指向型言語としての C++の特徴が活かされているため、支配方程式の解法を非常に簡潔に記述できる。また、既存の計算モデルから派生した新しいモデルの実装がといった再利用が非常に簡便に行える。
3. GPL(GNU General Public License)によるオープンソースであるため、既存のソースを参考にして、新たなアプリケーションの開発が効率的に行える。また、商用コードのようなライセンス制限がないため、パーソナルコンピュータからスーパーコンピュータまで、様々なプラットホームで、台数制限なく実行が可能である。
4. RANS、LES、DES など多数の乱流モデルが実装されている。
5. 多数の離散化スキームが実装されている。
6. 代数的マルチグリッド法など多数の高速な線形ソルバが実装されている。
7. ユーザが内部構造を意識せずに、領域分割並列計算の実装が非常に容易にできる。

　ここで、2.については、例えば温度の移流拡散方程式

$$\frac{\partial T}{\partial t} + \nabla \cdot (\boldsymbol{U}\, T) + \nabla \cdot (\gamma\, \nabla T) = S_T$$

を有限体積法で解くソースの核は、以下のように非常に簡潔に記述され、かつ、実用的な速度で解析できる。

```
solve(fvm::ddt(T)
+ fvm::div(phi,T)
- fvm::laplacian(gamma,T)
== fvOptions(T));
```

　また、動的格子による撹拌装置の回転や回転座標系での解析を行う場合であっても、動的格子や回転座標系関連のクラスライブラリを読み込むことにより、核のコードは依然として非常に簡潔に記述される。

2. 撹拌装置の運動再現手法

　表 1 に OpenFOAM における撹拌装置の運動の再現手法を示す。撹拌装置の周辺の格子を移動させる手法と、回転領域内の格子を実際には移動させずに固定しておき、領域内は回転座標系の支配方程式を解く手法がある。

表 1 OpenFOAM における撹拌装置の運動再現手法

格子移動	移動領域と静止領域の界面間の補間： AMI(Arbitrary Mesh Interface)	
格子固定	回転領域と静止領域が混在	MRF(Multiple Reference Frame) モデル
(回転座標系)	回転領域の単体フレームのみ	SRF(Single Rotating Frame) モデル

2.1　格子移動による撹拌装置の運動再現

　インペラなどの撹拌装置を伴う撹拌槽を解析するには、通常撹拌装置の回転運動を扱う必要がある。OpenFOAM で回転装置の運動を模擬するには、図 1 に示すように撹拌装置を含む回転領域を設け、動的格子(Dynamic Mesh)の機能を用いてその領域ごと格子を回転移動させるのが一般的である。この場合、回転領域の移動境界と静止領域の固定境界間の諸量の補間は、AMI(Arbitrary Mesh Interface)の境界条件により実現される。ただし、静止領域と移動領域に領域を分けて AMI 機能で接続する場合、安定して精度良く解析を行うには、格子が移動しても領域間の境界形状が常に精度良く一致している必要がある。このため、OpenFOAM で回転体の解析について AMI を用いて行う場合、格子生成時に境界面が精度良く回転対称になるように注意する必要がある。

　撹拌装置が回転以外の運動を行う場合、静止領域と移動領域に分離せずに、物体の移動に伴って、周辺格子を滑らかに移動させる機能を用いることが可能である。しかしながら、この場合でも格子が捻れるような大変形はできないので、運動の自由度は限定される。一方、重合格子(Overset mesh)では、複雑な運動を模擬するのに適するが、本原稿執筆時点の最新版である OpenFOAM Foundation[1]の Version 4.0 および OpenCFD 社[2]の Version v1606+(plus 版)においても重合格子は実装されていない。ただし、plus 版[2]では重合格子機能を 2017 年 6 月に公開予定である。

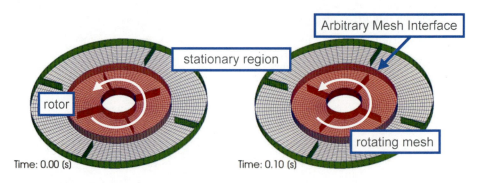

図1 格子移動による撹拌装置の運動再現とArbitrary Mesh Interface

2.2 回転座標系による撹拌装置の運動再現

図2に回転座標系により撹拌装置の運動を再現する手法を示す。解析領域内に回転領域と静止領域が混在しており、回転領域のみに回転座標系を用いるMRF(Multiple Reference Frame)モデルと、解析領域内が回転領域の単体フレームのみとより近似化して解くSRF(Single Rotating Frame)モデルがある。特に、MRFモデルは、単相流など様々なソルバのオプション機能として用いることができる。

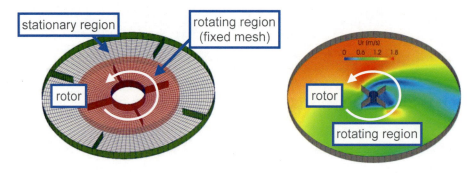

a) MRF(Multiple Reference Frame)　　　b) SRF(Single Rotating Frame)

図2 回転座標系による撹拌装置の運動再現

3. 混相流の解析機能

表2にOpenFOAMにおける主な混相流の解析機能を示す。連続体の混相流モデルによる解析ソルバと、連続体の流体とLagrangian粒子との連成解析ソルバがある。

表2 OpenFOAMにおける主な混相流の解析機能

連続体混相流モデル	VOF(Volume of Fluid)モデル	
	オイラー混相流(オイラー・オイラー)モデル	
	オイラー混相流モデル・VOFモデル	
流体・粒子連成	単方向連成	流れ場の解析結果を用いたLagrangian粒子計算
	双方向連成	DPM (Discrete Particle Modeling)法
		MP-PIC (Multiphase Particle-in-Cell)法

3.1 連続体混相流モデル

連続体の混相流モデルとしては、VOF(Volume of Fluid)モデル、オイラー混相流モデル(オイラー・オイラーモデル)、およびそれらの混合したモデルがある。

3.1.1 VOF モデル

表3にOpenFOAMにおける混相流用の主なVOFモデルソルバを示す。VOFモデルは、質量保存や運動量輸送のNavaier-Stokes式などの流体の支配方程式に加え、格子内の流体各相の体積分率に関する輸送方程式を解くモデルである。VOF法では異なる相間の界面に合わせて格子を移動させず、格子を固定したまま体積分率の輸送方程式を解く単純な計算手法で界面の形状が捕捉できるため、相が分離された流れや自由表面流の解析に適する。しかし、計算手法の性質上、界面形状は格子解像度に応じて鈍るため、OpenFOAMでは次式の第3項に示すように、相間の相対速度および圧縮率により算出される圧縮速度を用いた界面の圧縮項を導入している[3]。

$$\frac{\partial \alpha}{\partial t} + \nabla \cdot (\alpha \boldsymbol{U}) + \nabla \cdot [(1-\alpha)\alpha \, \boldsymbol{U}_r)] = 0$$

OpenFOAMの動的格子(Dynamic Mesh)は、格子を移動させる以外にも、ソルバの実行中に動的に格子を細分割、粗視化するAMR(Adaptive Mesh Refinement)も可能であるため、界面付近の格子をAMRにより動的に細分化することにより、少ない格子で精度良い界面捕獲が可能となる。

Foundation版[1]やplus版[2]などの公式版にはまだ実装されていないが、VOF法における界面形状が鈍る欠点を改良するため、 VOF法へのLevel set関数の導入と表面張力モデルの改良を行なったS-CLSVOF法[4]のOpenFOAMへの実装および検証例[5]もあり、ソースコードも公開されている[6]。ユーザから既存のコードの検証だけでなく、ソースの貢献(コミット)があるのはオープンソースならではと言える。

表3 混相流用の主な VOF モデルソルバ

ソルバ名	流体の温度考慮	相数	動的格子	備考
interFoam			×	
interDyMFoam			○	
interPhaseChangeFoam		2	×	キャビテーションが扱える
interPhaseDyMChangeFoam	×		○	
driftFluxFoam				drift-flux モデルを用いる
interMixingFoam		3	×	
multiphaseInterFoam		任意		
compressibleInterFoam		2	×	
compressibleInterDyMFoam	○		○	
compressibleMultiphaseInterFoam		任意	×	

3.1.2 オイラー混相流モデル

表4にOpenFOAMにおける主なオイラー混相流ソルバを示す。オイラー混相流モデルは、相ごとに輸送方程式を解くモデルであり、分散相を伴う混相流の解析に適する。OpenFOAMのオイラー混相流モデルでは、粒子径、相間の抗力・揚力、仮想質量力、乱流拡散、壁面潤滑、熱移動などにおいて種々のモデルが扱える。なお、オイラー混相流モデルでは通常VOFモデルのように界面の捕捉を行わないが、液-液抽出を行う遠心抽出器の解析など、分散相と分離相を同時に精度良く扱うことができるよう、OpenFOAMではオイラー混相流とVOF法を同時に扱えるソルバも有する[7]。また、オイラー混相流モデルを用いるソルバには、同相内の複数の化学種による反応計算を行う拡張版も存在する。

オイラー混相流モデルソルバは、MRF法を用いることが可能だが、本原稿執筆時点の最新版であるOpenFOAM Foundation[1]のVersion 4.0およびOpenCFD社[2]のVersion v1606+(plus版)では、動的格子解析機能を有するソルバが無いので、格子移動を伴うオイラー混相流モデルの解析を行うには、既往の動的格子ソルバを参考に、ソルバのカスタマイズを行う必要がある[8]。

表4 主なオイラー混相流モデルソルバ[*1]

化学反応解析[*2]の有無	ソルバ名	
	2相流	多相流(3相以上)
無し	twoPhaseEulerFoam	multiphaseEulerFoam[*3]
有り	reactingTwoPhaseEulerFoam	reactingMultiphaseEulerFoam

*1) 動的格子解析機能は無い。
*2) 同相内の複数の化学種による反応の解析を行う。
*3) オイラー混相流・VOF混合モデルを用いることが可能。

3.2 流体・粒子連成モデル

表5にOpenFOAMにおける流体・粒子連成ソルバを示す。既に計算された流体解析結果から粒子計算のみを行う単方向連成のソルバと、粒子計算による粒子の体積分率を連続体の流体計算にフィードバックする双方向連成のソルバがある。さらに、流体の温度と圧縮性、粒子間の衝突、粒子の温度と化学反応の考慮の有無に応じてソルバが分かれる[9]。双方向連成のソルバでは、DEM(Discrete Element Method、離散要素法)と同様に、粒子間の相互作用を直接解像し、高密粒子でも精度良く扱えるDPM(Discrete Particle Modeling)法や、粒子間の相互作用をマクロ計算し、DPM法よりも計算負荷を大幅に減少させたMP-PIC(Multiphase Particle-in-Cell)法を用いることができる。粒子に働く力についても、多種の抗力・揚力モデル、および、重力・浮力、回転座標系・非慣性系のみかけの力、磁力、圧力勾配力、仮想質量力を考慮できる[10]。また、粒子間や粒子-壁間の衝突モデルについては、バネとスライダー、および、ダッシュポット(粘性摩擦ダンパー)を組み合わせたモデルを用いることができる[11]。

150

表5 主な流体・粒子連成ソルバ

ソルバ名	流体・粒子連成	流体の温度考慮	粒子の衝突	粒子の化学反応・温度考慮
icoUncoupledKinematicParcelFoam	単方向[*1]	×	○	×
uncoupledKinematicParcelFoam		○	×	
DPMFoam（DPM法）	双方向	×	○	
MPPICFoam（MP-PIC法）				
reactingParcelFoam		○	×	○
simpleReactingParcelFoam（定常解法）				
reactingParcelFilmFoam（液膜モデル）				

[*1) 既に計算された流体解析結果から粒子計算を行う。

4. 混相流ソルバのチュートリアル

OpenFOAM v1606+には約90のソルバがあるが、それらのソルバの解析例として約230のチュートリアルが付随しており、撹拌槽解析のチュートリアルは14個である。図3、4にその撹拌槽解析例を、図5にMP-PIC法を用いた流体・粒子連成ソルバによる遠心分離器のチュートリアルを示す。

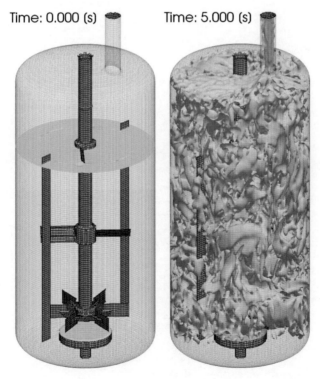

図3 動的格子VOFモデル2相流ソルバinterDyMFoamによる3次元撹拌槽解析チュートリアル

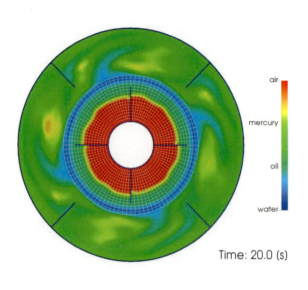
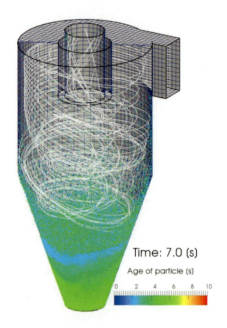

図 4 多相流オイラー混相流モデルソルバ multiphaseEulerFoam による 4 相の 2 次元撹拌槽解析チュートリアル

図 5 MP-PIC 法の流体・粒子連成ソルバ MPPICFoam による遠心分離器解析チュートリアル

5. 撹拌槽解析の検証例

ここでは OpenFOAM を用いた撹拌槽解析例[8,12-15]の中から、実験値と既往の CFD 解析と検証を行なっている Yano ら[15]による検証結果を引用して紹介する。図 6 に検証モデルを示すが、Zalc ら[16]による PIV 測定と既往の CFD 解析結果がある 3 枚ラシュトンタービン翼の撹拌槽である。

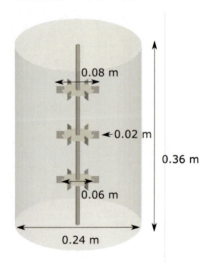

図 6 Yano ら[15]による検証用撹拌槽モデル(図引用)

図7に撹拌槽の中心軸と側壁との中央の鉛直軸上でのYanoらによるOpenFOAMのVOFモデルソルバによる解析結果と、ZalcらのCFD解析結果およびPIV測定結果との比較を示す。図7(a)の鉛直方向速度の鉛直プロファイルについては、Zalcらの解析結果と共にPIV測定値と良く一致している。また、図7(b)の半径方向速度の鉛直プロファイルについては、中央以外の翼の高さ付近でZalcらの解析結果と多少異なる分布となるが、概ねPIV測定と良い一致を示しており、本撹拌槽解析についてOpenFOAMのVOFモデルソルバの検証がなされている。

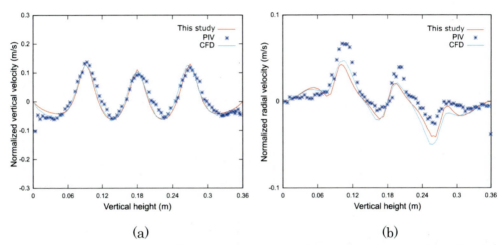

図7　Yano[15]らによるOpenFOAMのVOFモデルソルバによる解析結果と、Zalcら[16]のCFD解析結果およびPIV測定結果との比較。比較位置は撹拌槽の中心軸と側壁との中央の鉛直軸上。(a) 鉛直方向速度　(b) 半径方向速度（図引用）

6. 撹拌槽解析の並列化効率ベンチマークテスト

　OpenFOAM Version 4.0やVersion v1606+からMPI通信の最適化[17]により、多並列計算における動的格子ソルバの計算速度が向上しているので、VOFモデル2相流ソルバinterDyMFoamによる3次元撹拌槽解析チュートリアルを対象に、Version 3.0.0とVersion 4.0における並列化効率のベンチマークテストを行なった。表6にベンチマークテストを実施した計算機と検討並列数を、表7に計算条件を示す。

表6　ベンチマークテストを実施した計算機・検討並列数

計算機	計算科学振興財団(FOCUS) Fシステム
CPUおよびメモリ	CPU：Intel Xeon E5-2698 v4（2.2GHz・20コア）×2、メモリ：128GiB
インターコネクト	FDR-InfiniBand(56Gbps) ×1
検討MPI数(ノード数)	40(1ノード)、80(2ノード)、160(4ノード)
コンパイラ・ライブラリ	Intelコンパイラ 15.0.1、Intel MPIライブラリ 5.1.3

表7 ベンチマークテストの**計算条件**

流れ場	3次元撹拌槽解析
格子数	約90万
混相流ソルバ	interDyMFoam
線型ソルバ	圧力場についてPCG法（前処理DIC法）、他の場についてガウスザイデル法
時間間隔	0.0001 [s]（固定）
時間ステップ数	201回

図8に並列化計算性能を示すが、Version 3.0.0とVersion 4.0どちらも、80MPI(2ノード)までスケールしているが、160MPI(4ノード)で並列化効率が減少する。ただし、3.0.0の並列化効率が70%まで減少したのに対し、4.0では80%と概ねスケールする結果となった。

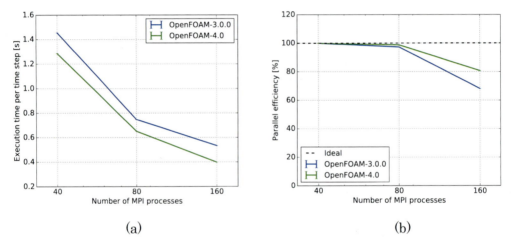

(a)   (b)

図8 動的格子VOFモデル2相流ソルバinterDyMFoamによる3次元撹拌槽解析チュートリアルの並列化計算性能 (a) 1ステップあたりの計算時間 (b) 並列化効率(strong scaling)

おわりに

本章では、OpenFOAMによる撹拌槽解析の機能、解析ソルバ、解析チュートリアル例について概説すると共に、撹拌槽解析結果の検証例、および、並列化効率のベンチマークテスト結果を紹介した。本章が、OpenFOAMによる撹拌槽解析に興味を持つきっかけとなれば幸いである．

記号表

α: 体積分率, γ: 温度拡散係数, S_T: 発熱量, T: 温度, t: 時刻, U: 速度ベクトル, U_r: 圧縮速度

引用文献

1) The OpenFOAM Foundation, URL: http://openfoam.org/ (accessed 25 Aug 2016)

2) OpenCFD Ltd (ESI Group), URL: http://openfoam.com/ (accessed 25 Aug 2016)

3) Weller, H.G.; "A new approach to VOF-based interface capturing methods for incompressible and compressible flows", Technical Report No. TR/HGW/04 (2008)

4) A. Albadawi, et al.; "Influence of surface tension implementation in Volume of Fluid and coupled Volume of Fluid with Level Set methods for bubble growth and detachment", International Journal of Multiphase Flow, 53 (2013), p.11-28

5) T. Yamamoto, Y. Okano, S. Dost; "Validation of the S-CLSVOF method with the Density-Scaled Balanced Continuum Surface Force Model in Multiphase Systems Coupled with Thermocapillary Flows", International Journal for Numerical Methods in Fluid, (2016)

6) Takuya Yamamoto, Bitbucket, https://bitbucket.org/nunuma/public/src (accessed 25 Aug 2016)

7) Kent E. Wardle, Henry G. Weller; "Hybrid Multiphase CFD Solver for Coupled Dispersed/Segregated Flows in Liquid-Liquid Extraction", International Journal of Chemical Engineering, (2013)

8) A Stefan, J Volkmer, HJ Schultz; "USE OF OPENFOAM FOR INVESTIG ATION OF MIXING TIME IN AGITATED VESSELS WITH IMMERSED HELICAL COILS", OpenFOAM Workshop (2016)

9) Yuu Kasuga;「粒子計算ソルバーの比較」, URL: http://www.geocities.jp/penguinitis2002/study /OpenFOAM/particle_solver/particle_solver.html (accessed 25 Aug 2016)

10) Takuya Yamamoto;「OpenFOAM における DEM 計算の力モデルの解読」, SlideShare, URL: http://www.slideshare.net/takuyayamamoto1800/openfoamdem (accessed 25 Aug 2016)

11) Takuya Yamamoto;「OpenFOAM における DEM 計算の衝突モデルの解読」, SlideShare, URL: http://www.slideshare.net/takuyayamamoto1800/openfoamdem-56097920 (accessed 25 Aug 2016)

12) Tom Fahner, et al.; "Mixing in a Food Tank", OpenFOAM User Conference 2013, (2013)

13) Althea de Souza; "Validation Challenges in Industrial Computational Fluid Dynamics", International Workshop on the Validation of Computational Mechanics Models", (2013)

14) B. Blais, et al.; "Investigation of viscous solid-liquid mixing in agitated vessels using CFD-DEM: Model formulation and experimental validation", OpenFOAM Workshop 2015, (2015)

15) Masaki Yano, Takuya Yamamoto, Yasunori Okano, Toshiyuki Kanamori, Masahiro Kino-oka; "Numerical Study of Fluid Dynamics and Particle Behavior in an iPS Cell Culture Tank", proceeding of 23rd Regional Symposium on Chemical Engineering, (2016)

16) J.M. Zalc, M.M. Alvarez, F.J. Muzzio, and B.E. Arik; "Extensive Validation of computed Laminar Flow in a Stirred Tank with Three Rushton Turbines", AIChE Journal, 47, October (2001), p. 2144–2154

17) OpenFOAM® v1606+: New Parallel Functionality, URL: http://www.openfoam.com/version-v1606+/parallel.php (accessed 25 Aug 2016)

第15章　化粧品製造プロセスにおける撹拌混合の評価について

横川　佳浩（株式会社資生堂）
山田　剛史（株式会社構造計画研究所）

1. はじめに

　化粧品には、口紅、アイシャドー等のメーキャップ製品からクリーム、美容液といったスキンケア製品など様々な用途の製品がある。その多くは、製造釜の中に種々の原料を適正な順序で添加し、撹拌混合して調製される。乳液もその一つで、肌の水分、脂質、NMF（天然保湿因子）を健康なモイスチャーバランス【1】に保つため、活性剤を用いて水分、油分、保湿剤を適度なバランスで調製した乳化物であり、皮膚の保湿・柔軟機能を確保するための化粧品である。(Fig.1)乳化物の調製方法にも種々あるが、撹拌装置が生み出すせん断力により乳化させる場合、ある程度強いせん断力が必要となる。我々は、撹拌装置が流体に与えるせん断力の最大値の分布が乳化の進行に重要と考え、最大せん断速度分布により、撹拌装置を評価する手法を確立した。

　乳化工程を伴う製品の製造プロセスを考える場合、その多くが高分子増粘剤を含むため、取り扱う流体は

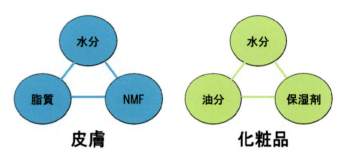

Fig. 1　モイスチャーバランス

非ニュートンとなる。また、乳化の進行とともに粘度の上昇するものもあり、粘度が変化していく流体の混合状態を把握するにはシミュレーションに工夫が必要となる。我々は、粒子法解析に新しい機能を付与することで、撹拌により粘度変化を伴うプロセスをシミュレーションする手法を見出した。

　このほか、化粧品には、不溶性の粉末を配合した懸濁液、いわゆる固液混合状態の製品もある。このような製品の製造工程では、流体の均一性を確保するため、粉末が沈まないように撹拌する必要があるが、様々な理由から撹拌速度をできるだけ抑えることが望まれる。我々は、粒子法を用いて粉末の限界浮遊速度を算出することで、固液混合製品の製造プロセスの検討も行っている。

　ここでは、化粧品製造における撹拌混合の評価について行った流体解析の活用事例についていくつか紹介する。

2. 撹拌混合に対する流体解析の適用

　液体の流動現象を解明するための方法として流体解析がある。流体解析を行うことで、連続の式(質量保存の法則)・ナビエ・ストークス方程式(運動方程式)の二つを連立して解くことができ、液体の流速と圧力を求めることができる。

<u>ＭＰＳ法の特徴</u>

　一般的に、撹拌混合に対して流体解析を行うときは格子法が使用されてきた。近年、新しい流

体解析手法として MPS 法が注目されている。粒子法に非圧縮性流れの計算アルゴリズムを導入したものが MPS 法である【2】【3】。MPS 法は格子を用いずに非圧縮性流れの支配方程式の離散化を行う。

MPS 法では、勾配、発散、回転、ラプラシアンといった各微分演算子に対してそれぞれ粒子間相互作用モデルを用意し、これらを用いて微分方程式を離散化する。MPS 法は完全ラグランジュ記述の手法であり、格子法離散化の問題である移流項の計算は必要ない。また、界面の変化や、流体の分裂や合体を生じる場合にも、特別な取り扱いは必要としない。このことから、MPS 法は複雑な自由表面流れや混相流の詳細解析には有効であり、砕波【4】【5】、ギアによるオイル撹拌【6】、沸騰【7】などの様々な業界での数値解析に適用されている。(Fig.2)

化学工学分野における液体の撹拌や塗布現象の解析においても、自由表面を伴う現象の解析が容易なことから MPS 法が使用されつつある。神谷らは MPS 法を用いた撹拌槽内における撹拌現象の完全混合時間の推定を検証している【8】。戸倉らは MPS を用いて撹拌混合評価を行い、かつ撹拌翼の最適化に取り組んでいる【9】。木下らは DEM（Discrete Element Method）とカップリングした固液混相流への取り組みを行っている【10】。

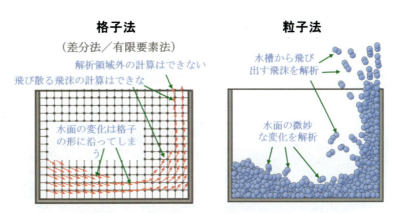

Fig. 2　粒子法による水中崩壊解析

MPS は、非圧縮性流れの支配方程式として以下のものを用いる。

$$\frac{\partial \rho}{\partial t} = 0 \quad (1)$$

$$\frac{Du}{Dt} = -\frac{1}{\rho}\nabla P + \nu \nabla^2 u + f \quad (2)$$

ここで、ρ は密度、t は時間、u は速度、P は圧力（静圧）、ν は動粘度、f は力を表す。

質量保存則には、通常の有限体積法では速度の発散を用いるが、MPS 法では密度一定の条件を用いる。また、MPS 法は完全ラグランジュ記述の計算手法であり、運動量保存則の時間微分にはラグランジュ微分を用いれば良いため、移流項を表記する必要は無い。

3. 撹拌が流体に与えるせん断力の評価

乳化物の製造方法は処方に依存するが、乳化を引き起こすためには、目的に応じて、一定のせん断力が必要となる。目的とする乳化粒子を形成するための必要十分な活性剤が存在する場合、基本的には、せん断力の強弱によって生成する乳化粒子の大きさが決定されると考えられる。す

なわち、弱いせん断力により大きな乳化粒子が生成し(Fig.3 上)、強いせん断力により小さな粒子が生成する。(Fig.3 下) いずれの撹拌装置においても、翼の外周部周辺で最も大きなせん断力が発生すると考えられるが、バッチ式、インライン式を問わず、通常の製造工程において、すべての流体が使用される撹拌装置の撹拌翼外周部を通過しているとは考え難い。

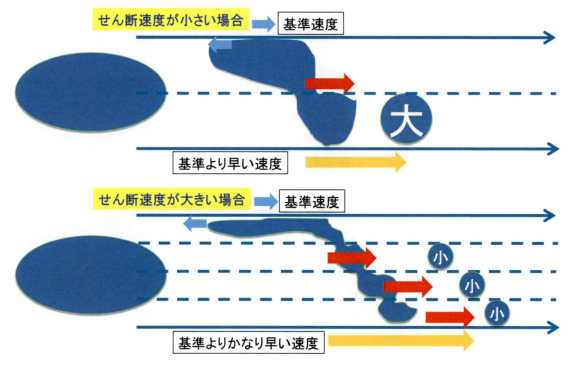

Fig. 3　せん断速度と乳化粒子径の関係

最大せん断力による乳化力の評価

　乳化物の調製によく用いられるホモミキサーについて乳化力の評価を行った。(Fig.4) ホモミキサーの場合、流体が本装置を通過する過程でどの領域を通過するかによって流体が受けるせん断力は異なる。(Fig.5) 定常状態における流体のせん断速度分布は、数値解析により容易に算出できるが、装置を通過した流体が、その過程で受けたせん断力の最大値は分からない。我々は、流体が装置から受けたせん断力の最大値によって乳化の進行が決定されると考え、装置が流体に与え

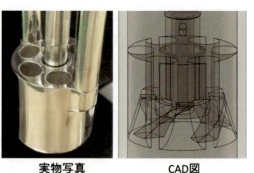

Fig. 4　ホモミキサー

ることができる最大せん断力の分布により、その装置の乳化力を評価することとした。すなわち、粒子法解析において、各粒子が過去に受けたせん断力の履歴を持たせ、その最大値を表示するプログラムを開発した。これにより、撹拌装置を通過した流体が受けた最大せん断力を

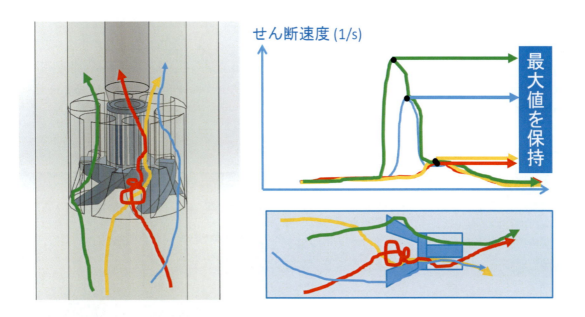

Fig. 5　通過した流体が受ける最大せん断力

知ることが可能となった。その結果、最大せん断力は、ある程度の分布を持つことが確認されたほか、回転数を上げると、最大せん断力分布のピーク値は大きくなるが、それとともに、分布は広くなることが分かった。(Fig.6)

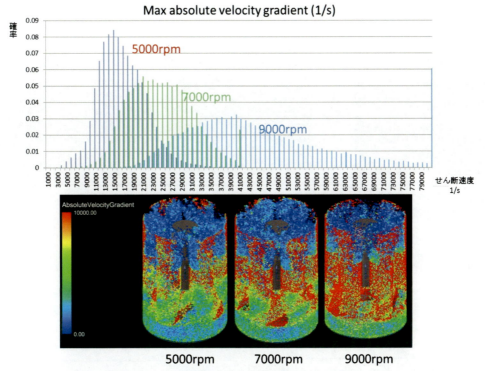

Fig. 6　回転数と最大せん断速度分布の関係

分布が広いということは、一度、通過した流体が受けたせん断力のばらつきが大きいことを意味する。その結果、必要なせん断力を流体に与えるためには、装置を複数回通過させることが必要となり、こういった視点で、製造工程を見直すことが重要である。また、我々は、実験用小型機および製造実機のホモミキサーがそれぞれ作り出す最大せん断速度分布を把握することで、スケールアップの指標とすることが可能と考えた。

格子法による最大せん断速度分布の算出

大型設備の解析においては、粒子法では計算負荷が大きく困難なため、格子法による定常状態の解析を行った。すなわち、格子法の解析結果内の撹拌装置下部に粒子を配置し、速度ベクトル情報を活用し、粒子追跡法により粒子を移動させ、装置を通過した粒子の持つせん断速度情報の履歴から最大せん断速度を抽出し、最大せん断速度分布を算出し、装置の乳化力を評価した。(Fig.7)

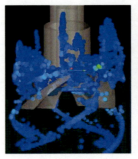 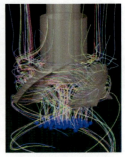

Fig. 7 粒子追跡法による最大せん断速度の算出

4. 粘度変化を伴う乳化現象の解析

乳化物を調製する時、撹拌混合により乳化粒子が小さくなるにつれて粘度が上昇するものもある。特にW/O系の乳化では、乳化の進行に伴う粘度上昇が顕著である。W/O系乳化の例をFig.8に示す。ホモミキサーの回転数の増加とともに乳化粒子が小さくなる。回転数の増加とともに乳化が進行し、その結果、粘度上昇が確認される。

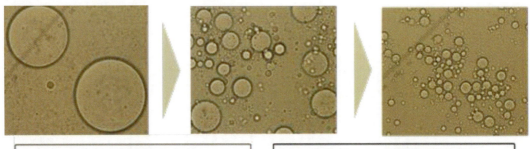

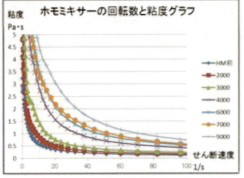
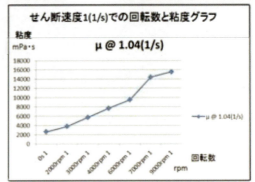

Fig. 8 乳化の進行と粘度の関係

このように、撹拌することで乳化が進行し、これに伴って粘度が上昇する場合、せん断により高粘度化した流体が撹拌翼付近にできると、その部分のみに流れが生じ、まだ乳化が進んでいない低粘度領域は、なかなか撹拌翼に近づくことができず、乳化されないままとなる可能性が考えられる。粘度の高低で、流体の流れ（混合状態）は大きく異なるため、同じ条件で撹拌しても、乳化の初期段階では、全体が混合されるが、後半は、撹拌翼付近のみが混合されることとなる。一般に、流体解析で取り扱う流体は一つの物性値を定義して行う。我々は、撹拌が引き起こすせん断力により刻々と粘度が変化していく乳化現象の混合状態の解析を行うため、次のようなアイデアをプログラム化して解析を行った。

領域指定による粘度変化プログラム

すなわち、粒子法解析にて、撹拌翼付近の強いせん断力が生まれる領域を通過した粒子は、乳化が進行したものとして、その撹拌条件で最終的に到達する乳化物の粘度を物性値として与え、解析されるプログラムを作成した。(Fig.9) その結果、撹拌により連続的に変化する乳化現象のシミュレーションを行うことができた。この手法を活用することで、実製造において、製造釜内で、乳化の進行に取り残される滞留域が発生しないような撹拌条件の検討が可能となった。(Fig.10)

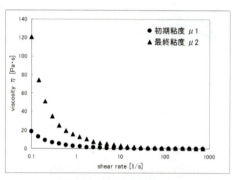

Fig.9 乳化前後のせん断速度－粘度グラフ

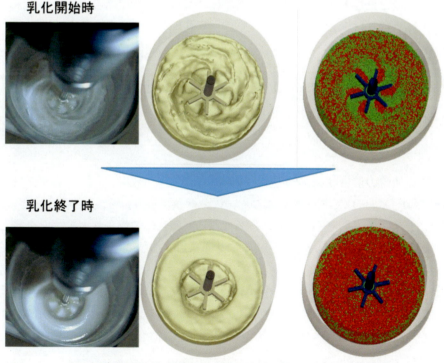

Fig.10 粘度変化を伴う乳化前後の状態

せん断力による粘度変化プログラム

　本来は、撹拌翼付近を通過した流体が乳化されるのではなく、撹拌翼付近で生み出されたせん断力によって乳化が進行する、と考えるのが自然である。そこで我々は、様々な混合装置で粘度変化を伴う流体解析を行えるようにするため、乳化に必要なせん断力を受けた粒子の粘度を変化させる粒子法解析プログラムを開発した。その結果、たとえばスタティックミキサーのように領域指定により粘度変化させることが困難な混合についての乳化シミュレーションが可能となった。(Fig.11)

Fig. 11　スタティックミキサーによる乳化の解析

　流体が受けるせん断力の強さに応じて乳化粒子の大きさが決まり、これに伴い粘度も決まる。そこで、今回開発したせん断力による粒子粘度変化モデルは、せん断力を複数段階で設定し、流体がこれまでに受けた最大せん断力に応じた粘度で解析を実行できるようにした。例えば、流体が受けるせん断力強さに応じて乳化が進み粘度上昇（下降）する場合、しきい値としてのせん断力を低い値から順に（N1, N2, N3・・・）設定し、そのせん断を受けた流体の粘度データを事前に定義する。(Table.1)　本機能の利用により、流体粒子は受けたせん断力の強さに応じて対応する粘度に変化していく挙動をシミュレーション可能となった。

Table.1　せん断力依存粘度変化表

せん断力(N)	使用粘度データ
N1	v1
N2	v2
N3	v3

5. 粉末原料添加時の混合状態の可視化

　粉末原料添加時において、粉末を全体に均一に分散させる力を考える必要がある。粉末を全体に分散させるためには、ある一定の力が必要になる。高回転撹拌より大きな力を与えることで、粉末を上昇させることができるが、力を強く与え過ぎると結晶破壊が起きる可能性がある。また、低回転の場合、粉末の沈降が発生し、全体に均一化されない。粉末を全体に浮遊・分散させるための回転数を求めるために、我々は MPS-DEM カップリングによる固液混相流撹拌解析を行った。流体現象は MPS 法を用いて計算を行い、粉末の挙動は DEM 法を用いて計算を行う。さらに MPS 粒子と DEM 粒子の相互作用計算を行うことで、撹拌によって発生した流体運動による粉末の浮遊現象を計算することができる。

　MPS-DEM 連成解析において、粘性流体と粉体の運動を表す方程式は以下で表すことができる。

$$\rho \frac{D\varepsilon \upsilon_l}{Dt} = -\nabla \varepsilon P + \mu \nabla^2 \varepsilon \upsilon_l - \frac{\varepsilon}{l_0^3} F_D \qquad (3)$$

$$m \frac{D\upsilon_s}{Dt} = F_{DEM} + F_D + F_{\nabla P} \qquad (4)$$

ここで、ρ:流体密度、ε:流体の体積分率、υ_l:流体速度、t:時間、P:流体圧力、l_0:流体初期粒子間距離、μ:流体粘度、m:流体質量、υ_s:粉体速度、F_D:流体抵抗力、$F_{\nabla P}$:浮力を表す。

この流体と相互作用計算における流体抵抗力は以下のように定義する。

$$F_D = \frac{1}{2}\pi C_d \rho a^2 \varepsilon^{2-\chi} |v_l - v_s|(v_l - v_s) \qquad (5)$$

ここで、a:粉体粒子半径、ε:流体の体積分率、C_d:流体抵抗係数を表す。

流体抵抗係数 C_d はレイノルズ数 Re の関数として定義を行う。

$$C_d = \begin{cases} \dfrac{24}{\mathrm{Re}} & \mathrm{Re} < 1 \\[2mm] (0.63 + \dfrac{4.8}{\sqrt{\mathrm{Re}}})^2 & 1 < \mathrm{Re} < 1000 \\[2mm] 0.44 & 1000 < \mathrm{Re} \end{cases} \qquad (6)$$

$$\mathrm{Re} = \frac{2a\varepsilon |v_l - v_s|}{\nu} \qquad (7)$$

また、χ は次のように定義する。

$$\chi = 3.7 - 0.65\exp\left(\frac{-(1.5 - \log \mathrm{Re})^2}{2}\right) \qquad (7)$$

相互作用時において粉体が流体から受ける浮力の大きさは、粉体粒子体積と圧力勾配の積として、以下のように定義する。

$$F_{\nabla P} = -V_s \nabla P \qquad (8)$$

我々は上記で定義された MPS-DEM カップリングモデルを基に固液撹拌解析を行った。(Fig.12) ビーカースケールにおいて、回転数を変化させた固液撹拌の解析を実施し、ビーカー底面に設置した全ての粉末が浮遊する回転数を求めることができた。実験結果(Table.2)と比較したところ、

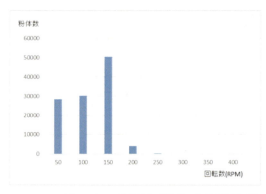

Table.2 撹拌回転数と粉末挙動

撹拌回転数（rpm）	粉末挙動
80	粉末は沈殿
150	粉末は沈殿
210	粉末は沈殿
280	全て浮遊
360	全て浮遊

Fig. 12 ビーカー底面に存在する粉体数

解析と実験で全ての粉末が浮遊する回転数の傾向が一致することが確認できた。(Fig.13) このことから、MPS-DEMカップリングを用いることで粉末を全て分散させるために必要な回転数を求めることができる。今回はビーカースケールでの検証であるが、実機を対象とした解析と合わせることで、固液撹拌のスケールアップモデルを構築することができる。

実験結果

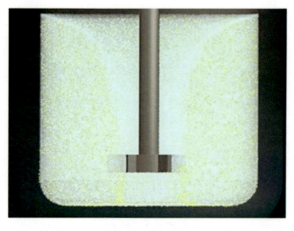

解析結果

Fig. 13 撹拌による粉体の浮遊現象の解析

おわりに

化粧品は、機能のほか、色調や肌に塗布する時の使用感が重要な要素となる。これらはいずれも、製造時の混合度や乳化度に大きく影響を受ける。乳化粒子の大きさの違いにより、粘度は異なり、さっぱり感、しっとり感に影響が出てくる。また、色調においても、乳化粒子が小さくなるにつれ、白っぽくなり、ナノサイズになると透明から青っぽい色が現れてくる。こういった観点から考えると、化粧品は、その使用者が微妙な物性の違いに気づき、また、この物性の違いで選択される商品であると言える。したがって、その製造工程は、化粧品の持つ柔らかなイメージ

とは異なり、厳密な管理が要求される。今回、我々は、乳化物の調製において重要なファクターであるせん断力に着目し、流体が受ける最大せん断力を算出する方法を確立し、撹拌装置の評価指標の一つとする検討を行った。また、乳化物調製の過程でしばしば見られる粘度変化を伴う乳化現象について、粒子法解析を活用し、特定の領域を通過した流体、または指定したせん断力以上のせん断を受けた流体に対して異なる粘度物性値を与えることで、粘度が連続的に変化する混合状態を可視化するシミュレーション手法を見出した。このほか我々は、制汗剤などに見られる不溶性粉末を含む製品の製造工程についても数値解析を適用した。その結果、低粘性流体中に粉末が均一分散するために必要な撹拌速度の検討において、数値解析が有効な手段であることを確認した。これらのほか、化粧品製造における撹拌混合に関する課題はまだまだ数多く存在する。新しい撹拌装置や複雑な製造釜を使った化粧品製造が次々と進められており、それら製造装置を使った製造工程の検討はこれからも続いていく。混合状態の可視化はシミュレーションの独壇場であり、今後も、混合場で何が起こっているのかを少しでも多く知ることで最適な製造工程の確立に努めていきたい。

引用文献

[1]尾沢達也：皮膚, 27(2), (1985)276-288

[2] Koshizuka,S., Tamako,H.&Oka, Y.:A Particle Method for Incompressible Viscous Flow with Fluid Fragmentation, Comput. Fluid Dyn. J. 4(1995)29-46.

[3] Koshizuka, S. &Oka,Y.:Moving-Particle SemiImplicit Method for Fragmentaition of Incompressible Fluid, Nucl.Sci.Eng. 123(1996)421-434.

[4]Koshizuka,S.,Nobe,A.&Oka,Y,:Numerical Analysis of Breaking Waves using the Moving Particle Semi-implicit Method, Int. J.Numver.Meth.Fluids 26(1998)751-769.

[5]後藤仁志,酒井哲郎、沖和哉,芝浦知樹：粒子法による巻き波型砕波を伴う斜面遡上過程の数値シミュレーション,海岸工学論文集 45(1998)181-185.

[6]武藤一夫,酒井勇,尾崎直人：粒子法を用いた流体撹拌における抵抗値の予測,自動車技術会論文集, 41(2010)No1.1 147-151.

[7]Yoon,H,Y.,Koshizuka,S.&Oka,Y.:Direct Calculation of Bubble Growth,Depature,and Rise in Nucleate Pool Boiling,Int,J.Multiphase Flow 27(2001)277-298.

[8]神谷哲,吉田朋史:CFD 援用による撹拌装置性能の書記評価 Part.2 粒子法(MPS 法)を用いた評価事例,化学工学会

[9]戸倉直,笠原巧：粒子法 MPS による撹拌プロセスの最適化(流体)、最適化シンポジウム：OPTIS(2014)1209-1-1209-5.

[10]木下秀則,下坂厚子,白川善幸,日高重助：MPS を」用いた粉体塗料溶融挙動の解析,日本機械学会第 20 回計算力学講演会論文集, (2007)489-490

第16章　ローター・ステーター型ミキサーの性能評価方法とスケールアップについて

神谷　哲

（株式会社明治）

はじめに

　ローター・ステーター型ミキサーは、多くの産業において、乳化・分散・混合などの目的で広く用いられている。しかしこれらのミキサーに関する性能評価法やスケールアップ法は、個別のミキサーについてはいくつか提案[1][2][3][4]されているものの、様々な形状のミキサーに応用できる、汎用的な手法はほとんど報告されていない。著者らはこれまでに、タイプの異なるローター・ステーター型ミキサーに対応できる性能評価法やスケールアップ法について検討してきた[5][6][7]。

　本稿ではローター・ステーター型ミキサーに関して、製造現場における実測データを利用した、実践的なミキサーの性能評価方法とスケールアップ手法について、実例をもとに説明する。

1. ローター・ステーター型ミキサーの概要

　図1にローター・ステーター型ミキサーの概略図を示す。図から分かるように、このタイプのミキサーは、ローターと呼ばれる回転子と、ステーターと呼ばれる固定子を有し、ローターとステーターの微小間隙やステーターの穴部分の出口近傍で発生するせん断応力を利用して、乳化・分散・混合などを行う装置である。このためこのタイプのミキサーは、高せん断ミキサー（High shear Mixer）と言われることもある。

　ポンプヘッドにミキシング部分を設置したインライン式ミキサーの他、タンク底部にミキシング部分を設置して処理物を循環するタイプのバッチ式のミキサーなどがある。特に近年では、これらのローター・ステーター型ミキサーと真空タンクを組み合わせた多機能真空乳化槽の需要が高まっている。多機能真空乳化槽は、図2に示したとおり、乳化・分散・混合・溶解の他、脱気・脱泡・脱酸素や粉体・液体原料の高速真空吸引なども可能であるため、本装置を用いることで、これまでの製造プロセスを大幅に変える"オールインワン・プロセス"の実現が可能になる。

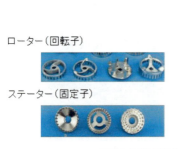

図1　代表的なローター・ステーター型ミキサーの概要

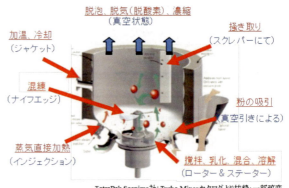

図2　一般的な真空乳化槽の機能

　また図3Aに示したとおり、ミキシングエレメントを多段階に設置してミキシング効果を高め

るタイプや、図3Bに示した通り、運転中にステーターの位置を変更できるタイプ、さらに油脂などをミキシング部分に直接投入できるタイプなど、ミキシングヘッドに関して近年では高効率、高性能のための様々な工夫がされている[8]。

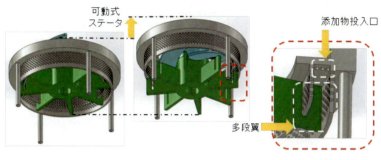

図3 ミキサーの高性能化の一例

2. 性能評価指標について

　性能評価と言っても、評価対象は使用者によって異なる。乳化・分散・混合などの場合は、最大安定粒子径や分散度合、そして処理時間などが評価対象となる場合が多い。本稿では、特に所定粒子径に到達するまでの時間を評価対象とした場合の性能評価指標について述べる。異なる2つのミキサーで水中油滴型の乳化処理を行う場合、図4に示したとおり、処理時間ごとに変化する粒子径の大きさを比較することで、ミキサーの相対的な性能を比較することができる。実は、図4に例示したこの2つのミキサーは、乳化に寄与する部分の形状と寸法は殆ど同じであるにも関わらず、微粒化性能に大きな差が出た。原因を考察するために、運転時の動力減少率について調べた結果を図5に示す。

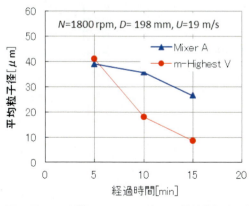
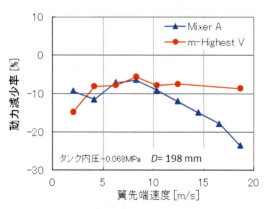

図4 異なる2種類のミキサーにおける微粒化傾向の比較　　図5 翼先端速度と動力減少率の関係

動力減少率とは、真空条件下での動力を大気圧条件での動力で除した値であり、大気圧条件での動力よりも低い場合はマイナス表記とする。数値の意味としては真空条件下においてどの程度動力が減少したかを表している。

　図5に示したとおり、真空条件下における動力減少率を比較すると、微粒化性能の低いミキサーはローターの回転数が増加するほど、キャビテーションの発生により動力減少率が増える（つまり動力が減少している）ことがわかる。一方、最新の研究成果[5][6][7]を基に設計されたローター・ステーター型ミキサー[8]では、ローターの回転数に因らず、真空下での動力減少率は一定でその割合も低い。つまり、ミキサーの性能を評価する場合は、単純に乳化・微粒化に寄与する部分の寸法や形状のみならず、ミキシング部分全体を含めた評価が必要である。

3. 性能評価指標の導出

　ローター・ステーター型ミキサーの乳化・微粒化現象は、乳化に寄与するエネルギーに比例して進行する[1][3][4][5][6]ことがわかっている。つまり、乳化に寄与するエネルギーが大きいミキサーほど性能が高いといえる。各種ミキサーにおいて、乳化に寄与するエネルギー（乳化のために消費されるエネルギー）を算出できれば、ミキサーの性能を推定できる。また目的の粒子径が得られるまでに必要な積算のエネルギーをあわせることでスケールアップが可能になる[7]。以上の考えのもと、ミキサーの性能評価指標、ならびにスケールアップ指標として、ミキサー回りの総括乱流エネルギー消散率：ε_a [W/kg]=[m^2/s^3]を定義する。定義について図6、7を用いて説明する。

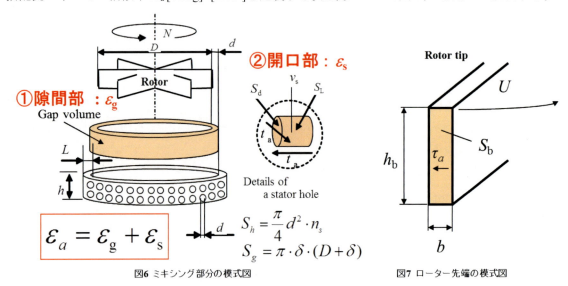

図6 ミキシング部分の模式図　　　　　図7 ローター先端の模式図

　図6に示したとおり、ミキサー部でエネルギーを消費する場所は、①ローターとステーターの隙間部分、②ステーターの開口部であり、それぞれの部分の局所的な乱流エネルギー消散率 ε_g ならびに ε_s は、乱流強度[W/kg]×回数[-]であらわすことができる。つまり局所的な乱流エネルギー消散率は、液体がミキサー部を通過する際にどのくらい強い力を、何回受けたかという物理的

な意味を持つ。①隙間と②開口部における局所乱流エネルギー消散率の総和を**総括乱流エネルギー消散率** ε_{a} と定義する。

3.1 隙間部分のエネルギー消散率の導出

図6の乳化に寄与する隙間の体積における局所的な乱流エネルギー消散率: ε_{g} について考える。乳化に寄与する動力 P_{h} [W]は

$$P_{h} = P_{n} - P_{p} \tag{1}$$

で定義される。ここで P_{n}:正味動力[W]、P_{p}: ポンプ動力[W]である。図7に示したローター先端におけるせん断応力 τ_{a} [N/m²]は以下のように定義できる。

$$\tau_{a} = \frac{P_{h}}{Q} \tag{2}$$

ここで、Q:吐出流量 [m³/s]である。せん断応力がかかる翼先端面積 S_{b} [m²]は

$$S_{b} = b \cdot h_{b} \tag{3}$$

である。ここで b:ブレード幅 [m]、h_{b}:ブレード高さ [m]である。よって、翼先端部分にかかる平均の力 F_{b} [N]は

$$F_{b} = \tau_{a} \cdot S_{b} \tag{4}$$

となる。そこで、翼先端の平均消費動力 W_{b} [W]は以下のように定義できる。

$$W_{b} = F_{b} \cdot U \cdot n_{r} \tag{5}$$

ここで、U:翼先端速度 [m/s], n_{r}:ローター枚数 [-]である。次に、せん断頻度 f_{g} [1/s]は

$$f_{g} = \frac{Q}{v_{g}} \tag{6}$$

で定義され、v_{g} : 隙間部分体積[m³]である。局所的な乱流エネルギー消散率の定義は、強度×回数としたことから、隙間部分の局所乱流エネルギー消散率 ε_{g} は、以下のように定義できる。

$$\begin{aligned}
\varepsilon_{g} &= \frac{W_{g} \cdot f_{g} \cdot t_{m}}{\rho \cdot V} \\
&= \left[(N_{p} - N_{qd}\pi^{2}) \cdot n_{r} \right] \cdot \left(\frac{D^{6}b}{\delta(D+\delta)} \right) \cdot \left(\frac{N^{4} \cdot t_{m}}{V} \right)
\end{aligned} \tag{7}$$

ここで、t_{m}:ミキシング時間 [s], N_{p}:動力数 [-], N_{qd}:循環流量数 [-], D:ローター直径 [m], b:ステーター幅 [m], δ:ローターとステーターの隙間 [m], N:回転数 [1/s], V:液量 [m³], ρ:液体の密度 [kg/m³]である。

3.2 開口部分のエネルギー消散率の導出

同様の方法で、図6の開口部における局所的な乱流エネルギー消散率: ε_s について考える。せん断応力がかかる領域 S_s [m²]は以下のように定義できる。

$$S_s = S_d + S_L \tag{8}$$

ここで、S_d は孔断面の面積 [m²], S_L は孔内部の表面積 [m²]である。翼の通過によって開口部分にかかる平均の力 F_s [N]は

$$F_s = \tau_a \cdot S_s \tag{9}$$

と考える。また開口部分での平均的な仕事率 W_s [W]は以下のように定義できる

$$W_s = F_s U \tag{10}$$

ここで、ローターとステーターの隙間での漏れ率 α_L [-]は以下のように定義される。

$$\alpha_L = \frac{S_h}{S_h + S_g} \tag{11}$$

ここで、S_h は孔部の全面積 [m²]、S_g はギャップ部分における液体のリーク面の面積 [m²]である。よって、せん断頻度 f_s [1/s]は

$$f_s = \alpha_L \cdot n_s \cdot n_r \cdot N \tag{12}$$

となる n_s:ステーターの個数 [-], N:回転数 [1/s]である。以上の結果から開口部分における局所的な乱流エネルギー消散率: ε_s は、以下のように定義される。

$$\begin{aligned}
\varepsilon_s &= \frac{W_s \cdot f_s \cdot t_m}{\rho \cdot V} \\
&= \left[\frac{\left(N_p - N_{qd}\pi^2\right)\pi^2 n_s^{\,2} \cdot n_r}{N_{qd}} \right] \cdot \left[D^3 d \left(\frac{d}{4} + L\right) \left(\frac{d^2}{n_s d^2 + 4\delta(D+\delta)} \right) \right] \cdot \left(\frac{N^4 \cdot t_m}{V} \right)
\end{aligned} \tag{13}$$

3.3 総括乱流エネルギー消散率の導出

最終的には局所的な乱流エネルギー消散率は、式(7)と式(13)の総和となり、式（14）のような複雑な形となる。

$$\varepsilon_a = \left[\left(N_p - N_{qd}\pi^2\right) \cdot n_r\right] \left\{ D^3 \left[\left(\frac{D^3 b}{\delta(D+\delta)} \right) + \frac{\pi^2 n_s^{\,2} d(d+4L)}{4N_{qd}} \cdot \left(\frac{d^2}{n_s \cdot d^2 + \delta(D+\delta)} \right) \right] \right\} \left(\frac{N^4 \cdot t_m}{V} \right) \tag{14}$$

つまり、ミキサーの幾何学的寸法と測定値である、動力、吐出循環流量が分かれば、式（14）は計算できる。

ここで式（14）の隙間依存項を K_g とすると、

$$K_g = \left(\frac{D^3 b}{\delta(D+\delta)} \right) \qquad (15)$$

となり、同じく開口部依存項を K_s と定義すると、

$$K_s = \frac{\pi^2 n_s^2 d(d+4L)}{4N_{qd}} \cdot \left(\frac{d^2}{n_s \cdot d^2 + \delta(D+\delta)} \right) \qquad (16)$$

となる。さらに式中の変数を K_g と K_s を使ってまとめると、形状依存項：K_c は

$$K_c = \left[(N_p - N_{qd}\pi^2) \cdot n_r \right] \cdot \left[D^3(K_g + K_s) \right] \qquad (17)$$

となる。よって、式（14）は以下のような簡単な式で表すことができる。

$$\varepsilon_a = K_c \cdot \left(\frac{N^4 \cdot t_m}{V} \right) \qquad (18)$$

ここで、式(18)中の K_c（形状依存項）以外は運転条件依存項である。つまり、ε_a 中の K_c でミキサーの性能を評価し、ε_a で時間や回転数、仕込量など製造条件を考慮したスケールアップ（生産機性能予測）を行うことができる。式の導出過程の詳細は、参考文献[5][6][7]を参照されたい。

4. 指標の妥当性確認

性能評価指標：ε_a の妥当性を確認するために、異なる形状（孔径、開口率、厚さ、隙間）のステーターを用いた微粒化実験を行い、すべての実験結果（粒子の微粒化傾向）が ε_a でまとめることができるか確認した。検証に用いた試料の配合を表1に示した。試料は市販の流動食を模擬した液体である。次に試験に用いたステーターの形状情報を表2に示した。実験は、ステーターNo.4を標準とし、孔径、開口率（孔数）、ローターとの隙間の異なるステーターを用いて行われた。実験から得られた値、ならびに計測値から計算された各種の値を表3に示し、特に最下段に ε_a を示した。表3より ε_a の値は、ステーター番号の順に大きくなっていることから、ミキサーの性能はステー

表1　性能評価に用いた試料の配合と物性値

原料	MPC80	8%
	なたね油	4.5%
	水	87.5%
	合計	100%
物性	密度	$1028\,\mathrm{kg/m^3}$
	粘度	$15\,\mathrm{mPa \cdot s}$

表2　性能評価に用いたミキサーの形状情報

ミキサータイプ			内部循環式				
Stator No.			1	2	3	4 (標準)	5
ステーター 孔径	[mm]	d	4	4	4	4	1
開口率	[-]	A	0.11	0.20	0.31	0.26	0.12
孔数	[-]	n_s	173	316	500	411	3090
ステーター 厚さ	[mm]	L	2	2	2	2.5	2.5
ローターとステーター の隙間	[mm]	δ	2	2	2	1	1

ローター直径 D:198 mm
翼枚数 n_r: 6
ステータ高さ h: 32 mm

ター番号順に高くなると推定される。また、ε_aの値が近いステーター番号3と4はほぼ近い性能であると推定できる。実際の粒子の微粒化傾向（撹拌時間と粒子径の関係）を図8に示す。

表3　性能評価実験に用いたミキサーの総括乱流エネルギー消散率

項目	記号	単位	100L Pilot scale ステーター番号 1	2	3	4	5
回転数	N	[rpm]	1317	1317	1317	1317	1317
液量	V	[m^3]	0.1	0.1	0.1	0.1	0.1
正味動力	P_n	[kW]	2.52	3.10	3.24	3.37	3.45
動力数	N_p	[-]	0.76	0.94	0.98	1.02	1.04
循環流量	Q	[m^3/h]	34.5	39.0	39.9	39.8	35.7
吐出流量数	N_{qd}	[-]	0.056	0.064	0.065	0.065	0.058
ポンプ動力	P_p	[kW]	1.84	2.08	2.12	2.12	1.90
乳化寄与動力	P_h	[kW]	0.69	1.03	1.12	1.25	1.55
乳化動力/正味動力	P_h/P_n	[-]	0.27	0.33	0.34	0.37	0.45
ギャップの影響率	$K_g/(K_g+K_s)$	[-]	0.30	0.18	0.11	0.20	0.16
形状係数	K_c	[m^5] (×10^{-2})	0.32	0.79	1.35	1.49	2.22
形状係数比率 No.4基準	$K_c/K_{c,std}$	[-]	0.21	0.53	0.90	1.00	1.49
総括乱流エネルギー消散率	ε_a	[m^2/s^3] (×10^4)	0.735	1.83	3.12	3.46	5.16

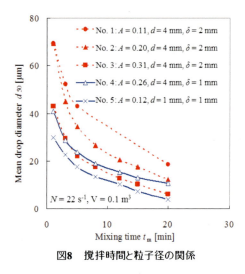

図8　撹拌時間と粒子径の関係

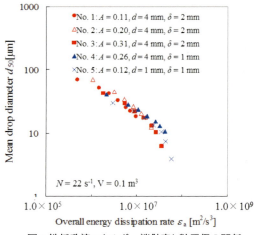

図9　総括乱流エネルギー消散率と粒子径の関係

表3からの予測した通り、ステーター番号が大きくなる順に所定粒子径になるまでの時間が短く（性能が高く）、また数値が近いステーター番号3,4は同じような微粒化傾向を示した。図8と同じデータに関して、横軸をε_aとしてまとめたものを図9に示す。図から明らかなように、異なる形状のステーターを使用した場合の微粒化傾向は、ε_aを使うことで一つにまとめることができる。つまり今回実験した系では、ステーターの形状が異なってもε_aの大きさがわかれば粒子径を推定できる。以上のことから、ε_aはローター・ステーター型ミキサーの形状を考慮した性能評価が可能な指標であると言える。

5. スケールアップへの応用

設備メーカーが設計をする際のスケールアップは、主に必要な動力を見積もることを主眼に置いている場合が多い。一方、使用者（ユーザー）のスケールアップは、与えられた装置形状と動力のもと、所定の品質を得る為に必要な時間や条件を推定することを指すことが多い。本稿ではユーザーの視点に立ち、所定粒子径を得るために必要な運転条件（回転数やミキシング時間）を推定することを、スケールアップの目的とする。

上述したように、ステーターの形状が異なってもε_aの大きさがわかれば粒子径が推定できる。よって、所定粒子径を得るための時間を推定するには（＝時間を考慮したスケールアップは）、装置の幾何学的寸法、運転条件（回転数、液量、撹拌時間）を式（14）に代入して、ε_aを計算することによって行う。つまりε_aが等価になる条件を探せば、それが異なるスケールでの等価運転条件の推定（スケールアップ）となる。ε_aは式（18）のようにあらわすことができるが、K_cはミキサーそれぞれの固有の形状依存項であるため、今回の検討では変えられない。よって、異なるスケール間でε_aを等価にするには、運転条件（回転数、液量、撹拌時間）を変えるしかないが、ここで回転数と仕込量を固定値とすると、ε_aを等価にするには時間を調整するしかないことがわかる。

以下にスケールアップ検証実験の結果を説明する。スケールアップ検証実験は、液量、回転数、そしてスケールが異なる条件での微粒化傾向を調査することで行った。

表4にスケールアップ検証を行った実験装置の情報（パイロット規模と生産規模の装置）を示す。ミキサーの直径は2倍、タンク容量については約20倍の違いがある。ミキシング部分の製作上の制約もあり、生産規模の装置のローターとステータ

表4 スケールアップ検討に用いた装置情報

			Pilot scale 500L	Production scale 10kL
ステーター内径	D_i	[m]	0.2	0.4
ローター直径	D	[m]	0.198	0.396
タンク直径	D_t	[m]	0.95	2.5
ローターとステーターの隙間	d	[m]	0.001	0.002
孔数	n_s	[-]	414	1020
ステーター高さ	h	[m]	0.032	0.058
ステーター厚さ	L	[m]	0.0025	0.005
開口率	A	[-]	0.26	0.18
最大動力	P_{max}	[kW]	30	160
最大回転数	N_{max}	[rpm] (1/s)	2000 (33.3)	1200 (20.0)

ステーター孔径 d: 4 mm
翼枚数 n_r: 6

一の間隙は、パイロット規模の装置の間隙よりも広くなっている。

表5 スケールアップ実験に用いたミキサーの総括乱流エネルギー消散率

項目	記号	単位	500L Pilot scale ステーター番号 6				10kL Production scale 7		
回転数	N	[rpm]	1640	1640	1227	1640	900	960	1050
液量	V	[m³]	0.2	0.3	0.3	0.5	7	7	7
正味動力	P_n	[kW]	10.3	10.3	4.3	10.3	46.7	56.3	73.2
動力数	N_p	[-]	1.61	1.61	1.61	1.61	1.38	1.37	1.36
循環流量	Q	[m³/h]	51.0	51.0	38.1	51.0	176	187	205
吐出流量数	N_{qd}	[-]	0.067	0.067	0.067	0.067	0.052	0.052	0.052
ポンプ動力	P_p	[kW]	4.21	4.21	1.76	4.21	17.5	21.2	27.7
乳化寄与動力	P_h	[kW]	6.05	6.05	2.55	6.05	29.2	35.2	45.5
乳化動力/正味動力	P_h/P_n	[-]	0.59	0.59	0.59	0.59	0.63	0.62	0.62
ギャップの影響率	$K_g/(K_g+K_s)$	[-]	0.20	0.20	0.20	0.20	0.14	0.14	0.14
形状係数	K_c	[m⁵] (×10⁻²)	4.24	4.24	4.26	4.24	144	143	142
形状係数比率 No.4 基準	$K_c/K_{c,\mathrm{std}}$	[-]	2.84	2.84	2.86	2.84	97.0	96.2	95.1
総括乱流エネルギー消散率	ε_a	[m²/s³] (×10⁴)	11.8	7.88	2.48	4.73	1.05	1.34	1.90

　実験条件と水運転で得られたデータ一覧を表5に示した。表の最下部にスケールアップ指標である ε_a を示した。また、その際の微粒化傾向を ε_a でまとめたグラフを図10に示す。スケールが異なり、また回転数や仕込量が異なる実験条件においても、粒子の微粒化傾向はすべて ε_a でまとめることができた。スケールが異なる場合においても、ε_a の値がわかるとその時の粒子径を推定できることが確認できる。

6. スケールアップの精度

　上記関係を利用してスケールアップした例とその精度について説明する。パイロット

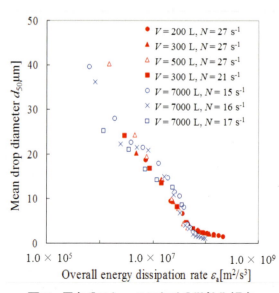

図10 異なるスケールにおける微粒化傾向

機で得られた粒子径と同等の粒子径を生産機で得るために必要な時間（等価撹拌時間）は、表6に示した関係から2.49倍と推定される。つまり、パイロット機(500L)5min撹拌と同等の品質を生産規模の装置（7000L）で得るために必要な撹拌時間は約13minと推定される。実際の微粒化傾向と推定値の比較を図11に示した。

パイロット規模の装置での微粒化実験の結果から推定された生産機の微粒化傾向を○で示し、実際の微粒化傾向は▲で示した。グラフから明らかなように、ε_aを用いて推定した生産機の等価撹拌時間は、実際の撹拌時間と近い。パイロット機の撹拌時間 5min と等価な混合時間の推定値は13minであり、一方、実測値は15minであった。推定値と実測値の誤差はおよそ13%程度である。グラフを見ても分かるとおり、生産機のタンク内でのばらつきや測定誤差を考慮すると、ε_aを用いた等価時間推定方法の精度は実用的であると考えられる。

表6 所定液滴径を得るための等価撹拌時間の推定

			Pilot 500 L	Production 7000 L
Rotational speed	N	[1/s]	27	17
Rotor tip velocity	U	[m/s]	17	22
Overall energy dissipation rate	ε_a	[m²/s³]	4.73 × 10⁴	1.90 × 10⁴
Equivalent operationg time	t_e	[min]	1	2.49

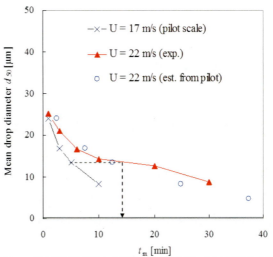

図11 等価撹拌時間から推定した生産機における微粒化傾向

おわりに

本稿ではローター・ステーター型ミキサーに関して、製造現場における実測データを利用した、実践的な性能評価方法とスケールアップ手法について述べた。本稿で紹介した方法は、ミキサーの幾何学的寸法と動力、流量などの測定結果を利用するため、実際の製品を用いなくても、水運転での測定結果からミキサーの性能を推定することが可能である。

また本指標は、口から飲むことを前提とした程度の低粘度の液体の乳化・分散について、市場の様々な乳化装置について検証を行い、その妥当性を確認している。一方で本方法は、粒子径の減少傾向は様々なスケール間、装置間で一致するものの、粒子径の分布についてはパイロット機と比較して生産機は大きくなる傾向がある。また、より粘度が高い試料については、エネルギー消費の算出方法について見直すことで、対応可能と考える。

本稿で述べた方法を用いて、市場にある八百万のローター・ステーター型ミキサーについて、ユーザーが自らのアプリケーションに適した装置の性能を正しく評価し、失敗することなく正しい装置を選定していただければ幸いである。

引用文献

(1) Tatterson, G. B.; "Scale-Up and Design of Industrial Mixing Processes," pp. 92–96, McGraw-Hill, New York, USA (2003)

(2) Utomo, A. T., M. Baker and A. W. Pacek; "Flow Pattern, Periodicity and Energy Dissipation in a Batch Rotor-Stator Mixer," Chem. Eng. Res. Des., 86, 1397–1409 (2008)

(3) Davies, J. T.; "A Physical Interpretation of Drop Sizes in Homogenizers and Agitated Tanks, Including the Dispersion of Viscous Oils," Chem. Eng. Sci., 42, 1671–1676 (1987)

(4) Calabrese, R. V., M. K. Francis, V. P. Mishra, G. A. Padron and S. Phongikaroon; "Fluid Dynamics and Emulsification in High Shear Mixers," Proc. 3rd World Congress on Emulsions, pp. 1–10, Lyon, France (2002)

(5) T. Kamiya et al., Scale-Up Factor for Mean Drop Diameter in Batch Rotor-Stator Mixers with Internal Circulation, J. Chm. Eng. J. 43 (9)737-744, 2009

(6) T. Kamiya et al., Evaluation Method of Homogenization Effect for Different Stator Configurations of Internally Circulated Batch Rotor-Stator Mixers, J. Chm. Eng. J:43 (4)355-362, 2010

(7) T. Kamiya et al., Scale-Up Factor for Mean Drop Diameter in Batch Rotor-Stator Mixers. J. Chm. Eng. J 43 (4)326-332, 2010

(8) 羽生、神谷、小野里, 特願２０１５－１５５８９０, 微粒化装置及び、 この装置を用いた流動性を有する製品の製造方法

第17章　生産技術としてのミキシング技術開発と実用化

神田　彰久、鷲見　泰弘

（株式会社カネカ）

1.　はじめに

　ミキシング技術は、言うまでもなく化学産業において必須であり、これまでに多くの優れた研究がなされ、装置設計、反応制御、生産性向上などの際にはさまざまな化学工学的手法が用いられている。

　また、多種多様な、反応、混合、分離、造粒などの用途に対し、それぞれに適した手法、装置が提案され、撹拌翼の形状も、特に日本では大型翼の開発が盛んであるなど、ミキシング技術開発は、古い知見と新しい知見とが融合しつつ、発展を続けている。

　当社でも、種々の製品において、ミキシング技術を用いた生産を行なっているが、個別の技術開発に加え、生産技術研究所を中心として基盤技術蓄積を行なっており、異なる事業、異なる製品に対して、それらを共通に使える技術として、展開してきている。

　本稿では、これまでの当社でのミキシング技術開発の経緯と、それらを適用した製品開発例について述べる。

2.　カネカの製品群

　当社は、塩化ビニル、樹脂改質材、反応性ポリマー、苛性ソーダ、医薬品、パン酵母、食品、機能性食品、アクリル系合成繊維、発泡樹脂、断熱建材、超耐熱性ポリイミド、電子材料及び太陽電池等と幅広い製品作りを行っている(表1)。これらの生産プロセスにおいてはもちろん、新製品開発においても多くのミキシング技術を活用している。例えば樹脂製品での懸濁重合や乳化重合技術はもちろん重要であり、それぞれの反応、製品の特性に対して適切なミキシング状態を実現すべく、撹拌翼、撹拌方法を最適化してきた。

表1．カネカの製品群

化成品

化成品	塩ビペースト樹脂
塩化ビニル樹脂	塩素系アクリルグラフト共重合樹脂
架橋PVC	CPVC(塩素化PVC)
塩ビ-酢ビ系樹脂	塩ビコンパウンド

機能性樹脂

塩ビ強化用樹脂	末端反応型液状アクリル樹脂
汎用エンプラ強化用樹脂	テレケリックポリアクリレート
耐候性/耐衝撃性改良用樹脂	熱伝導性エンジニアリング樹脂
耐熱性改良用樹脂	射出成形用エンジニアリング樹脂
塩ビ加工性改良用樹脂	耐候性MMA系フィルム
変成シリコーンポリマー	イソブチレン系熱可塑性エラストマー
アクリルシリコン系ポリマー	エポキシ樹脂用改質材
粘・接着剤ベースポリマー	

発泡樹脂製品

ビーズ法発泡ポリプロピレン	カネライトフォーム関連製品
ビーズ法発泡ポリエチレン	耐水型高発泡浮床緩衝材
ビーズ法発泡ポリスチレン	木造住宅工法
押出法発泡ポリスチレンボード	

食品

マーガリン類	フィリング
ショートニング	冷凍生地
食用油脂	イースト
チョコレート用油脂	生地改良剤
ホイップクリーム	香辛料
練り込みクリーム用 他	不凍タンパク質／不凍多糖

ライフサイエンス

血管内治療	機能性食品素材
検査機器	医薬品原薬・中間体
血液浄化	バイオ医薬関連
理化学機器	

エレクトロニクス

超耐熱ポリイミドフィルム	積層断熱材
高精度光学フィルム	透明導電性フィルム
超高熱伝導グラファイトシート	太陽光発電システム
複合磁性材料	

合成繊維

頭髪装飾用途(ファッションウィッグ・ドールヘアー)
パイル(エコファー・ぬいぐるみ等)
難燃・資材(防護服、産業資材、寝具、インテリア等)
イオン吸着体、コラーゲン繊維

新規事業開発

生分解性ポリマー	経皮吸収型医薬品
耐熱耐光透明樹脂	カネカヒッププロテクター
有機EL照明パネル	新・高機能性肥料
遺伝子検査診断関連製品	天然界面活性剤

ただし、製造現場においては乳化分散等のミキシング技術そのものよりも、スケール発生の抑制や液跳ねの防止等が重要な課題となることがある。また、逐次的に原料やｐＨ調整剤を添加していく場合、液量が増加するため、液面が変わっても最適な分散状態を維持すること、および、添加した原料が局所的に濃くなるなどの分布が生じないことは極めて重要である。それらの添加ノズルやその形状についても、スケール発生や付着を引き起こす可能性があるため、原料の添加位置、液量の変動を考慮した翼の適正配置を行っている。

3. 流動解析技術の深耕と利用

それらの各製造プロセスに応じた最適なミキシング装置の設計を行うと同時に、当社では、生産技術研究所を中心に、流動解析技術を基盤技術として研究し、横断的に役立ててきた。特に、可視化技術と数値流動解析技術については、社外の技術を取り込みながら、実プロセスに合った解析手法を選び、基礎的な検討を社内でも行い、検証した上で活用している。実際には、化学工学における、原理原則を大事にするアプローチをとりつつ、設計スケジュールや現場のニーズに合わせた形で、スピーディーに解を提示する、ということも重視している。

3.1 可視化技術

流れの可視化については、一般によく用いられている、円筒状のアクリル槽に角槽を設置した数十リットルの装置とレーザーシート光による観察装置を用いて、各種撹拌翼の流動状態を比較検証してきている。実験装置の一例を図1に示すが、実際の現象をまず見ることの重要性は昔から変わっていない。良いと考えて試した撹拌翼が実際には性能を発揮しなかったケースも結構あり、できるだけ実際に用いる系と近い系での可視化実験を行なうようにしている。

3.2 数値流動解析技術

近年のコンピュータの計算速度の向上や目を見張るものがあり、数値流動解析(Computational Fluid Dynamics, CFD)についても、流れを解くだけであれば、パーソナルコンピュータレベルでも

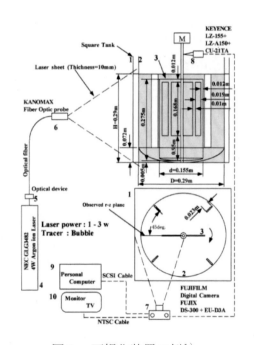

図1．可視化装置の例[1]

十分なケーススタディが可能となってきている。当社でも、商用ソフトによる検討を重ね、撹拌槽の解析を重点的に行いつつ、最近では、気流解析による安全対策の検討や、ＤＥＭ(Discrete Element Method)を用いた粒子の配管内の輸送の解析等にも応用範囲を広げている。

ただし、数値流動解析だけでは、その計算結果に対する信頼性が判断できないため、まずは、可視化結果や、レーザードップラー流速計 (LDV) による流速測定結果と計算との比較検証を繰り返し行っている。

図2は複数段設置したラシュトンタービン翼の解析比較例であるが、可視化装置で観察された流線およびLDVにより測定した流速と、数値流動解析結果は概ね一致しており、シミュレーションが十分に実用となることを確認している[2]。

タービン翼については、各段で流れが分離したボックスを作る点や、翼の段間隔と翼径の比が狭すぎると、吐出流が合一することが良く知られているが、シミュレーションによってもそれらの現象が比較的よく再現された。

これらの検討から、現象をよく再現できる乱流モデルの選択、メッシュの数や作成方法について、選択した上で、次章で述べるスケールアップの手順により、実機設計に反映させている。

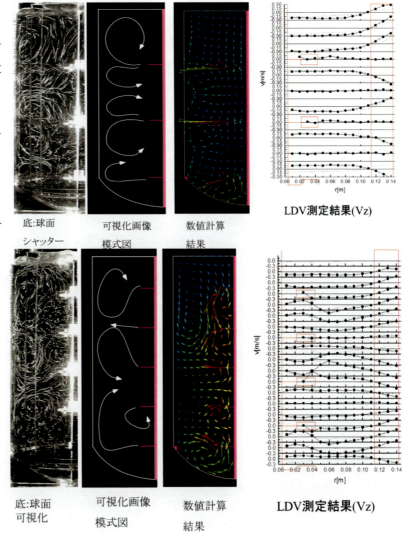

図2．実験とシミュレーションの比較例

3.3 スケールアップの手順

当社での、装置設計における、スケールアップ技術開発手順について、簡単に述べる（図3）。

① ラボでの実験により、実際の反応において、品質、生産性に及ぼすキーファクターの絞込みを行なう。基本的な反応装置のデザインを設定する。

② 所望の流動、分散状態を得ることを目的に、小スケールの流動可視化槽を用い、種々の撹拌翼とその翼配置での流動状態と分散性能を確認する。対象に応じて酸素供給速度や混合時間を測定する。

③ 数値流動解析による流れ状態を可視化実験結果や、混合時間測定等を用いて検証する。

④ それらの結果を基に、実機サイズでの流動状態を数値計算により予測し、実際の装置設計を行う。この際に、何らかの不都合があれば、②③④の手順を繰り返す。

⑤ 機械的、電気的な制限事項を確認し、実機仕様を固めていく。

これらの手順にて、効率的、かつ、確実性を高めたスケールアップ検討を行っている。

実際にラボから実機へのスケールアップを行なった場合、一般的には混合時間が長くなったり、上下方向での静水圧の分布による影響を受けたり、という問題が生じる。前者については、流れ場を数値解析により解いた後、仮想粒子を投入し、それが均一に分散するまでの計算上の時間を判断の基準に用いる。いくつかのケースでは、実プラントを用いた電気伝導度等の測定実験により、実機レベルでの混合時間も検証しており、より精度の高い計算条件を設定することができている。

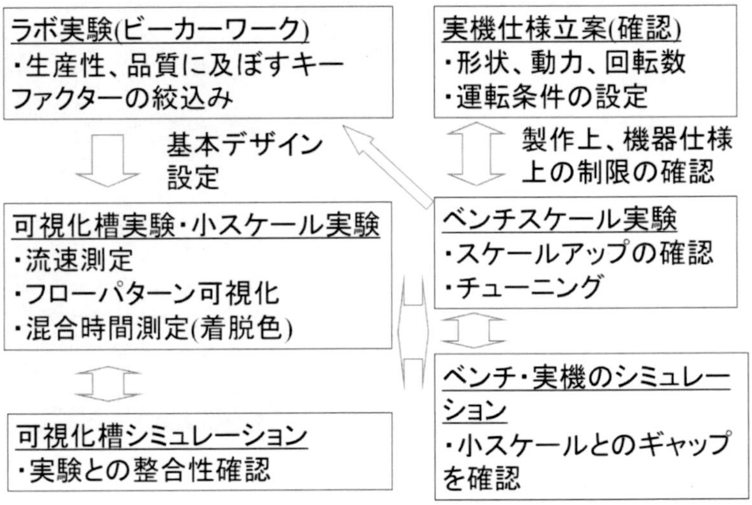

図3．装置設計における、スケールアップ技術開発手順

静水圧分布については、特に通気撹拌槽における酸素供給能力に影響するが、気泡の大きさや、分散、合一を現実的にシミュレーションで求めるにはまだハードルが高い。実際の培養液や反応液における気泡径を予測することは極めて難しく、経験的に、一定の気泡径を与えて計算に用いることが多い。

その上で、実機におけるガスホールドアップと比較し、現実を反映した気泡径の設定を行い、ケーススタディにより、混合性能の比較を行う。場合によっては、径の異なる数種の気泡を設定することもある。

180

3.4　新規大型翼の開発

　これまで、槽内全域にくまなく流動が及ぶ大型化した撹拌翼の開発が撹拌機メーカー各社にて開発され、我が国の素材産業における製造技術の進展に大きく貢献している。

　一方、大型撹拌翼に関する撹拌諸特性については、各メーカーから提出されているカタログデータやメーカーの技報等では紹介されているが、ユーザーの立場から大型撹拌翼の有効性やトラブルを未然に防ぐ検討や指針等の紹介例が少ない。

　そこで、本章では、現在開発されている大型撹拌翼を改良・拡張することによって、槽内の液深が深い場合においても槽内全域において良好な流動状態を呈する大型撹拌翼（以下、大型３段翼と称する）を中心に同翼の流動，撹拌所要動力，混合性能[3]についての例を紹介する。これらの例の中から、中粘度領域の流体の撹拌・混合において大型撹拌翼を使用する場合やスケールアップに際して、又は選定する際の事前のトラブル防止策となる指針を読みとっていただきたい。

　大型撹拌翼の特徴として、槽底部に大型のパドル翼が設置されており、大型パドル翼の上部には各社においてそれぞれ工夫をこらした撹拌翼が設置されている。これらのほとんどが、下部のパドル翼により強い吐出流を生み出し、多くの場合バッフルにより上昇流へ変換され、その流体は自由表面近傍まで上昇し槽中央を下降するような大きな循環流れを生み出している。

　ここで、大型翼を利用する検討の出発点は撹拌槽を用いたスケールアップにおいてレイノルズ数がラボレベル（2L～30L槽）では層流域であり、実機サイズ（10m³～30m³程度）では遷移域又は乱流域へ変化するような粘性流体、すなわち中粘度（0.1～10Pa・s）の流体を対象とした撹拌翼の選定等の課題を解決することにあった。撹拌翼の選定に際しては、各メーカーの大型撹拌翼についても調査を行ったが正確な寸法が公開されておらず、撹拌機メーカーにおけるデモ実験やトライアルテストに依存せざるをえない。そこで、効率よく撹拌するため槽径と等倍から胴長（縦長）槽に至る液深い槽を対象として、槽内全域において良好な流動状態を呈する高度化された翼形状を検討し探求し、大型３段翼を開発した。

１）大型撹拌翼を用いた撹拌動力とフローパターン及び混合時間

　ポリマー製造プロセスにおいては高粘性流体を取り扱うことが多いが、実際の製造工程においては操作温度を上げることやポリマーに溶剤を添加することにより流体の粘性を中粘度領域（0.1 Pa・sから10.0 Pa・s）になるよう調整し、その流体を取り扱い易いものにする場合や反応温度の設定から必然的にその粘度領域になる場合がある。この中粘度領域の流体を混合及び化学反応させる撹拌操作においてはレイノルズ数（Re数）が約Re=10から2000程度までの範囲となるが、この領域において軸方向の流動性が優れており、撹拌の動力効率が良く、槽内においてある程度の剪断力が作用する撹拌翼が望まれた。従来、この粘度領域の流体を混合する場合にはアンカー翼や２重螺旋翼のような大型の撹拌翼が用いられてきた。また、これまでにはマックスブレンド翼[4]やフルゾーン翼[5]などに代表させる槽径に対して幅広撹拌翼を有する大型の撹拌翼が開発されている。ここでは中粘度領域においても１）軸方向の混合に優れていること、２）多段タービン翼に見られるような各段の撹拌翼回りにおいて軸方向の小さな循環がないこと、３）液の停滞部が生じないこと、４）低消費動力であること、５）液深さが大きく変化するようなプロセスにも対応できることなどを念頭に置いて、新たな撹拌翼を考案した。そこで、著者は

1段のパドル翼と2段のゲート翼から構成される大型3段翼を開発した[3]。ここでは、この撹拌翼を用いて中粘度領域の流体を撹拌した場合の所要動力、混合特性を示す。また、従来から用いられてきたアンカー翼、2重螺旋翼、1枚ゲート翼の混合特性との比較も行った。

2）大型3段翼の形状

まず、1段のパドル翼と2段のゲート翼からなる大型3段翼を図4に紹介する。最下段には平型パドル翼③を配置し、中段にはゲート翼④、上段には下方に翼が延びているゲート翼⑤を配置している。最下段と中段の翼は軸方向の重なりを有し、中段の翼も同様に最上段の翼と軸方向に重なりを有する。また、中段の翼が最下段の翼に対して回転方向に45度先行し配置されている。また、中段と最上段の翼においても、最上段の翼が中段の翼に対して回転方向に45度先行して配置されている。

また、この大型3段翼は、次に示すことを期待し開発された。大きな軸方向の循環を確保するため槽底にパドル翼を配置し、4枚の邪魔板も設置した。その邪魔板は図5に示すように、邪魔板⑥の背後に流れの停滞部が生じないように槽の内壁と邪魔板の間には隙間（同図中のc2）を設けた。各段の翼回りにおいて

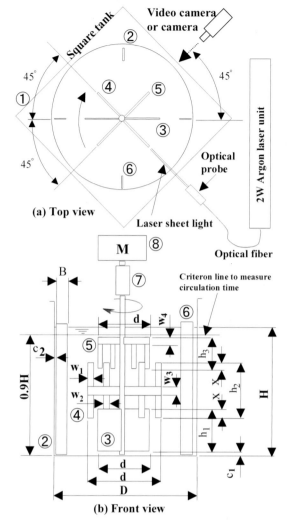

①槽、②撹拌槽、③下段翼、④中段翼、⑤上段翼、
⑥邪魔板、⑦トルク計、⑧モーター
D = 290mm, d/D = 0.53, H = D, B = 0.08D
図4　大型3段翼の装置形状[3]

軸方向の小さな循環が生じないように、各段の撹拌翼を軸方向に重ねた。また、ある程度の剪断力が槽内に作用するように中段及び最上段にゲート翼を配置した。さらに、各段の翼から吐出される流れがお互いに干渉しないこと及び翼を回転させたときに軸の偏心が少なくなるように、最下段の翼に対して中段の翼及び中段の翼に対して最上段の翼をそれぞれ45度ずつ先行し配置した。

3）撹拌動力

図5には、大型3段翼、1枚ゲート翼、アンカー翼及び2重螺旋翼を用いた場合におけるレイノルズ数（Re）に対するパワー数（Np）を示した。同図より、大型3段翼と1枚ゲート翼のNp値

はほぼ同様であることが判った。また、アンカー翼及び2重螺旋翼は、Re数と共にパワー数が減少する。これらの傾向は、永田らの結果と同様であった[6]。これは、槽内において流体の慣性力が大きくなり、流体が翼と共回りしていることを意味する。このことは、ここで示した中粘度領域において槽内の流体を混合させるために、動力が消費されないことを示している。また、同図の結果より、大型3段翼はアンカー翼及び2重螺旋翼に比してより大きな動力を投入できることを示している。

撹拌動力を測定する際に重要なことは、出来るだけ幅広いRe数領域（層流・乱流）でデーターを収集し、Re数に対する撹拌動力の傾向を把握することである。これにより、小型装置と実機のRe数からNp値の傾向が明らかとなると共に実機におけるモーター動力選定にも役立つ。また、小型装置を用いて流体の粘性と撹拌翼回転数を変化させてRe数を幅広く変化させる場合には、出来るだけ槽内の流動状態が変わらない状態で撹拌動力を測定することが肝要である。これにより、ばらつきが少ない撹拌動力データーを得ることが可能となる。簡単な方法としては、自由表面の流動状態を観察し、自由表面が著しく乱れない範囲内で撹拌回転数を設定することである。

4）混合特性

次に、Re数が約10から約1000の範囲における混合特性について示す。図6には、大型3段翼、1枚ゲート翼、アンカー翼及び2重螺旋翼についてレイノルズ数（Re）と無次元混合時間（$n \cdot \theta_M$）の関係を示した。また、同図よ

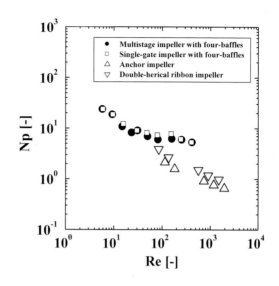

図5　Re-Npの関係[3]

（図中のMultistage impellerとは大型3段翼を示す。）

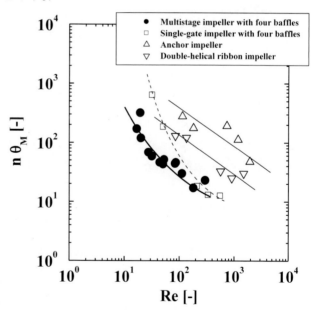

図6　Re数と無次元混合時間の関係[3]

（図中のMultistage impellerとは大型3段翼を示す。）

り大型3段翼の無次元混合時間（図中の太い実線）は、Re数が100以上では1枚ゲート翼と同様であるが、Re数が100以下の領域で、無次元混合時間が大きくなることが判る。これは、槽内に局所的な渦が発生し、混合時間が長くなったためである。当然のことながらアンカー翼及び2重螺旋翼の無次元混合時間は大型3段翼に比べてその値が大きいことが明らかである。

　本章では、大型撹拌翼を使用する際に独自の撹拌翼形状を開発し、その撹拌翼について撹拌動力、流動、混合データーを明らかにし、中粘度の流体の撹拌・混合に際して有効であるか否かのデーターを示した。実際の系に適用する場合には、流動に関しては装置寸法が小さい場合には流動状態の顕著な差異は明らかとなるが、現象が顕著でない場合にスケールアップ時に現象が拡大されて思わぬトラブルを生じることがある。従って、トラブルの事前の策としては、実機で想定される現象（反応・物質移動・伝熱・流動）に関連して槽内液中部、槽内空間部、自由表面、槽内の構造物等に分類して十分に洗い出しておき、それぞれに対して想定される事項やそのリスク評価及びリスク対策を準備されることが肝要である。

4. 製造プロセスへの適用例

　ここでは、流動解析技術をスケールアップに用いた例に加え、処方面からのアプローチも加えて課題解決を行った例、ミキシングを用いた新製品の開発事例について紹介する。

4.1　物質移動

　ここでは、3.4章で示した大型3段翼撹拌を用いた気液界面における物質移動を伴うそのスケールアップの応用例について示す。

　溶剤除去プロセスでは、高粘度ポリマーにおいて、横軸二軸リアクターなどが用いられており、低粘度のポリマーや溶液では、撹拌槽で単蒸留や真空蒸発・フラッシュ蒸発・薄膜蒸発などが用いられる。その中間領域の中粘度ポリマーの場合、撹拌槽による真空蒸発やフラッシュ蒸発、薄膜蒸発などが用いられる。撹拌槽による真空脱揮の場合、真空脱揮終盤では気液界面での物質移動が律速となり、溶剤を十分に除去するためにはこの律速が重要となる。そこで、本章では中粘性ポリマーの撹拌に有効である大型3段翼付撹拌槽を用いた気液界面における物質移動の相関とそのスケールアップについて示す。

　まず、中粘性ポリマーを撹拌槽で真空脱揮し溶剤を除去するときの撹拌槽内での様子を図7に示す。その状況は3つの状態に分けることができ、

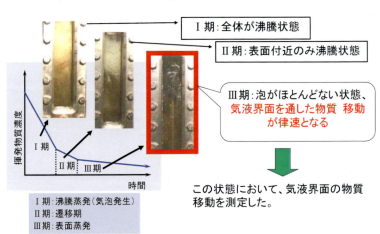

図7　真空脱揮時の撹拌槽内の様子[7]

全体が沸騰状態であるⅠ期から、気液界面付近が沸騰状態であるⅡ期を経由して、細かな泡は存在しない表面蒸発状態のⅢ期の状態となる。泡がほとんどない表面蒸発状態では気液界面を通した物質移動が律速となり、ポリマー中の溶剤を十分に減らすには、Ⅲ期の状態を長時間保持する必要がある。そこで、この状態にける気液界面の物質移動を測定し、物質移動相関とスケールアップの考え方を示す。

はじめに、気液界面における物質移動を定量化するためにモデルを作成し、物質移動を促進するために気液界面の面積を増やす工夫と効果の検証を行った。そして、気液界面を乱す大型3段翼と通常の大型3段翼の物質移動測定とその比較した。そして、スケールアップの影響を見るために50L槽と360L槽での物質移動を比較し、無次元式での相関を試みた。

まず、図8のⅢ期の状態における気液界面の物質移動に関するモデルを立てた[7]。気相部は理想気体を仮定し、ポリマー相の物質収支と気液平衡はⅢ期の状態では溶剤濃度は低濃度であるため、ヘンリーの法則が成り立つと仮定した。真空脱揮終盤では、溶剤はポリマー相から気相部を通して系外に排出されるが、この場合の物質移動係数と気相部からポリマー相へ溶剤が溶け込む場合の物質移動係数と相違ないと仮定した。従って、気相部に溶剤を仕込み、気相からポリマー相へ溶剤が移動する際の界面における物質移動を測定した[7]。

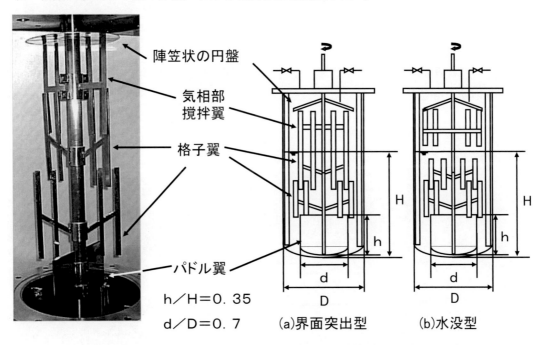

図8 大型3段翼の写真(左)と概略図(右)

図8には実験に使用した大型3段翼の写真と概略図を示した。気液界面における物質移動を測定するために、気相部のガスを十分に流動させ、気相部に溶剤の境膜の発生を防ぐ目的で気相部にも撹拌翼を配置した。また、陣笠状の邪魔板は上部から溶剤を仕込んだ際に溶剤がポリマーに直接入らず、速やかに蒸散するために設置した。実験では気液界面における物質移動を促進するために界面突出型の大型3段翼(同図(a))を用い、この効果を確認するために通常の大型3

段翼（同図(b)）である水没型の撹拌翼との比較を行った。

表2　撹拌槽の装置寸法と実験条件

	50L槽	340L槽
槽径	0.3m	0.6m
H/D	1.0、1.33	1.0
撹拌翼	界面突出型、水没型の大型3段翼	界面突出型の大型3段翼
撹拌回転数	60～300r.p.m	60～160r.p.m.
ポリマー	ポリプロピレングリコール 分子量：3000、16000、25000 粘度：0.01～4.5Pa・s	ポリプロピレングリコール 分子量：16000 粘度：0.3Pa・s
溶剤	メタノール	メタノール
温度	130℃	130℃

表2には、実験スケールは50L槽と360L槽で実験を行った際の諸条件を示した。50L槽のポリマーはポリプロピレングリコールの分子量が3000、16000、25000のものを用い、360L槽ではポリマー分子量は16000のみとした。物質移動の測定に際しては、溶剤としてメタノールを用い、ポリマーの液温は130℃に設定した。

図9には、撹拌翼が界面を突出した場合と水没した場合における単位体積当たりの撹拌所要動力と物質移動の相関について示した。横軸が単位ポリマー体積当たりの撹拌所要動力、縦軸が

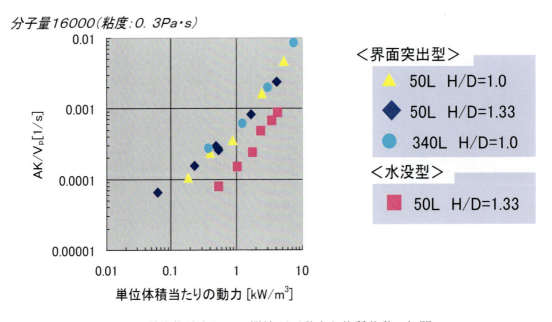

図9　単位体積当たりの撹拌所要動力と物質移動の相関

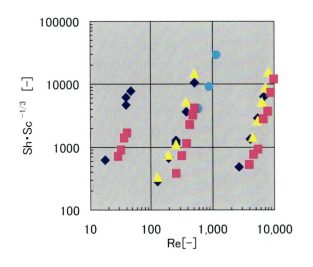
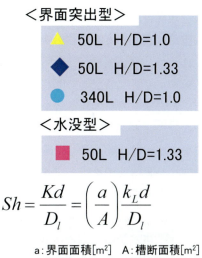

$$Sh = \frac{Kd}{D_l} = \left(\frac{a}{A}\right)\frac{k_L d}{D_l}$$

a：界面面積[m²]　A：槽断面積[m²]
d：翼径[m]　　　D$_l$：拡散係数[m²/s]
K：見かけ物質移動係数[m/s]
k$_L$：液相側物質移動係数[m/s]

図１０　Re数とSh・Sc数を用いた物質移動相関

単位ポリマー体積当たりのAK（物質移動容量係数）を示した。このAKは気相部の境膜の影響が非常に少ないと仮定するとk_Laに相当する。この結果から、気液界面を乱す界面突出型の翼を用いた方が、物質移動が良好であることが判る。また、同一粘度のポリマーであれば、単位ポリマー体積当たりのAKはスケールによらず単位体積当たりの撹拌所要動力に対して相関がある。

　図１０には、界面突出型および水没型の大型３段翼を用い、50Lと360L槽における気液界面の物質移動について、横軸をレイノルズ数、縦軸をＳｈ数・Ｓｃ数の－１／３乗とした場合の物質移動相関を示した。ここで示したＳｈ数は界面の乱れによる界面積上昇分を含んだ見かけの物質移動係数Ｋをから算出したＳｈ数（図中の式）を用いた。図中の相関は、ポリマー分子量の差異により、すなわちポリマーの粘度による３つの相関関係が得られた。これらのことは、気液界面の乱れや気泡の巻き込みなどによる界面の面積の上昇を反映しておらず、１本の相関で整理できたていない。しかしながら、スケールアップや撹拌翼の差異を検討する際には、同一のポリマーを用いれば十分であることも判る。また、これらのデーターを基に実機スケールアップを行ったところ、実機における気液界面における物質移動に関する相関は取れていることを確認している。

　最後に、これらの結果をまとめると、大型３段翼付き撹拌槽において中粘度ポリマーから溶剤脱揮する場合の物質移動について次のことが明らかとなった。格子状の翼を気液界面から突出させた界面突出型の撹拌翼は水没型の撹拌翼と比べて気液界面における物質移動が良好であることを明らかにすると共に定量的にその優位性を示した。また、同一ポリマーであれば、単位ポリマー体積当たりの物資移動容量係数AK（K_Laに相当）は撹拌槽のスケールによらず撹拌所要動力に対して相関がある。これらの相関からポリマーからの溶剤脱揮終盤における物質移動係数の推算が可能となった。

4.2 固液分散

固―液混合において固体を均一に分散させる操作を行うこともある。プロセスによっては、液と比重差（液体より重い場合と軽い場合の両方[8]）がある固体を流体中に均一分散することが求められるが、比重差の程度や固体の大きさ・形状及び混合操作に用いる撹拌装置の形状（撹拌翼、邪魔板等）の選定が重要であることは言うまでもない。また、反応や分散操作だけでなく、晶析操作においても所望の粒子径分布を得るために適切な撹拌翼形状及び運転条件が必要となる。

ここでは、固-液撹拌の例として、大型翼を多量の軽い粒子の混合に用いた例を示す。

前章で述べた、格子翼を設置した自社開発の大型3段翼を用いて、比重0.9、大きさ3mm程度の円柱状の固体粒子を水中で粒子1：水2の重量比で撹拌混合した（図11左）。しかし、櫛状翼の外径を上段と中断で同一形状とした場合、上段の格子翼の吐出流によって、混合が妨げられる状態が観察された。液体のみの場合は従来型の格子翼で良好な循環流が得られるものの、比重の小さな固体粒子は下段パドル翼の上昇流に押し上げられるものの、槽中心部での下方への流れに乗り切らず、液面近傍で滞留する傾向が見られた。

そこで、上段翼について、外側の格子を除いた構成としたもの（図11右）を試したところ、粒子は軸付近より良好に吸い込まれ、全体の混合時間も改善された。

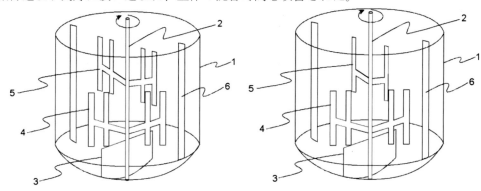

図11．格子翼の例（左：標準、右：固体撹拌用）
1：撹拌槽、2：撹拌軸、3：パドル翼、4：中段格子翼、5：上段格子翼、6：バッフル

この理由は、①中心部にボルテックスが形成されやすい、②外側の格子による吐出流が弱くなり、下段パドルからの上昇流を妨げなくなった、という点が考えられる。

さらに、バッフルの枚数、幅、槽壁面とのギャップについても検証を行った。粒子径や液の正常にもよるが、本検討では、粒子径に対してギャップが狭い場合や、バッフル幅が広い場合は、粒子がひっかかり、滞留が生じやすい傾向が見られたため、比較的細いバッフルとバッフル枚数についても、2～3枚の設置としたところ改善された。本事例では、粒子によりビンガム流体的挙動を示すので、ある程度の動力が必要で、P/V は 約0.5kW/m^3 以上、また、動力を剪断と流体運動にバランスよく配分するために、Np=3～5程度に設定している。

課題としては、樹脂を底部から払出すことになるため液面が低下時の運転条件について、液跳ねを防止しつつ、粒子の不均一性を避けるための、適切な運転回転数を設定していく必要がある。

4.3 気液分散

好気培養においては、酸素供給の観点から、培養内での優れた気泡分散及び槽内全体における良い混合性が求められる。通常は動力基準によるスケールアップが行われるが、培養槽内の温度均一化や基質の拡散促進のためには、流動状態や気泡分散状態を考慮したスケールアップが必要である。

気泡分散性、撹拌槽内の流動性及び酸素供給効率を高めることを目的として、多段タービン翼を配置した培養槽において、スパージャー直上部の翼に、コーンケーブ翼を用いた検討例を示す。培養槽をスケールアップしていく場合、単位体積あたりの通気量(vvm)を一定としていく場合が多いが、通気線速度の増大等により、撹拌翼のまわりに空気が集まり空転が生じ、気泡分散の効率が低下することが懸念される。そのため、コーンケーブ翼など、変形タイプのタービン翼が開発されている。

当社でも、種々の翼形状について、アクリル可視化槽による観察や、k_La 測定、動力測定等により基本的な特性を把握した上で、数値流動解析を併用して、スケールアップの検討を行った。

図１２には、４段タービン翼(同図中(a))を配置した場合と最下段にコーンケーブ翼を、その上の３段タービン翼を配置した場合(同図中(b))の気泡分布の数値流動解析結果の一例を示した。

これらの計算においては、まず、定常解析によって流れを解き、その後、数回転の非定常解析を行った上で、気泡を所定の通気流量となるように投入し、一定時間後の分散状態を比較することで行なっている。

図１２はスパージャーから気泡が噴出してから 30, 60, 90, 120 秒経過したそれぞれの時間における気泡分布を示している。結果から、最下段にコーンケーブ翼を配置した場合の方（同図中（b））が、比較的スパージャー周辺の気泡たまりの領域が少ないことや培養槽内への気泡が早く分散していることが判った。このことは、コーンケーブ翼がタービン翼に比べ、フラッディングまで至らない条件において同じ回転数、撹拌翼直径においては

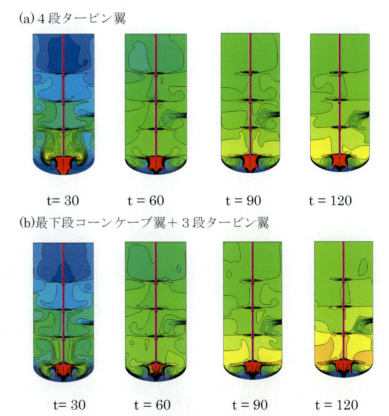

図１２．数値流動解析による気泡分布の一例
（気泡割合：赤色が高く、青色が低い）

より多くのガスを流すことができる[9)]ことに起因し、気泡が良く分散できた結果と推察している。また、実機サイズの数値流動解析においても、槽内の流動状態、気泡分散状態が良好であることが確認でき、それらの情報を基に培養槽を設計し、問題なくスケールアップできた。現在も実際の運転において良好な培養生産を行なうことができている。

4.4 液液分散
4.4.1 分離

　成分の分離に関する分散技術は、生産プロセスにおける単位操作として欠くことのできない技術の一つである。ここでは、例として、菌体培養液から目的物質を分離する溶剤抽出操作について紹介する。対象のプロセスでは、培養破砕液に主溶剤を加え、補助溶剤を添加することで、抽出効率の向上、抽出操作後の２層分離性向上を図っている。ここでは、溶剤が連続相、培養破砕液が分散相である。その際、溶剤量や補助溶剤濃度の安定操作領域を外れると、２層分離性の悪化を引き起こし、生産性低下を招く。

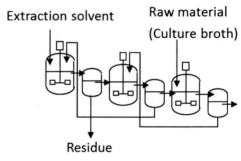

図１３．ミキサーセトラーによる
多段連続抽出システム

　図１３のような多段ミキサーセトラー方式では、一旦、セトラーでの分離が悪化すると、連続操作であるため、系全体が逐次不安定化し、全体の溶剤比率のバランスが一挙に崩れ、抽出が全く行えなくなる状況に陥る。２層分離性の挙動について、詳しく現象を調査したところ、分離性の悪化時には、溶剤と水相の転相が生じていることを見出した（図１４）。安定運転時は溶剤が連続相となっており、液表面の乱れが見られるが、転相した場合は、全体が乳化した状態となり、液表面も滑らかとなる。この現象は、槽内の電気伝導度測定により検出可能なため（図１５）、種々の撹拌条件、溶剤比率における状態変化を調べ、転相しない条件を絞り込み、安定的に連続運転可能な操作範囲を決定した。

　液－液抽出では、一般に槽内の溶剤量の比率を高くすると、抽出効率、分離性が向上すること

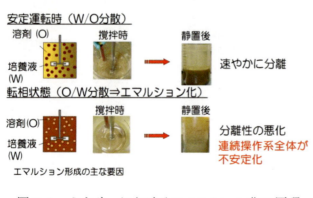

図１４．ミキサーにおけるエマルション化の原理

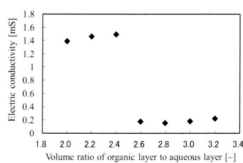

図１５．セトラーにおける分離比率
とミキサーの電気伝導度の関係

が知られているが、培養液の処理量を維持したまま溶剤量を増加させるには、装置の大型化が必要となる。

このような場合、装置的な工夫を行う一方で、処方検討による解決を行う場合もある。本検討例では、体積比で培養液1に対して補助溶剤含めた溶剤量2.5としてミキサーセトラーを安定化してきたが、補助溶剤を添加する代わりに、界面活性剤を添加し、分離性および抽出効率を高める検討を行った[10]。

図16の例では、n-ヘキサンに、プルロニックL-62またはおよびL-64が高い抽出率を示し、残渣(分離した下層)の比率は低いレベルに落ち着いている。それまでは、補助溶剤に両親媒性のあるアルコールを

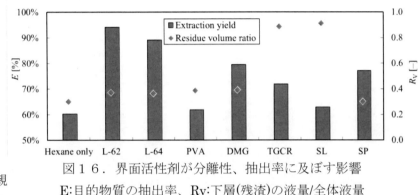

図16．界面活性剤が分離性、抽出率に及ぼす影響
E:目的物質の抽出率、Rv:下層(残渣)の液量/全体液量

用いていたが、アルコールの分離には蒸留塔等、多大なエネルギーを用いるとともに、その比率の制御が課題であった。しかし、界面活性剤の利用により、n-ヘキサンを蒸発回収するだけで済み、界面活性剤は残渣側に残るため、抽出溶剤組成のコントロールも容易である。本検討により、溶剤回収のコストは70%削減可能となる。

このように、ミキシング技術においては、分散状態のモニタリング、コントロール技術に加え、回収系まで考慮した上で、処方に立ち返って検討するなど、トータルのプロセスシステムを考慮した検討がきわめて重要である。

4.4.2 S/Oマイクロカプセル

従来、医薬品分野では、酸性条件下およびペプシン等の消化酵素の存在下において失活等、不安定な挙動を示す薬剤に対して、製剤形態を耐胃酸・腸溶化することによって、薬剤を選択的に腸管吸収させ、薬理効果を発揮させるというドラッグデリバリーシステムの観点に基づいた製剤設計が行われてきた。

近年では機能性食品分野においても、タンパクやペプチド、乳酸菌等の胃酸耐性の低い機能性食品に対し、腸溶製剤化することで体内において高い生理活性効果を発揮させることや空気中で酸化し易い物質に対して耐酸化性機能を付与した機能性食品の開発も行っている。

腸溶性のある機能性食品の例として、腸溶製剤の表面を耐酸性フィルムでコートした製品形態ではなく、機能性食品用途として末端製品及び中間素材としても使用可能な微細、かつ、ハンドリング性に優れた腸溶製剤の開発をあげる。食品用途として使われる固体脂をシェル材に利用したS/O型のマイクロカプセルとすることで、安全性が高く優れた腸溶性を備えた微細な製剤を作製できることを見出した[11],[12]。S/O型マイクロカプセルは、油性基材中（融点が比較的低

い固体脂)に固体状の親水性物質が多核分散している。水溶液中において冷却することにより油を硬化させることにより親水性生理活性物質であるグルタチオンを内包したS/O型マイクロカプセルを作製した。図17には、このS/O型マイクロカプセルの構造と外形写真の一例を示した。

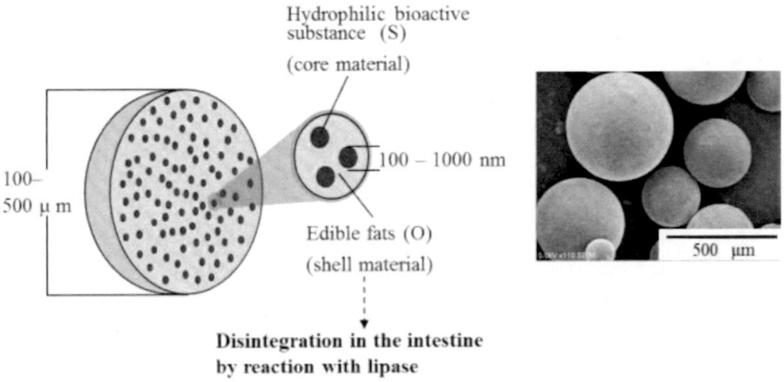

図17．S/O型マイクロカプセルの構造と外形写真

このように、油性基材中に固体状の親水性物質を多核分散させる場合やマイクロカプセルを液中で硬化させる際に、撹拌槽内において出来るだけ均一となるような粒子径制御が必要となる。図18には、S/O型のマイクロカプセルのプロセスフローの一例を示した。まず、内包させる水溶性物質の微分散体を凝集させることなく得ることが重要となる。ここでは、界面活性剤を用い、油相中に分散させた水溶性物質を油相中に均一に分散させて、減圧、かつ、加熱下において水分を蒸発させる。そ

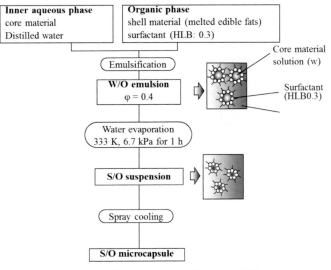

図18．S/O型マイクロカプセルの製造フロー

の結果、界面活性剤に取り囲まれた状態にて、固化した粉末が油相中に分散される。さらに、水溶性固体成分を含んだ油脂(固体脂)を水相中に撹拌操作により分散させて、冷却操作によりS/O/W型の粒子を得る。最後に、固化して粒状となった固体脂と水を分離、乾燥させて所望のS/O型マイクロカプセルを得る。

この液中硬化法により作成したマイクロカプセルについて、色素をトレーサーとした人口消化液による検証を行った(図19)。用いるトリグリセリドの組成を変えたFat A〜Dについて、それぞれ実施した結果、人工胃液中ではいずれもほとんど崩壊せず、人工腸液中ではコア物質を放出することが確認できた。また、シェル剤の組成によりその速度が異なることから、組成を適宜調整することにより、体内の放出挙動を制御可能である。

本マイクロカプセルの in vivo 系における崩壊性についても、ラットに経口摂取させ、経時的な胃腸内での崩壊挙動の確認を行い、胃内ではカプセルの崩壊は見られず、腸内においてカプセルが崩壊し、内包色素が放出されることを観察できた。

また、親水性生理活性物質であるグルタチオンやラクトフェリンを内包した S/O 型マイクロカプセルについても作製し、カプセルの機能を発揮することを確認している。

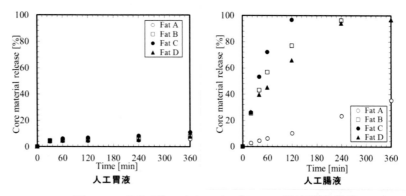

図19．S/O 型マイクロカプセルの崩壊試験結果

4.4.3 OWOマイクロカプセル

耐酸化性機能を付与した機能性食品の例としては、還元型 CoQ10 を多核分散させた OWO 製剤の開発も行っている[13),14),15)]。図20には、OWO 製剤の粒子外形写真とその粒子を割断し、溶剤にて CoQ10 をエッチングした断面写真を示した。この還元型 CoQ10 は空気中で酸化しやすく、耐酸化性とハンドリング性という機能が望まれ、ビタミン C を含むアラビアガムを主成分とするマトリックス中に還元型 CoQ10 を多核分散させた OWO 製剤を作り上げた。

比較として、スプレードライ法によるカプセルの外径写真と特徴について示したが、スプレードライ法では、不定形で粒径も小さいため、ハンドリング性に悪く、耐酸化性も劣っていた（図21）。

図22には、この OWO 製剤の製造プロセスの一例を示した。アラビアガム水溶液中に還元

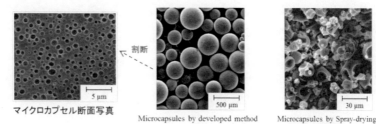

図20 還元型 CoQ10 内包マイクロカプセルの特徴

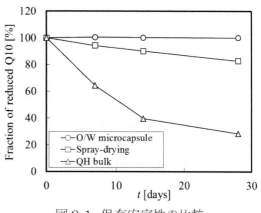

図21 保存安定性の比較

型 CoQ10 を微分散させること及びハンドリング性が良い 500μm 以下の粒子を得る為、食油中にそのアラビアガム水溶液を分散させて、水分を蒸発させることよりに所望の粒子径分布を得ることが出来ている。このプロセスにおいてマイクロカプセルを作製するポイントとして、還元型 CoQ10 を水中にてホモジナイザーを用いて O/W エマルジョンを効率よく作ることとその O/W エマルジョン溶液を食用油中にて所望の液滴粒子（O/W/O エマルジョン）になるような撹拌条件を見出すこと、及び固体粒子とするため水分を蒸発させて製品粒子を得ることである。ここにおいても、ミキシング技術におけるスケールアップファクターの設定が極めて重要であった。

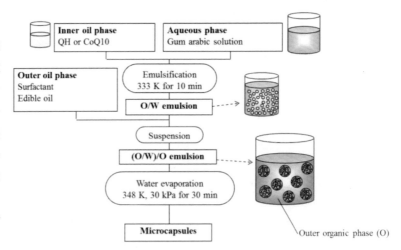

図22 還元型 CoQ10 内包マイクロカプセルの製法

5. 今後の展望

今後のミキシング技術を活用した物作りにおいては、以下の点が、重要になると考えられる。
1) 連続相と分散相の相互作用や第3物質が関与する場合の液滴、気液分散状態の把握
2) ミクロンサイズからナノサイズまでの粒子制御が容易なミキシング・分散技術の開発
3) それらの技術を活用したものづくりにおける機能付与、品質向上、生産性向上への適用
4) CFD のマルチフェイズ計算への拡張とスケールアップへの適用

企業における多様な物作りやそのプロセスにおいて、ミキシング技術はなくてはならない基盤的な技術である。今後は，物作りにおける多様な機能を加味したミキシング技術や、撹拌槽のみならず、マイクロリアクタ、フローリアクタにおけるミキシング技術も重要であり、当社でも研究を進めている[16]。

6. 引用文献

1) 鷲見ら: 化学工学会 63 年会研究発表講演要旨集 E213 (1998)
2) 鷲見ら: 化学工学会 63 年会研究発表講演要旨集 E214 (1998)
3) Sumi, Y. and Kamiywano, M.：*J. Chem. Eng.* Japan, **34**(4), 485-492(2001)
4) 倉津ら:住友重機械技報, **35**(104), 74-78(1987)
5) 菊池ら：神鋼パンテック技術報告書, 35(1), 6-11(1991)
6) NAGATA, S.:Mixing Principle and Application, p.53, Kodansha, Tokyo, Japan(1975)

7) K. Matsumura, Y. Sumi, M. Kaminoyama, 2nd Asian Conference on Mixing (ACOM 2008) (7th-9th Oct., 2008), 1-6, pp. 107-113, Yonezawa (Japan)

8) 神田彰久、鷲見泰弘　特許第 4220168 号

9) Warmoeskerken, M. M. C. G. and J. M. Smith; *Chem. Eng. Res. Des.*, **67**(3), 193-198(1989)

10) Kanaya, K., Suzuki, Y. and Kanda, A.: Chemical engineering research and design 108 (2016) 49-54

11) Kayana, K. et al:17th International Symposium on Microencapsulation Abstract Book 59 (2009)

12) Kanaya, K. et al.: *J. Chem. Eng.* Japan, **45**(2), 82-88(2012)

13) 植田ら：国際公開番号 WO2007/148798

14) 赤尾ら：国際公開番号 WO2008/129980

15) Akao, S. et al:17th International Symposium on Microencapsulation Abstract Book 95 (2009)

16) 豊田ら：化学工学会 77 年会研究発表講演要旨集 E105 (2012)

第 18 章　撹拌機の最適選定およびトラブル事例

寺尾　昭二
（青木株式会社）

はじめに

工業的に使用される撹拌機は常にコストの低減化が要求され、効率が重視される。そのために各要素（例えば、翼形状、翼径、翼段数、翼取り付け位置、回転数、槽形状、邪魔板など）について最適な選定、設計を行なう必要がある。しかしながら、体系化された選定や設計方法は十分に浸透されているとは言い難く、経験や実績などから類推的に選定されるのが実情である。したがって、必ずしも効率的な装置の選定がなされてない場合も多いのである。

本書では、最適な撹拌機の選定を体系的に行うための考え方および実際に起きやすいトラブル事例と対策などについて述べることにする。

1. 撹拌機の最適選定

選定の手順として特にきめられたものはないが、以下の手順が合理的と言える。

1. 撹拌条件の設定 → 2. 撹拌翼形状の選定 → 3. 翼径および回転数の決定 → 4. 撹拌動力の算出 → 5. 撹拌装置ハード部の選定と設計

以下に手順ごとの説明を詳述する。

1.1　撹拌条件の設定

撹拌装置を選定､設計するにあたり､撹拌目的、被撹拌流体の物性、機械的使用条件など様々な条件を実際の操作を考慮してあらかじめ明らかにしておく必要がある。そのための情報収集がここでの作業である。必要な情報は多岐にわたるので、もれなく収集させるためには、**図 1** のような「撹拌機仕様書」を利用することが有効な手段である。これらは各撹拌機メーカーのホームページなどから得ることができるので活用されたい。

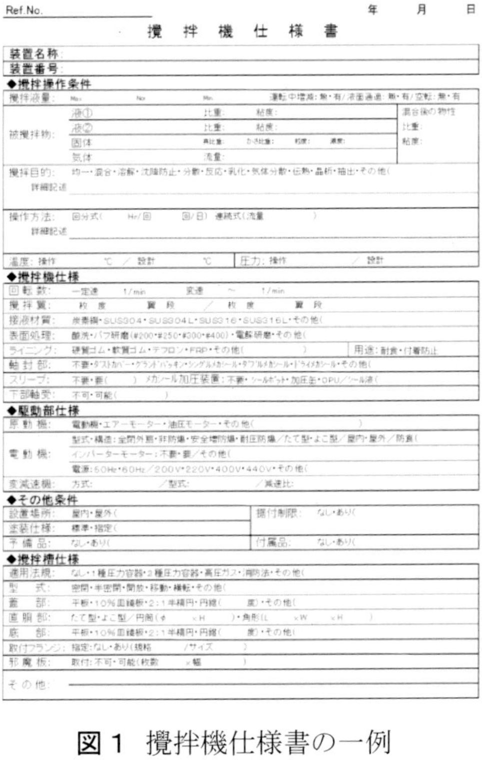
Ref.No.　　　　年　月　日
撹拌機仕様書
装置名称:
装置番号:
◆撹拌操作条件
撹拌液量: Max　Nor　Min　運転中増減: 無・有／液面通過: 無・有／空転: 無・有
被撹拌物: 液①　比重:　粘度:
液②　比重:　粘度:
固体　真比重:　かさ比重:　粒度:　濃度:
気体　流量:
混合後の物性　比重:　粘度:
撹拌目的: 均一・混合・溶解・沈降防止・分散・反応・乳化・気体分散・伝熱・晶析・抽出・その他(
詳細記述
操作方法: 回分式(　Hr/回　回/日) 連続式(流量　)
詳細記述
温度: 操作　℃ ／ 設計　℃　圧力: 操作　／ 設計
◆撹拌機仕様
回転数: 一定速　1/min　変速　～　1/min
撹拌翼: 枚　度　翼　段　／　枚　度　翼　段
接液材質: 炭素鋼・SUS304・SUS304L・SUS316・SUS316L・その他(
表面処理: 酸洗・バフ研磨(#200・#250・#300・#400)・電解研磨・その他(
ライニング: 硬質ゴム・軟質ゴム・テフロン・FRP・その他(　)　用途: 耐食・付着防止
軸封部: 不要・ダストカバー・グランドパッキン・シングルメカシール・ダブルメカシール・ドライメカシール・その他(
スリーブ: 不要・要(　) メカシール加圧装置: 不要・シールポット・加圧缶・OPU／シール液(
下部軸受: 不可・可能(　)
◆駆動部仕様
原動機: 電動機・エアーモーター・油圧モーター・その他(　)
電動機: 型式・構造: 全閉外扇・非防爆・安全増防爆・耐圧防爆／たて型・よこ型／屋内・屋外／防食(
インバーターモーター: 不要・要／その他(
電源: 50Hz・60Hz／200V・220V・400V・440V・その他(
変減速機: 方式:　／型式:　／減速比:
◆その他条件
設置場所: 屋内・屋外(　据付制限: なし・あり(
塗装仕様: 標準・指定(
予備品: なし・あり(　付属品: なし・あり(
◆撹拌槽仕様
適用法規: なし・1種圧力容器・2種圧力容器・高圧ガス・消防法・その他(
型式: 密閉・半密閉・開放・移動・横転・その他(
蓋部: 平板・10%皿鏡板・2:1半楕円・円錐(　度)・その他(
直胴部: たて型・よこ型／円筒(φ　×H　)・角形(L　×W　×H　)
底部: 平板・10%皿鏡板・2:1半楕円・円錐(　度)・その他(
取付フランジ: 指定: なし・あり(規格　/サイズ　)
邪魔板: 取付: 不可・可能(枚数　×幅　)
その他:

図 1　撹拌機仕様書の一例

1.2 攪拌翼形状の選定

さまざまな攪拌翼の中から最も効果的な攪拌翼を選定するということは、攪拌目的、流体の物性（主として粘度）から、計画している攪拌操作の目的を達成させるためにどのような作用（吐出作用または剪断作用）が必要かを検討し、その作用を最大限引き出せる攪拌翼を選定することである。工業的に使用する場合においては、コストも重要な事項であるので、あわせて検討する必要がある。

一般の攪拌機においては、電動機などの駆動部からの運動エネルギーは、攪拌軸に伝達され、攪拌翼を回転させ、その攪拌翼により槽内の流体に流動エネルギーが与えられる。そのエネルギーは、翼の近傍または攪拌槽内の各所で剪断力を与える剪断作用（H）と翼のポンプ作用による液の吸い込みと吐出による循環流の形成を与える循環（または吐出）作用（Q）の二つの作用として消費される。剪断力は、流体に速度差、したがって変形を与え、液滴や気泡の分散などに寄与する。また吐出作用は、槽内全体の流れを生じさせることで槽内の均一化に寄与し、その量的大小は、混合時間に関係する。これらの作用と攪拌動力Pとは$P \propto H \cdot Q$という関係にあり、剪断作用と循環作用は一定動力内（単位時間に与える攪拌エネルギーが等しい）では相反する因子である。したがって、目的としている攪拌はどちらの作用を主体に考えるかが、効率アップのポイントとなる。

攪拌翼はその形状により剪断性能の優れた翼、循環性能に優れた翼、両者をバランスよく持つ翼に分けることが出来る。また各々の攪拌操作では、その目的を達成するために与えられるべき作用がある。効率的な攪拌翼の選定とは、行おうとしている攪拌が要求している性能（作用）は何かを捉え、その作用をより多く引き出せる翼形状を選定することである。これらを模式的に示したのが、図2である。

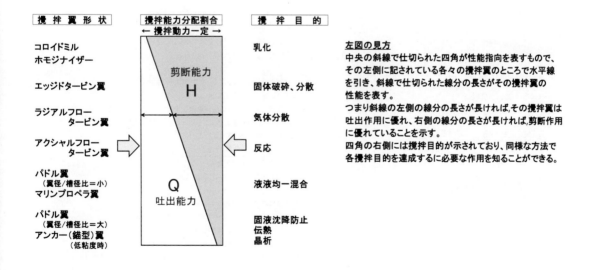

図2　攪拌翼形状選定方法の概念図

表 1 攪拌翼選定図表（主な攪拌翼の形状、使用範囲、適用）

攪拌翼名称 / 一般的な攪拌翼形状	一般的な翼径/槽径比	一般的な回転数範囲 1/min	使用粘度範囲 最高使用粘度 mPas	各 攪 拌 翼 の 主 な 特 徴 と 適 用
エッジタービン タービン翼	0.25 〜0.35	500 〜3000	低 〜 高 Max. 〜50000	高剪断性能の翼で、全投入エネルギーの約75%が翼近傍での剪断力として消費される 一般に翼端周速度を基準に選定される（通常15〜30m/s） 邪魔板を使用しない場合が多い（翼速度と流動速度との差が大きいため） 液の温度上昇や攪拌翼の摩耗に注意が必要 液液系、固液系の各種分散、溶解、乳化 樹脂工業、製紙工業などで多用されている
ラジアルフロー タービン翼	0.25 〜0.50	50 〜300	低 〜 高 Max. 〜30000	ある程度強力な剪断能力と吐出（循環）能力を併せ持っている 多目的用として重宝されたが、消費動力が大きいため、最近では以前ほど使用されなくなった 液液系では、乳化、分散、反応、抽出、均一化などに使用される 固液系では、塊状物、固体の破砕、分散、溶解などに使用される 気液系では、円盤付きタービン翼が多用されるが、剪断力が強すぎ、バイオ関連では微生物の死滅の問題があり、他の翼（Scaba翼、Lightnin A315翼など）に替わりつつある
アクシャルフロー タービン翼	0.25 〜0.50	50 〜300	低 〜 高 Max. 〜30000	ラジアルフロータービン翼と比較して、剪断性能で劣り、吐出性能で優る 同一吐出量を発生させるのにラジアルフロータービン翼のおよそ半分の動力で済む 構造的にシンプルであるためラジアルフロータービン翼と比較して安価である 液液系の場合は軽度な分散、反応、均一混合などに使用される 液固系では固体の分散、溶解などに使用される
小翼径 パドル翼	0.35 〜0.50	100 〜300	低 〜 中 Max. 〜5000	実務的に最も使用頻度の高い攪拌翼である 構造的にシンプルであるため安価である 工業全体で要求される性能と翼性能（吐出性能）が合致している 液液系の場合は分離防止、温度均一など 液固系では固体の沈降防止など 液気分散に使用されることはほとんどない
プロペラ翼	0.20 〜0.35	200 〜400	低 〜 中 Max. 〜3000	吐出能力に優れる翼である。攪拌動力のわりに吐出量が多い 剪断性能は高くないので、高度な分散が必要な攪拌目的には不適 大翼径の場合、翼自身のコストが大きくなるので、一般に小翼径が使用される 横型攪拌機として、攪拌槽の側壁に取り付ける場合に多用される 液液系の混合、温度均一、伝熱、分離防止などに使用される 液固系の低濃度スラリーの均一化、沈降防止などに使用される
大翼径 パドル翼	0.50 〜0.70	20 〜100	低 〜 高 Max. 〜50000	大翼径としても、比較的低コストである 大翼径、低速運転による低剪断攪拌に向いている 大翼径を利して、高粘度攪拌にも適用される 液液系の混合、温度均一、伝熱、分離防止などに使用される 液固系の均一化、沈降防止などに使用される
アンカー翼 （錨型翼）	0.70 〜0.95	10 〜50	低 〜 高 Max. 〜200000	上下方向に翼が連続しているので、高粘度攪拌に多用される 低粘度の流体を攪拌する場合は、吐出（循環）指向である 槽壁付近の流速が大きいので、伝熱係数が大となり、伝熱、晶析等の目的に有利 水平回転流（旋回流）が支配的で良好な均一性はあまり望めない 液液系の伝熱、晶析、分離防止などに使用される 液固系の沈降防止などに使用される
リボン翼	0.85 〜0.95	10 〜50	高 Max. 〜1000000	主に高粘度液専用の攪拌翼である 液体以外に湿泥状のもの、粉体の混合にも使用される 粘着性がない液、剪断されやすい液（ホイップクリームなど）には不向き 良好な上下循環流の形成がある 製作が他の翼に比較し難しいため製作コストが高い ゴム、樹脂工業およびこれらの原料製造過程の重合反応などに使用される
大型翼 マックスブレンド、 フルゾーンなど	0.55 〜0.75	30 〜100	低 〜 高 Max. 〜300000	幅の広い平板状の羽根を下部に持ち、それによる多量の循環流を得ている 翼径/槽径比を大きくし、比較的低回転数とした、高吐出（循環）指向の攪拌翼である 上下方向に翼が連続しているので、液面が変動しても、攪拌力への影響が少ない 循環経路の単純化、局部剪断の低減化が発揮され、均一な槽内流動が得られる 使用粘度範囲は低粘度から比較的高い粘度まで幅広い 重合反応、気液接触、スラリー攪拌など多目的に使用されている

表1は、実務向けにより具体的に攪拌翼形状の選定基準を表したもので、一般的に使用される翼径／槽径比、回転数、適用粘度および各翼の特徴が記載されている。

本表により各攪拌目的に適切と思われる攪拌翼形状が選定可能であるが、最もよい選定方法は、適切と思われるいくつかの攪拌翼を選び、小規模実験を行い、その結果からコストも含め決定することである。

1.3 翼径および回転数の決定（攪拌操作におけるスケールアップ）

与えられた攪拌目的を達成させるに必要な最小限の攪拌翼径と回転数を決定する作業である。攪拌機は、各条件が与えられたからといって、そこからいきなり、翼径と回転数が決められるわけではなく、既存の設備や実験により得られたデータからスケールアップ（またはスケールダウン、以降はスケールアップに統一）することにより翼径と回転数が求まるのである。

翼径は、スケールアップの基本としての幾何学的相似を保つという条件から、d／D（翼径／槽径比）を一定に保つことから決定できる。

$d_2 = D_2 (d_1／D_1)$　　（1）

ここで　d_1 および d_2：スケールアップ前および後の翼径

　　　　　D_1 および D_2：スケールアップ前および後の槽径

次に回転数の決定は、与えられた攪拌目的を達成されたかどうかの評価とその攪拌にかかる各因子との相関関係を実験的に求め、その結果から必要な回転数が求められる。

スケールアップの前後の流体の物性は変化がなく、幾何学的相似が保たれていれば次の関係式からスケールアップ後の回転数を求めることができる。

$n_2 = n_1 (D_1／D_2)^x$　　（2）

ここで　n_1 および n_2：スケールアップ前および後の回転数

　　　　　D_1 および D_2：スケールアップ前および後の代表長さ（槽径または翼径）

　　　　　x：実験的に定まる指数

本来は与えられた攪拌操作おのおのについて上記の関係式の指数 x を求める必要があり、そのためには幾何学的相似を保ち、かつスケールを変えたいくつかの実験が必要である。
しかし、実務においてはその都度、これらを実験により求めることは不可能に近い。そこで、実務においては各攪拌にどのような関係式が使用できるかを実績や経験により求め、その関係に基づいてスケールアップが行なわれている。**表2**は代表的なスケールアップの関係式とその概説である。

実務上では、これらのスケールアップ方法のうち、「翼端速度一定」の方法が、一部で適用されているが、その他の多くの場合で「P／V一定」の方法が適用されている。「P／V一定」とは、単位時間および単位容積当たりに消費する攪拌エネルギーが等しいということであるから、その意味は十分にあると言える。しかし、後述の「トラブル事例」にあるような問題も発生する可能性もあり、必ずしもこの方法が常によいとは限らないことに注意を払うべきである。

表2 代表的なスケールアップ方法（各スケールアップの関係式と概説）

指数 x	回転数とスケールとの関係式	各スケールアップの意味と概説
2	$n_2=n_1(d_1/d_2)^2$	**レイノルズ数一定** レイノルズ数は流体の力学的相似とするためのひとつの要素であり、槽内の流体に働く慣性力の代表値と流体の粘性力との比である。撹拌に関してレイノルズ数は層流か乱流かを判断する材料には利用されるが、レイノルズ数そのものを数値的に一定にしなければならないことはない。撹拌レイノルズ数一定ではスケールを大きくするにしたがい撹拌力は極端に弱まる方向になり一般に利用されることはない。
1	$n_2=n_1(d_1/d_2)^1$	**翼先端速度一定** 翼先端の速度を一定にする方法で、翼近辺の流速、したがって局部的剪断速度一定とすることができる。実務においては例えば顔料の分散などのように非常に高い剪断性能を要求されるような撹拌の場合に本方法が多用されている。しかし通常この方法が用いられるのは撹拌エネルギー密度が非常に大きい場合で、いつも使用できるわけではない。
0.85	$n_2=n_1(d_1/d_2)^{0.85}$	**固体粒子の浮遊状態一定** 固体粒子の浮遊状態に着目した方法で、固体粒子の沈降防止、更には均一状態の維持を対象に用いられる。関係式はZWIETERINGらの浮遊限界の研究[1]などから得られている。本方法ではスケールの増加と共に後述のP／Vは多少小さくなる方向となり、P／V一定より経済設計となるが、実務における固液系の撹拌では安全をみてP／V一定として扱うことも多い。
2/3	$n_2=n_1(d_1/d_2)^{2/3}$	**単位容量当たりの撹拌動力一定** 単位容量当たりの撹拌動力一定とする方法は液ー液分散、気液分散をはじめとして特殊な例を除いて非常に多くの場合に用いられ、撹拌機のスケールアップ＝P／V一定と言ってもよいくらい一般的に定着した方法である。従来の経験から見ても、その結果は満足されることが多い。しかし、この方法がすべてと考えるのは危険であり、実際に必ずしもよい結果ではなかったという声も少なくない。
1/2	$n_2=n_1(d_1/d_2)^{1/2}$	**フルード数一定** 槽内の流体に働く慣性力の代表値と重力との比（n^2d/g）であり、流体の力学的相似とするためのもうひとつの要素であるフルード数を一定とする方法である。本方法でスケールアップされた撹拌装置では、邪魔板のない場合に発生する渦の形状が相似となる。 事例として気液反応において気液界面の表面積を検討する場合に使用された例はあるが、一般に本方法が採用されることはほとんどない。
0	$n_2=n_1(d_1/d_2)^0$	**回転数一定** スケールに依らず回転数を一定とする方法である。本方法が成り立つと、槽内循環数（翼吐出量を撹拌容量で除した値）が一定となり、それはまた、混合時間をほぼ一定とすることができる。したがって、撹拌性能の評価に時間的要素が含まれる場合に考慮されることがあるが、本方法ではスケールが大きくなればなるほどP／Vが非常に大きくなり実務では経済性の問題から採用できないのが実情である。

（注）本表中の関係式が使用できるのは、スケールアップの前後の幾何学的相似が完全に保たれ、さらに撹拌動力に関係する動力数Npおよび吐出量に関係する吐出係数Nqdが、一定の範囲、すなわち撹拌レイノルズ数が十分高い領域（撹拌翼形状、幾何学的条件により異なるが、およそRe＞500〜1000）である。

1.4 撹拌動力の算出

　翼形状、翼径および回転数が決定できたので、これらと流体の物性から撹拌動力を計算する。撹拌動力は撹拌機の各構成要素（電動機、減速機、撹拌軸など）の選定や設計の基礎となり、また運転コストの算出に必要である。撹拌動力は、実務における慣例的単位を用いるならば、下記（3）式で表される。

　　　P＝Np・ρ・（N／60）³・d⁵／1000　　（3）

　　　ここで　P：撹拌動力［kW］　　Np：動力数［－］　　ρ：被撹拌液密度［kg／m³］

　　　　　　　N：回転数［1／min］　　d：翼径［m］

　動力数Npは、翼形状、槽形状、邪魔板の有無、液深、液の物性など多くの因子との関数で、実験的に求められる値である。一般には、一例として図3のようにレイノルズ数Reとの関係として表される。また動力数は、永田の式[2]、亀井らの式[3],[4]で代表されるような実験式から計算することが可能である。これらの式の詳細は、化学工学便覧[5]などを参照されたい。

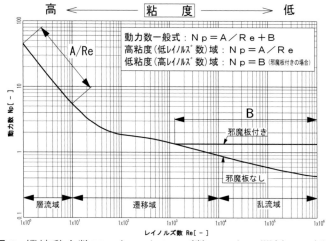

図3 攪拌動力数NpとレイノルズRe数との関係の一例

1.5 攪拌装置の設計

　攪拌機の各構成要素（電動機、減変速機、攪拌機本体、軸封装置、攪拌軸、攪拌翼、攪拌槽およびその付帯設備等）の選定を行う。攪拌装置の一般的構成は**図4**の通りである。

　攪拌装置は長時間の連続運転、高温、高圧下における運転、高腐食性流体内での運転、流体の物性変化や液面変動などによる負荷や荷重の変動を伴う運転など非常に苛酷な条件下での運転が要求される。さらに操作性や容易な点検、保守性も要求される機械である。

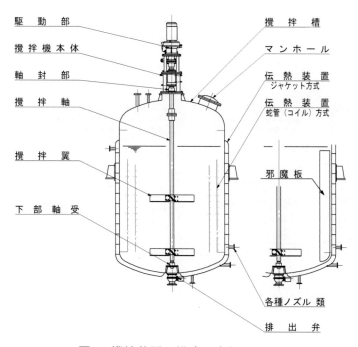

図4 攪拌装置の構成要素例

1.5.1　電動機の選定

　撹拌機用の原動機としては、電動機、エアーモーター、油圧モーターなどが用いられるが、効率、付帯設備、取り扱い、騒音などの点からほとんどの場合、電動機が使用されている。その電動機の容量（出力）は、計算によって求められた撹拌動力に減変速機の損失動力、撹拌機自体の損失動力および計算誤差や操作条件の変動などを吸収するための余裕動力を見込む必要がある。一般的には減変速機と撹拌機自体の機械的損失動力として１０～２０％、余裕動力として２０％、撹拌動力として６０～７０％程度の配分になるように電動機の容量を決定する。

　電動機の型式は、電源、保護方法、冷却方法、および特殊環境への対応などにより決定される。特に石油化学工場のように電動機の置かれる区域が発火性や爆発性のガスの雰囲気になるところでは火花や過熱によって、火災や爆発事故の発生を防ぐような対策がたてられた防爆仕様の電動機を使用することが義務づけられていることに注意しなければならない。

1.5.2　減変速機の選定

　減速機は電動機の回転数を撹拌に適した回転数に減速するものである。大部分の撹拌機の回転数はおよそ１０～４００ 1/min の範囲にあり、なんらかの減速機を使用している。一般に撹拌機では**表3**に示すようにギヤ減速、ベルト減速及び両者の併用が用いられている。各々一長一短があり、使用条件により選定する。減速機のサイズ決定には、強度と寿命に基づく機械的容量と減速機の温度上昇に基づく熱的容量について検討をする必要がある。

また、撹拌操作では、１バッチ中の内容液の変化に伴い撹拌強度を変えたい、またはいくつかの異なる品種を取り扱う場合、各品種に応じた撹拌強度にしたいなどの要求もある。この場合、実装置レベルでは、ビーカー実験のように翼形状を変えたり、翼径を変えたりすることは簡単なことではない。そこで、必要に応じた回転数に変えられるように変速機が使用される。

代表的な変速方式と特徴を**表4**に示した。

表3　撹拌機に使用される減速方式とその特長

	たて型ギヤ減速	直交軸型ギヤ減速	ベルト減速	ギヤ、ベルト併用
概略図				
長所	★比較的コンパクト ★伝達効率が高い ★減速比を大きくとれる ★目的や装置の配置に応じた種類が多い	たて型ギヤの長所に加え ★高さを低くできる	★回転数の変更が可能 ★騒音が少ない ★故障が少ない ★高さを低くできる ★比較的安価である	ギヤ、ベルト 　　両者の長所参照
短所	★回転数の変更が難しい ★騒音が大きい ★潤滑油の管理が必要	たて型ギヤの短所に加え ★偏芯荷重となる ★一般に多少高価となる	★減速比を大きくとれない ★ベルトの交換が必要 ★ベルトの磨耗カスが出る	ギヤ、ベルト 　　両者の短所参照

変速機は回転数を変えることにより出力も変化する特性を持ち、それは、（a）馬力一定型、（b）トルク一定型、（c）複合型に大別でき、各特性が表4に示されている。ここで重要な点は、変速機の出力と攪拌動力との関係をあらかじめ把握しておくことである。大きな粘度変化がある操作にインバーターによる変速を行う場合は、特に注意を必要とし、過負荷にならないか、また攪拌に必要な回転数が得られるか検討する必要がある。
そのような回転数と出力および攪拌動力との関係の例を図5に示す。

表4　主な変速方式の特長と出力特性

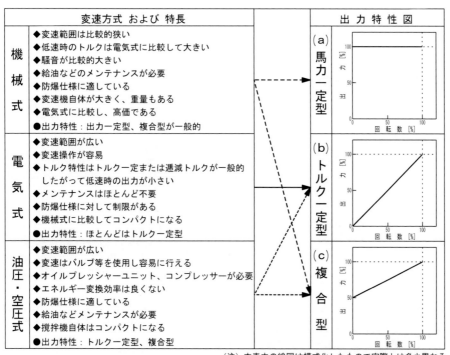

（注）本表中の線図は模式化したもので実際とは多少異なる

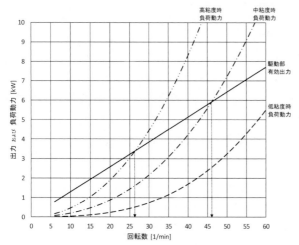

図の説明
左図は、インバーターを使用して6〜60 1/minの間で変速させる場合の有効出力と低、中および高粘度時の攪拌動力との関係を表したものである。
インバーターによる出力は回転数に比例し、変化する。
攪拌動力は、回転数および粘度により変化をし、両者の交点が、最高使用回転数である。それ以上の回転数では過負荷の状態となる。
左図の場合、低粘度時では全回転数範囲で負荷動力が有効出力よりも下側にあるので全回転数範囲で過負荷なく運転が可能となる。
中粘度、高粘度攪拌の場合は、負荷動力と有効動力が、おのおの約46 1/min、26 1/minで交差する。したがって、この回転数以上では過負荷となり、運転をすることが出来ない。

図5　駆動部の出力と負荷動力（攪拌動力）との関係の一例

1.5.3 軸封部の選定

軸封部は軸が回転していても槽内を密封し、内圧を保つ装置である。それは槽内の圧力、温度、槽内流体の有毒性、腐食性などによりその方式や型式が選定される。**表5**は主な軸封方式の種類と特徴、使用範囲をまとめたものである。攪拌機は様々な反応装置に使用され、高温高圧や腐食性流体に晒されることが多い。このような状況下で使用される代表的な軸封装置はメカニカルシールであるが、選定、設計、製作、据付および保守等の全てにわたり細心の注意が必要である。選定、設計においては適正な型式と構造及び各部の材質の選定、摺動材の組み合わせと潤滑液の選択などが特に重要である。また、メカニカルシールは構造的に複雑な間隙を有するので液溜まりによる残留異種液混入、腐敗、雑菌の繁殖等の問題を避けなければならない食品、医薬、化粧品及びバイオ関係における使用の際には洗浄や殺菌が十分に行なえるシンプルな構造のシールの選択と設計が必要である。

表5　攪拌機に使用される軸封方式例

軸封方式	グランドパッキン	シングルメカニカルシール	ダブルメカシカルシール	ドライメカニカルシール	水シール（液封）
概略構造図					
耐圧性・特徴	◆耐圧性は乏しい。 ◆オイルシール、Vリングを併用し、真空～0.3MPa程度で使用する場合もあるが、多少の漏洩は免れない。 ◆パッキンの摩耗粉が多く発生し、コンタミの原因となる。 ◆コスト的には安価であるが、パッキン交換のサイクルが短い。	◆シール液および供給設備（ポットなど）が必要。 ◆通常は、真空～大気圧で使用。 ◆摩耗粉の混入はほとんどない。 ◆シールの交換サイクルは長いが、交換工事が必要。 ◆コスト的には、グランドパッキンに比較し、かなり高価。	◆シール液および高価な供給設備（加圧缶、オイルプレッシャーユニットなど）が必要。 ◆耐圧性は高い。標準タイプで、FV～4.5MPa程度特殊タイプで、～30MPa程度 ◆コスト的には、最も高価。	◆シール液および供給設備が不要 ◆耐圧性は通常のメカニカルシールに比較し劣る。標準型でFV～0.3MPa程度である。 ◆食品、医薬品などコンタミを嫌う箇所で多用されている。 ◆メンテナンスは、比較的容易。 ◆コスト的には、比較的安価。	◆封液およびその供給、管理が必要。 ◆缶内と大気側と完全に遮断できるが耐圧性は、小さい。 ◆一般に、100～200mmHg程度 ◆コスト的には、比較的安価。

1.5.4 攪拌機本体 および 攪拌軸

攪拌機本体は駆動部からの回転を攪拌軸、翼に伝え、円滑に運転できるよう支持する役目を持つ。攪拌軸には、動力を伝達するねじりだけでなく、槽内での流動が引き起こすアンバランス水力による曲げ荷重や攪拌軸及び翼の自重、攪拌翼の推力による垂直荷重が掛かるため、これらの荷重に対する十分な強度を有する必要がある。これら荷重のなかで最も影響の大きいのは、アンバランス水力による曲げ荷重であり、その大きさは、翼形状、翼枚数、翼段数、邪魔板条件、偏心の場合は偏心量などに関係する。荷重の大きさとこれらの運転条件との関係を求めるには、多くの実験や実機による運転を行いそのデータ解析から得る必要がある。

さらに攪拌軸に関しては、強度だけでなく固有振動数（攪拌機の場合は危険回転数という）も重要な検討項目である。運転中の攪拌軸は多少なりとも偏心荷重による振れ回りをしているが、その周期はその軸系の横振動の固有振動数である。この振動数と攪拌機の運転回転数が合致するといわゆる共振をおこし、振動が激しくなり、安全な運転が出来なくなる。

この危険回転数は、設計段階で計算により比較的精度よく求めることができる。実際上は計算値の固有振動数の前後２０～３０％の範囲で振動が発生する可能性があるのでこの範囲の運転は避けるようにすべきである。望ましいのは固有振動数の７０～８０％以下で運転することであるが、やむを得ず固有振動数を通過して使用する場合もある。その場合は重量の調整等をして運転回転数と固有振動数が十分に離れるようにしなければならない。また、実際に運転を行うオペレータには危険回転数についての十分な認識を持たせることも重要である。

1.5.5　攪拌槽　および　付帯設備

　攪拌槽の底部の形状は、槽内圧やジャケットに圧力が掛かる場合は強度上の観点から皿鏡板や半楕円鏡板とすることが多いが、これらは緩やかな曲面を持つので底部の流れの停滞を防ぐことからも望ましい。液の排出の面から円錐形の底部にすることもあるが、攪拌効果の面からは余り深い円錐は避け、出来れば１２０度以上の頂角としたい。（図６参照）

　攪拌槽の全容積は攪拌液量が８０％前後になるようにすることが多いが、必要な空間容積は槽内液の反応や熱膨脹および気体のホールドアップによる増量、攪拌による渦の形成による液面上昇、真空による槽外への吸引防止など状況により異なるので過不足なくとるようにしなければならない。

　槽内には２～８枚（一般には４枚）の邪魔板を設置することが望ましい。邪魔板が無いと槽内の流れは旋回流が主体となり上下方向の混合、強い剪断力は望めないからである。邪魔板の幅は、槽径の１／８～１／１２程度で板状のものを垂直に取り付けるが、板状だけでなくパイプ状、フィンガー状のものや伝熱用のヘアピンコイルを代用とする場合もある。

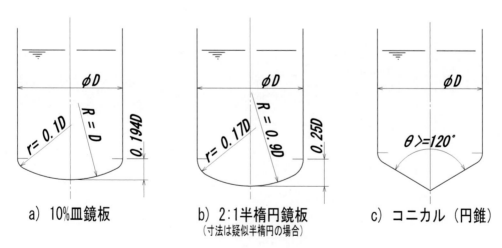

a) 10%皿鏡板　　　b) 2:1半楕円鏡板　　　c) コニカル（円錐）
（寸法は疑似半楕円の場合）

図６　攪拌槽の底部形状の例

2．攪拌に関わるトラブル事例

　十分な検討を重ねたつもりでも、さまざまな事象が影響する攪拌操作では、少なからずトラブルは起きてしまうものである。以下はその中でも起きやすいトラブルの事例である。

2.1　P／V一定のスケールアップにおけるトラブル事例

単位容量当たりの攪拌動力一定とすることは、単位容量当たり単位時間当たりに等しい攪拌エネルギーを与えるということであるから一見正しいようにみえる。しかし、攪拌作用である剪断作用Hと吐出作用Qに関しては、P／V一定でスケールアップすると$H \propto D^{2/3}$，$Q \propto D^{7/3}$となり、スケールが異なるとHとQの比率に違いが出てしまい、それが問題となるのである。

図7はP／V一定でスケールを変化させた場合の最大剪断速度および平均剪断速度の変化を表したものである。ここで、最大剪断速度についてみてみると翼近傍で観測できる最大剪断速度は翼先端速度に依存するものでスケールの増加に伴い増加し、また回転数に比例する槽内平均剪断速度はスケールの増加に伴い減少していく。したがってスケールが大きくなるにしたがい、図8[6]に示すように剪断速度の分布が拡大される。その結果、例えば液－液分散における液滴径分布や固液系における結晶の析出などに違いが出てきて製品の品質が異なってしまうという問題が出る場合がある。

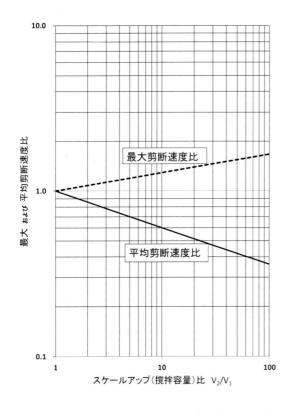

図7　P／V一定でスケールを変化させた場合の剪断速度の変化

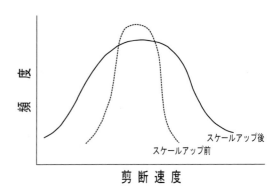

図8　P／V一定のスケールアップ前後の剪断速度分布[6]

つぎに混合時間の指標ともいえるQ／V（循環量／攪拌容量＝単位時間あたりの槽内循環数）との関係について考えてみる。図9に示されるようにP／V一定とした場合のスケールの違いによるQ／Vはスケールが大きくなるにしたがって減少するが、これは混合時間の増大を意味する。したがって、行なわれる攪拌操作において混合速度が要因となる場合はP／V一定の方法では問題が発生する可能性があることを意味する。事例として反応速度の速い反応により結晶を析出させる攪拌において、流体が短い時間内で槽内全体に行き渡らないために滴下された流体が高濃度のままもう一方の流体と長い時間接触し、小スケールではなかった副反応が発生し、予想もしなかった大きさの結晶が生成してしまったという実例もある。

以上のようなP／V一定において発生する可能性のあるトラブルへの対策であるが、これらは攪拌の特性の問題であるため、単に回転数を変えるなどの方法では解決出来ない。各々の場合について、装置的、操作的に検討していく必要がある。装置的に検討された例として、二液の反応を目的とする攪拌で、混合時間を短縮するために、薬液の添加を単一添加から多点添加にする方法がとられたことがある。

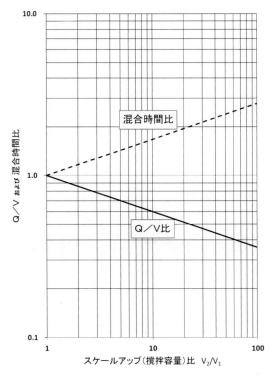

図9　P／V一定でスケールを変化させた場合のQ／Vおよび混合時間の変化

2.2　邪魔板に関わるトラブルと事例

取り扱う流体が低粘度で、邪魔板のない攪拌装置においては、攪拌不良や流動が引き起こす渦流によりしばしばトラブルが発生する。このような攪拌装置では、旋回流が主体となり、軸

心から翼径の７０〜７５％程度までは、軸と同角速度で回転する部分（固体的回転部と表現される）があり、この部分ではほとんど混合効果は望めない。全体を見ても、特に上下方向の液の入れ替わりが少なく、流体の各部に速度差が発生しないので、流体に働く剪断力が弱い。このような状況下においては、液液系および気液系では分散不良、また固液系では、固液の密度差が大きいと遠心効果により固液の分離などの撹拌不良が発生している。

また、撹拌性能だけでなく、操作上の問題を引き起こす可能性がある。旋回流主体の槽内では、旋回により遠心力が働いており、重力とのバランスにより、軸心部が凹状になり、槽壁部で液位が盛り上がるような渦流が発生する。このことにより流体が槽外に溢れ出てしまうというトラブルも実際発生している。さらにこの渦流が上下方向にも揺動するスロッシングと重なると、槽全体にアンバランスな渦流となり、このような状況では、撹拌軸にも大きなアンバランス荷重がかかり、軸を大きくたわませ安全な運転が出来なくなる。図１０は、実際に発生した渦流からスロッシングになった例である。

いずれの場合も、邪魔板を設置することで、問題を解決させる場合も多いが、一方で邪魔板が操作上の弊害となることも多い。弊害の大部分は、付着の問題である。邪魔板は槽内の突起物であり、流体との接触面積が増加するだけでなく、邪魔板背面の流動の淀みのためにどうしても付着物が多くなる。また撹拌終了後に洗浄する際に邪魔板部が陰となり十分な洗浄ができずに、汚染の原因になる。このような場合は邪魔板形状の考慮、高度の研磨や付着防止用コーティングなどを行なうことで出来るだけ付着しないようにし、邪魔板と槽壁の間に隙間を設け流れのよどみが出来ないように工夫する必要がある。

邪魔板は、撹拌操作にとって相反する二面性を持つために両者の妥協の範囲を考えながらの選択が必要となる。

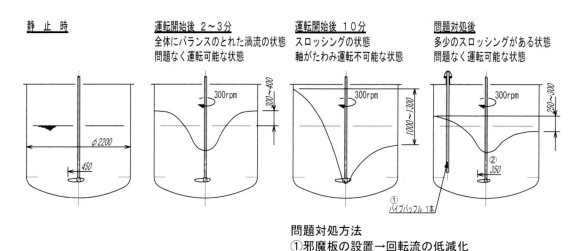

図１０　スロッシングの発生事例

2.3　その他の起きやすいトラブル

2.3.1　流体が高粘度の場合

◆事例：粘度差がある場合に低粘度液部のみの攪拌となり、高粘度部が攪拌されない。

　対策：邪魔板またはそれに代わるものの設置、多軸攪拌機の導入など。

◆事例：流動の停滞、槽壁その他の槽内構造物への付着が発生し、異物混入、腐敗の原因となる。

　対策：電解研磨、コーティングなど十分な付着対策をとる。

◆事例：実動力と計算動力との差が大きい。（特に非ニュートン流体の場合）

　　　　原因は、非ニュートン流体であっても、Ｂ型回転粘度計などによる表示粘度のみが与えられ、その粘度が攪拌中の見かけ粘度と大きく掛け離れているからである。

　対策：レオメーターなどにより、流体の剪断速度と粘度（または剪断応力）との関係を求め、そのデータを非ニュートン流体の動力計算に反映させる。

2.3.2　密度の小さな（液面に浮きやすい）液体や固体の攪拌

◆事例：　密度の小さな液体や固体が液面に浮いたままとなり、攪拌できない。

　対策：邪魔板効果の適正化（邪魔板効果の低減化（枚数、幅、長さの減少化による）

　　　　液面付近への翼の設置による流動の強化（攪拌翼の移動または追加などによる）

2.3.3　多段翼の場合

◆事例：互いの吐出流の干渉による流動の短絡、循環不良による攪拌不良、濃度不均一化の発生。

　対策：単一翼に変更、翼位置の変更など

2.3.4　連続流出入方式の場合

◆事例：十分攪拌されないまま排出される（ショートパス）。

　対策：流出口に直接流れ込まないように障害物（樋状の邪魔板など）の設置。

　　　　通常より強い攪拌強度とするなど。

2.3.5　運転中に液面変動があり、液面が攪拌翼を通過する場合

◆事例：攪拌軸の軸振れ、軸の曲がり、折損事故の発生。

　　　　運転中に液面変動があり、液面が攪拌翼付近になると、いわゆる曝気状態となる。このとき、攪拌軸には、通常の数倍のアンバランス水力が掛かり、軸振れが大きくなる。この大きな軸振れのまま液面が翼を通過し、空転状態に移行すると流体による制動がなくなり、さらに軸振れが激しくなる場合がある。このような状態において時として、軸の曲がり、折損事故が発生する。特に運転回転数が危険回転数に近い場合には注意が必要である。

対策：液面が翼を通過するときの回転数を低くする。

条件により異なるが、およそ　７５〜１５０ 1/min 以下とする。

攪拌翼は、形状的、水力的にバランスの良いもの（翼枚数の多い翼、形状的に上下方向に変化のない翼）を使用する。

参考文献

1)Zwietering,T.N. : *Chem.Eng.Sci.*,**8**,244(1958)

2)永田進治：”新化学工学講座Ⅶ-2 攪拌機の所要動力”,日刊工業新聞社（1957）

3)亀井登ほか：化学工学論文集,**21**,41 (1995)

4)亀井登ほか：化学工学論文集,**22**,249(1996)

5)化学工学会編：”改定七版 化学工学便覧”,丸善出版,(2011)

6)村上泰弘：製薬工場,**4**,523(1984)

最近の化学工学 66
多様化するニーズに応えて進化するミキシング

2017年1月27日　初 版 発 行
2023年9月29日　第二刷発行

化学工学会　編
粒子・流体プロセス部会、ミキシング技術分科会　著

定価（本体価格3,148円＋税）

発行所　　化学工学会関東支部
〒112-0006　東京都文京区小日向4-6-19
共立会館5階
TEL 03（3943）3527
FAX 03（3943）3530

発　売　　株式会社　三恵社
〒462-0056　愛知県名古屋市北区中丸町2-24-1
TEL 052（915）5211
FAX 052（915）5019
URL http://www.sankeisha.com

乱丁・落丁の場合はお取替えいたします。
ISBN978-4-86487-615-5 C3043 ¥3148E